Wi-Fi 7
入门到应用

Wi-Fi 7: from Beginner to Expert

▌唐宏　刘晓军　武娟　宋雪娜　钱刘熠辉　徐晓青　张宁　编著

人民邮电出版社
北京

图书在版编目（CIP）数据

Wi-Fi 7入门到应用 / 唐宏等编著. -- 北京 : 人民邮电出版社, 2025. -- ISBN 978-7-115-65972-9

Ⅰ. TN92

中国国家版本馆CIP数据核字第2025CX0758号

内 容 提 要

本书采取循序渐进、逐步展开的模式，介绍了Wi-Fi的基础知识，包括概念、网络组成、接入原理、发展历史和标准化等内容；阐述了Wi-Fi 7的技术要点，包括通信原理、物理层技术、多链路传输技术、OFDMA增强技术、链路传输增强协议、多AP协同技术；重点聚焦与Wi-Fi 7相关的个人/家庭应用、垂直行业应用及组网方案等；针对Wi-Fi 7的关键技术验证，介绍了测试方法，包括与Wi-Fi 7相关的协议测试、功能测试、性能测试和互通性测试，并通过实验室仿真详细地阐述了Wi-Fi 7应用测试系统的关键能力，同时给出对应的测试验证结果；针对Wi-Fi芯片开发及Android、鸿蒙等操作系统开发进行详细的剖析；最后，对Wi-Fi的未来发展进行展望，尤其是对已经提上日程的Wi-Fi 8可能的创新点进行了分析。

本书既可以作为学习Wi-Fi 7的入门书，也可以为从事Wi-Fi开发和终端测试工作的技术人员提供参考。

◆ 编　　著　唐　宏　刘晓军　武　娟　宋雪娜
　　　　　　钱刘熠辉　徐晓青　张　宁
　责任编辑　李彩珊
　责任印制　马振武

◆ 人民邮电出版社出版发行　　北京市丰台区成寿寺路11号
　邮编　100164　　电子邮件　315@ptpress.com.cn
　网址　https://www.ptpress.com.cn
　北京七彩京通数码快印有限公司印刷

◆ 开本：700×1000　1/16
　印张：18　　　　　　　　2025年4月第1版
　字数：304千字　　　　　2025年7月北京第2次印刷

定价：99.80元

读者服务热线：(010) 53913866　印装质量热线：(010) 81055316

反盗版热线：(010) 81055315

前 言

2023 年我国数字经济规模达到 53.9 万亿元，占 GDP 比重达到 42.8%。数字经济已经成为推动传统产业转型升级，新产业、新模式、新动能加速壮大，新质生产力加快发展的关键力量。

在数字经济的战略指引下，新质生产力的发展需要创新的便捷网络基础设施作为支撑，Wi-Fi 作为一种使用极其广泛的无线网络传输技术，促进了物联网、高清视频、远程办公等的快速发展与落地，并逐步成为全社会生产和生活的刚性需求，同时也带来了更高吞吐量、更加安全、更加稳定的传输要求，这需要其技术不断升级换代。

2024 年 1 月 8 日，Wi-Fi 联盟正式宣布推出 Wi-Fi 7（IEEE 802.11be）认证计划，可提升 Wi-Fi 7 性能并改善各种环境中不同 Wi-Fi 7 设备之间的连接性。这也意味着 Wi-Fi 7 终于要正式落地了！未来我们将看到一系列支持 Wi-Fi 7 的手机、笔记本计算机、路由器、AR/VR/MR 设备等。Wi-Fi 技术的更新换代带来了无线网络市场的爆发，就 Wi-Fi 芯片而言，Strategy Analytics 机构预测全球的市场规模将在 2027 年超过 200 亿美元。

本书主要介绍了 Wi-Fi 的基础知识、技术特点及测试方法。书中既包含对基本概念的介绍，又包括对一些前沿技术的剖析，同时也包含测试应用实例。本书的编写宗旨是希望读者通过学习本书，能够对 Wi-Fi 7 有系统的了解，并能懂得它与前几代 Wi-Fi 技术相比有何变化，以及这些变化带来的行业变革和业务能力的增强。

本书第 1 章从 Wi-Fi 的基础知识入手，介绍 Wi-Fi 的概念、网络组成，并剖析接入原理、探索 Wi-Fi 发展历史和标准化发展之路；基于背景知识的铺垫，第 2 章从 Wi-Fi 通信原理出发，分别阐述相关频段与信道、频谱、调制编码以及 Wi-Fi 7 物理层提升等物理层技术，MLO、MIMO 等多链路传输技术，OFDMA、MRU、前导码打孔等 OFDMA 增强技术，以及链路传输增强协议和多 AP 协同技术；基于 Wi-Fi 的相关技术特性，第 3 章聚焦与 Wi-Fi 相关的个人/家庭应用、垂直行业应用和组网方案；对于 Wi-Fi 7 的关键技术，第 4 章聚焦有关 Wi-Fi 7 的上下行协议、MRU 协议、MLO 协议和非 MLD TWT 协议等测试，高阶调制、峰值数据速率、传输时延、频谱效率、MLO、MRU、覆盖范围、容量、漫游和安全等功能测试，同时阐述 Wi-Fi 7 性能测试环境构建方法，并基于仿真环境和业务模拟完成对应的性能指标评测和测试指标分析等；第 5 章聚焦基于芯片、Android 系统、鸿蒙系统等的 Wi-Fi 开发与配置；第 6 章主要对与 Wi-Fi 8 相关的市场前景、标准化进程和关键技术进行探讨。

本书由唐宏统稿，武娟、徐晓青和张宁负责编写第 1～3 章，宋雪娜负责编写第 4 章，刘晓军负责编写第 5～6 章，钱刘熠辉负责第 1、5 章的部分内容的编写。

在本书编写过程中参考了有关作者的文献，包括 Wi-Fi 标准文本、Wi-Fi 7 多链路传输等技术资料，已在参考文献中逐一注明。由于时间有限，书中难免有不足之处，敬请读者批评指正。

作者

2024 年 7 月

目 录

第1章 Wi-Fi概述

Wi-Fi伴随着无线网络而生，在没有物理连接的情况下提供高速数据传输服务，现在已经成为无线网络的代名词，而且为了适应业务的发展经过数代技术更新，依然欣欣向荣。

本章从Wi-Fi概念入手，探讨其网络组成和接入原理；探讨Wi-Fi发展历史，逐步阐述从Wi-Fi 0到Wi-Fi 7的发展历程以及性能提升轨迹；同时聚焦Wi-Fi标准情况，介绍Wi-Fi标准的构成。本章旨在帮助读者掌握Wi-Fi的基础知识。

1.1 Wi-Fi概念及作用

1.1.1 Wi-Fi概念

Wi-Fi，相信大家对它不陌生，我们几乎每天都能体验到Wi-Fi在生活和工作上的赋能，它给我们提供了既高效又便捷的新无线生活方式。虽然你看不到、摸不到也听不到它，但它已经对现代世界产生了巨大的影响，并且这一影响力将不断延续。从家用无线网络开始，我们不必再端端正正地坐在计算机桌旁，而是可以坐在沙发上、躺在床上上网，甚至可以边做饭边视频聊天，尽情享受摆脱有线束缚带来的上网自由。再到办公室和公共场所，你所看到的景象是“低头族”人手一台计算机或者智能终端，进行各种无纸化办公和娱乐，无须依赖线缆而实现的高速连接无处不在。走进餐厅，越来越多的人第一件事不是点餐，而是询问餐厅无线网络的密码。一个典型的 Wi-Fi 家庭布局如图 1-1 所示。

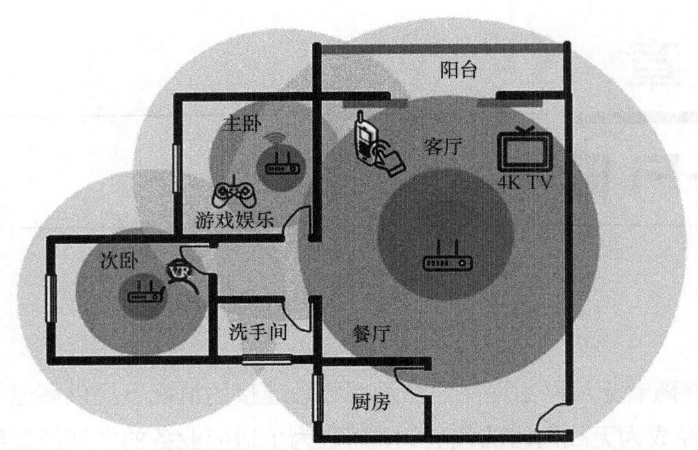

图 1-1 一个典型的 Wi-Fi 家庭布局

毫不夸张地说，因为 Wi-Fi 的随时可访问性，我们可以以一种更直接、更简单且具有高度移动性的方式使用笔记本计算机、平板电脑和便携式电子设备，从而摆脱了错综复杂的网线的束缚。

1.1.2 Wi-Fi 网络组成

一个典型的 Wi-Fi 网络由站（Station，STA）/客户端、接入点（Access Point，AP）、服务集标识符（Service Set Identifier，SSID）、基本服务集（Basic Service Set，BSS）、无线介质（Wireless Media，WM）等基本要素组成，如图 1-2 所示。

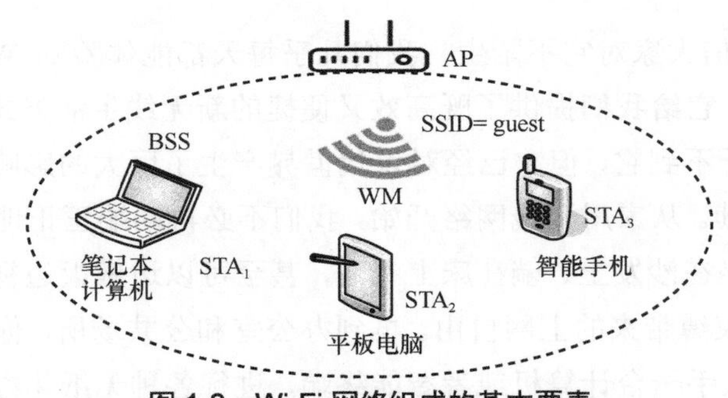

图 1-2 Wi-Fi 网络组成的基本要素

- STA 是指带有无线网卡的个人计算机（PC）、智能手机（Smart Phone）、平板电脑等支持 Wi-Fi 功能的终端设备。客户端可以通过主动扫描当前区域内的所有无线网络，选择特定的 SSID 接入某个指定的无线网络。
- AP 提供无线客户端到局域网的桥接功能，在无线客户端与无线局域网（Wireless Local Area Network，WLAN）之间进行无线到有线、有线到无线的帧转换。
- SSID 一般是一个不超过 32 个字符的字符串。SSID 又叫 ESSID（Extended Service Set Identifier，扩展服务集标识符），是对扩展服务集（Extended Service Set，ESS）的标识。
- BSS 是指由使用相同 SSID 的一个 AP 以及一个无线设备群组组成的一个基本服务组。
- WM 是在客户端和 AP 之间传输帧的介质，Wi-Fi 网络通常使用无线射频作为传输介质。

另外，如果需要完成一个大型商场 Wi-Fi 信号的覆盖，因一个 BSS 所覆盖的地理范围有限（直径一般不超过 100m），可以通过有线、无线的方式将多个 BSS 连接组成一个更大的服务集，即 ESS，如图 1-3 所示。

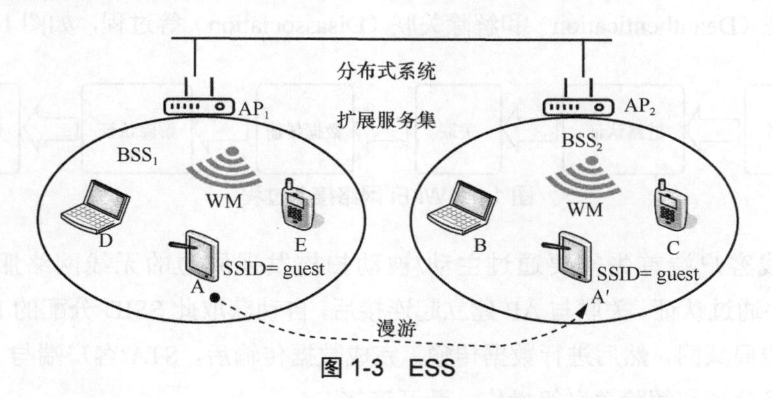

图 1-3 ESS

图 1-3 中的分布式系统（DS）是运行在各 AP 上的一种服务，其功能主要是使各个 AP 之间能够通过有线或无线的方式互连，同时不影响各 AP 所负责区域（BSS）内的无线覆盖。

ESS 由多个 BSS 组成，但其中隐含两个必备条件：连接的 BSS 均为比邻安置；各个 BSS 通过各种分布式系统互联，有线或无线都可以，但一般都通过以太网互联。只有满足上述条件，这些 BSS 才可以被统一为一个 ESS。例如，城市里两家星巴克店均提供 Wi-Fi，虽然提供的网络信号 SSID 一样，都叫“STARBUCKS”，但这显然不是一个 ESS。

由于在 ESS 区域内使用的是同一个 SSID，在接入无线网络时，用户根本感觉不到当前是接在多个 BSS 上，而是感觉接在同一个 BSS 上。终端在 ESS 内的通信和在 BSS 中类似，不过如果 BSS1 中的终端 A 想和 BSS_2 中的终端 B 通信，则需要经过 2 个接入点 AP_1 和 AP_2，即 $A \rightarrow AP_1 \rightarrow AP_2 \rightarrow B$。

特别地，在同一个 ESS 中不同 BSS 之间切换的过程被称为漫游。终端 A 从 BSS_1 域（图 1-3 中 A 的位置）漫游到 BSS_2 域（图 1-3 中 A′的位置），此时 A 仍然可以保持和 B 的通信，不过 A 在漫游前后的 AP 改变了。

1.1.3 Wi-Fi 基本接入原理

1. Wi-Fi 网络 STA 接入工作原理

为了保证无线局域网的正常运行，STA 和 AP 之间还需要分别运行相关的系统服务。具体而言，无线客户端接入并使用 Wi-Fi 网络需要经过无线扫描（Scan）、链路认证（Authentication）、关联（Association）、数据传输（Data Transmission）、解除认证（Deauthentication）和解除关联（Disassociation）等过程，如图 1-4 所示。

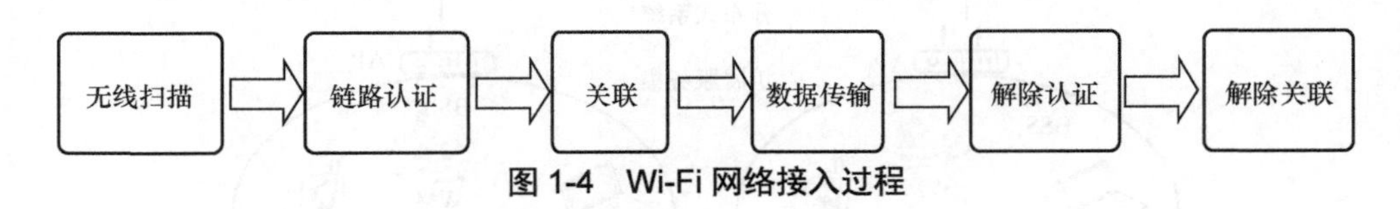

图 1-4 Wi-Fi 网络接入过程

无线客户端首先需要通过主动/被动扫描发现周边的无线网络服务信号 SSID，并通过认证、关联与 AP 建立起连接后，自动获取此 SSID 分配的 IP 地址，接入无线局域网，然后进行数据传输。完成数据传输后，STA/客户端与 AP 均可发起解除认证和解除关联等操作，断开连接。

1）第一阶段：无线扫描

STA 有两种方式可以搜索到周边的 SSID。一种是主动扫描（Active Scanning），STA 在扫描的时候，主动在支持的信道上依次发送探测信号用于探测周围存在的无线网络。STA 发送的探测信号称为探测请求（Probe Request）帧，通过收到的探测响应（Probe Response）帧获取网络信号。另一种是被动扫描（Passive Scanning），STA 不会主动发送探测请求帧，仅通过监听并被动接收周围

AP 周期发送的信标（Beacon）帧来获取无线网络信息。

（1）第一种扫描方式：主动扫描

STA 在工作过程中，会定期自动扫描周边的无线网络信号，这一过程根据探测请求帧又可以分为两类：一类是未指定 SSID，另一类是指定 SSID。

① 未指定 SSID：如图 1-5 所示，STA 发送 SSID 为空的广播探测请求帧，其中不携带任何 SSID 信息，意味着这个探测请求想要获取周围所有能够获取到的无线网络信号。所有收到这个广播探测请求帧的 AP 都会回应此 STA，并在探测响应帧中通告自己的 SSID。通过这样的方式，STA 能够搜索到周围所有的无线网络。值得注意的是，如果某 AP 的无线网络在信标帧中配置了隐藏 SSID 功能，AP 不会回应 STA 的广播探测请求帧，STA 也就无法通过这种方式获取 SSID 信息。

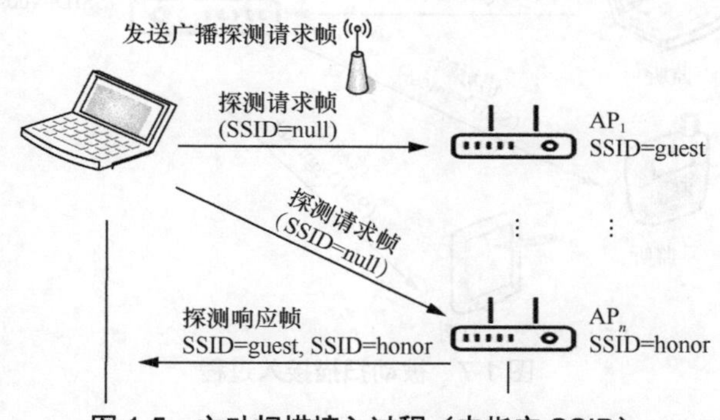

图 1-5　主动扫描接入过程（未指定 SSID）

② 指定 SSID：如图 1-6 所示，STA 发送单播探测请求帧（SSID 信息为“guest”），这就表示 STA 只想找到特定的 SSID，不需要除指定 SSID 外的其他无线网络。AP 收到请求帧后，只有确认单播探测请求帧中的 SSID 和自己的 SSID 相同的情况下，才会回应 STA。

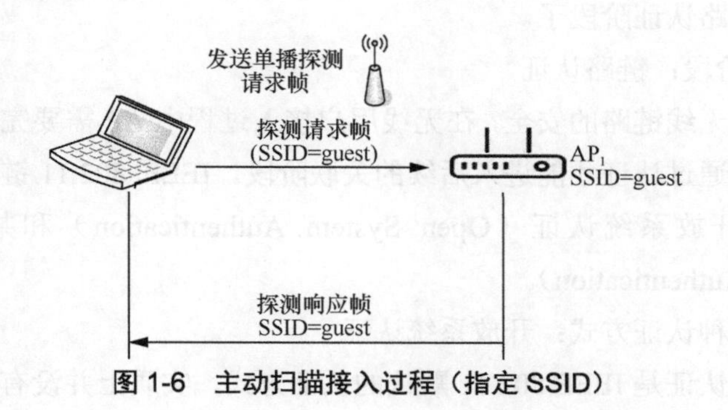

图 1-6　主动扫描接入过程（指定 SSID）

（2）第二种扫描方式：被动扫描

如图 1-7 所示，STA 通过监听周围 AP 发送的信标帧获取无线网络信息。AP 的信标帧中包含 AP 的 SSID 和支持速率等信息。AP 会定期向外广播发送信标帧。例如，AP 发送信标帧的默认周期为 200ms 时，AP 每 200ms 都会广播一次信标帧。STA 通过在支持的每个信道上监听信标帧，获知周围存在的无线网络。如果某 AP 的无线网络在信标帧中配置了隐藏 SSID 功能，AP 不会回应 STA 的广播探测请求帧，STA 也就无法通过这种方式获取 SSID 信息。

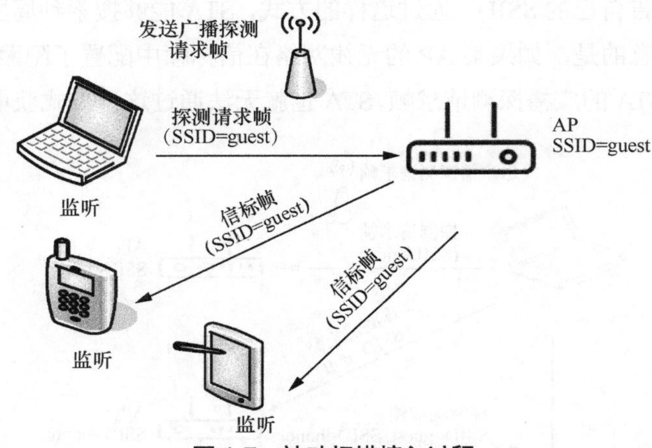

图 1-7　被动扫描接入过程

综上所述，STA 是通过主动扫描还是被动扫描来搜索无线信号取决于 STA 的软硬件条件支持情况，如手机或计算机的无线网卡，一般来说这两种扫描方式都会支持。无论是主动扫描还是被动扫描，探测到的无线网络都会显示在手机或计算机网络连接中，供用户选择接入。

当客户端扫描到无线网络信号后，用户就可以选择接入哪个网络，这时 STA 就需要进入链路认证阶段了。

2）第二阶段：链路认证

为了保证无线链路的安全，在无线用户接入过程中 AP 需要完成对无线终端的认证，只有通过认证才能进入后续的关联阶段。IEEE 802.11 链路定义了两种认证方式：开放系统认证（Open System Authentication）和共享密钥认证（Shared-Key Authentication）。

（1）第一种认证方式：开放系统认证

开放系统认证是 IEEE 802.11 默认的认证方式，实质上并没有做认证。连接无线网络时，AP 并没有验证客户端的真实身份，如果 AP 无线安全配置参数设置此认证方式，则所有请求认证的客户端均会通过认证，这是一种不安全的认证方式。为提高安全性，实际使用中这种链路认证方式通常会和其他的接入认证方式结合使用。开放系统认证过程由以下两个步骤组成：第一步，客户端发起认证请求（Authentication Request）；第二步，AP 确定无线客户端是否通过无线链路认证，并返回认证响应（Authentication Response），如果返回的结果是"Successful"，表示两者已相互认证成功，如图 1-8 所示。

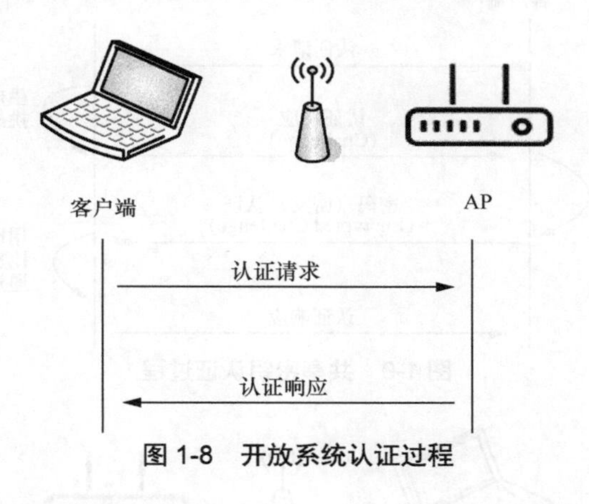

图 1-8 开放系统认证过程

（2）第二种认证方式：共享密钥认证

共享密钥认证需要客户端和 AP 配置相同的共享密钥。共享密钥认证的过程为：客户端先向 AP 发送认证请求；AP 收到请求后会随机生成一个挑战码 Challenge，并将这个挑战码发送给客户端，假设这个挑战码是 X；客户端会用自己的密钥 Key 对挑战码 X 进行加密，加密后再发送给 AP，假设加密后变为了 Y；AP 收到客户端的加密信息 Y，用自己的密钥 Key 进行解密。只要客户端和 AP 上的密钥配置一致，解密出来的结果就会是 X，AP 会将这个结果与最开始发给客户端的挑战码进行对比，如果一致，则告知客户端认证成功，否则认证失败。共享密钥认证过程如图 1-9 所示。

当客户端通过该 AP 链路认证后，客户端就进入关联阶段了。

3）第三阶段：关联

如果想接入无线网络，用户必须与特定的 AP 进行关联。一般在实际应用中，一个客户端只可以和一台 AP 设备建立链路，而且关联由客户端发起，实际上关联就是客户端和 AP 间无线链路服务协商的过程。当用户完成第一阶段和第二阶段后，客户端就会立即向 AP 发送关联请求。关联阶段的关联过程包含两个步骤，分别是关联请求（Association Request）和关联响应（Association Response），其过程如图 1-10 所示。

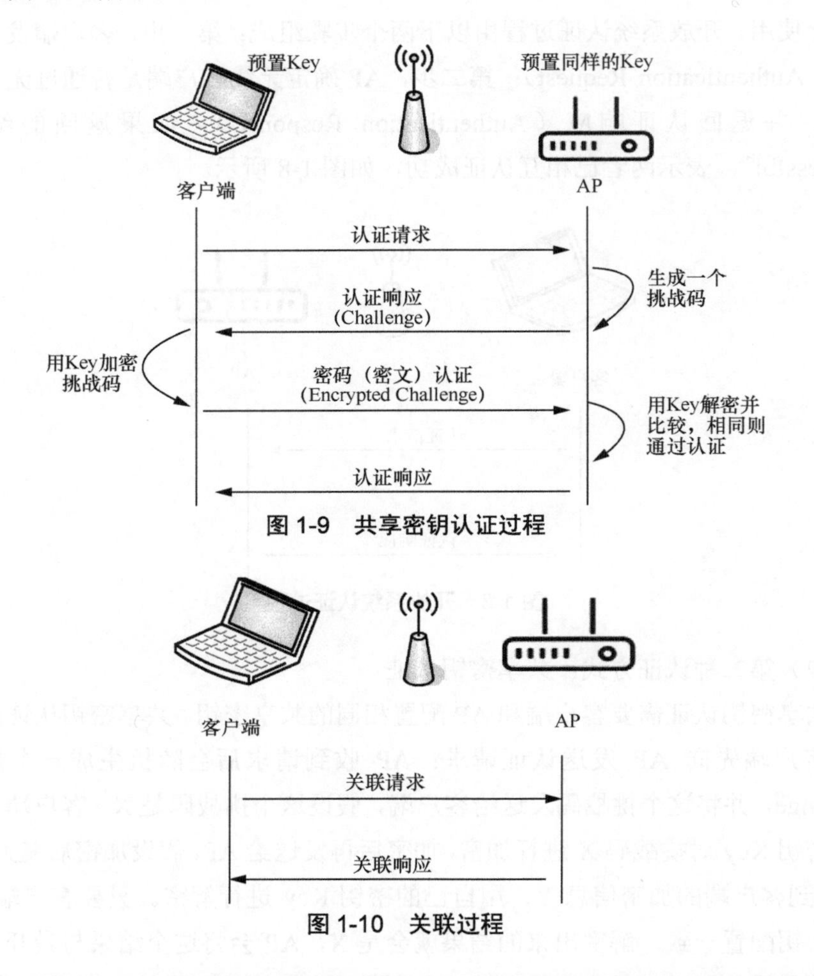

图 1-9　共享密钥认证过程

图 1-10　关联过程

客户端在发送的关联请求帧中，会携带一些无线硬件参数信息，根据服务配置选择的各种参数，如客户端支持的速率、信道、服务质量（Quality of Service，QoS）能力，以及选择的接入认证和加密算法等。AP 收到关联请求帧后会对其上报的能力信息进行检查，最终确定该无线客户端支持的能力，并回复关联响应通知链路是否关联成功。

当客户端移动时，可能会产生漫游问题。如果是在同一个 ESS 组网下，漫游就无须重新认证，只需要重新关联。其关联过程同样包括关联请求和关联响应两个步骤。

4）第四阶段：数据传输

客户端与该 AP 链路关联成功后，就可以进入数据传输阶段，如图 1-11 所示。

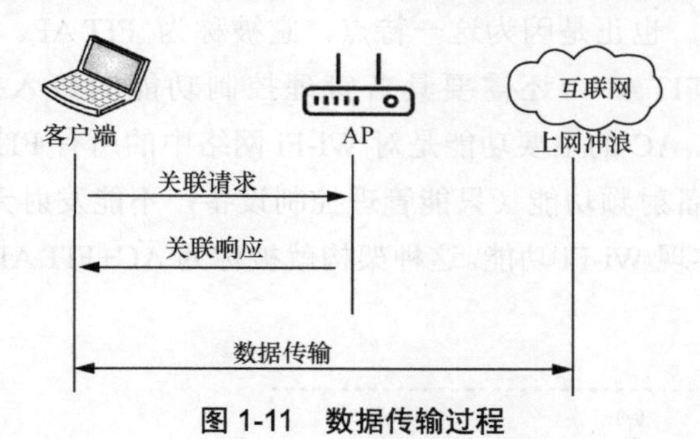

图 1-11　数据传输过程

5）第五阶段：解除认证

解除认证用于中断与 AP 已经建立的链路或者认证，无论是客户端还是 AP 都可以主动发起解除认证，断开当前的链路关系。

6）第六阶段：解除关联

解除关联用于中断与 AP 已经建立的关联关系，无论是客户端还是 AP 都可以主动发起解除关联，断开当前的关联关系。

2. Wi-Fi 网络 AP 上线过程

Wi-Fi 网络有两种基本架构：一种是 FAT AP 架构，又叫自治式网络架构；另一种是 AC+FIT AP 架构，又叫集中式网络架构。首先，从最熟悉的家庭无线路由器入手，家庭无线路由器采用的是 FAT AP 架构。FAT AP 的英文全称是 FAT Access Point（胖接入点，简称胖 AP）。FAT AP 不仅可以发射射频，提供无线信号供无线终端接入，还能独立完成安全加密、用户认证和用户管理等管控功能。所以，家庭使用的无线路由器就是一种 FAT AP。FAT AP 架构如图 1-12 所示。

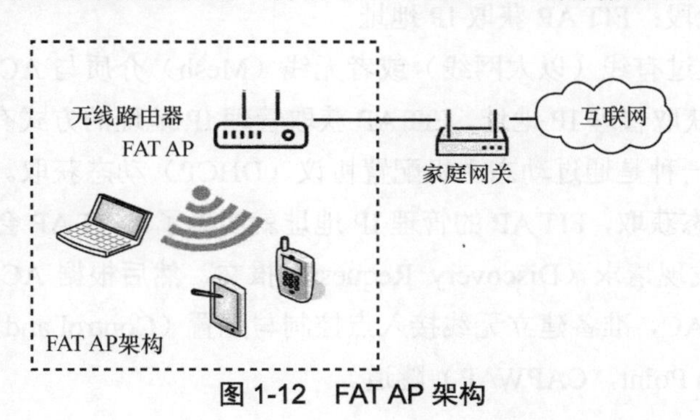

图 1-12　FAT AP 架构

与 FAT AP 相对应的是 FIT AP，FIT AP 的英文全称是 FIT Access Point（瘦接入点，简称瘦 AP）。与 FAT AP 不同，FIT AP 除了提供无线射频信号，基本不具备管控功能。也正是因为这一特点，它被称为 FIT AP。为了实现 Wi-Fi 的功能，除了 FIT AP，还需要具备管理控制功能的接入控制器（Access Controller，AC）。AC 的主要功能是对 Wi-Fi 网络中的所有 FIT AP 进行管理和控制。AC 不具备射频功能（只能管理控制设备，不能发射无线射频信号），和 FIT AP 配合实现 Wi-Fi 功能。这种架构就被称为 AC+FIT AP 架构，如图 1-13 所示。

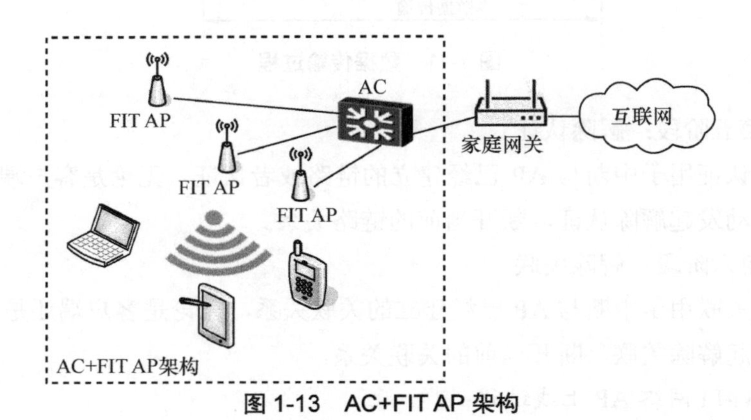

图 1-13　AC+FIT AP 架构

从上文中了解到 AP 分为 FAT AP 和 FIT AP。FAT AP 能够独自承担无线用户接入、用户数据加密和转发等业务，而 FIT AP 必须依赖于 AC 才能共同完成这些业务。在 AC 协同 FIT AP 工作之前，必须先实现 FIT AP 在 AC 中上线的过程。FIT AP 完成上线过程后，AC 才能实现对 AP 的集中管理和控制。FIT AP 的上线和业务配置过程包括以下几个阶段。

1）第一阶段：FIT AP 获取 IP 地址

FIT AP 通过有线（以太网线）或者无线（Mesh）介质与 AC 进行连接后，会主动向 AC 获取管理 IP 地址。FIT AP 获取管理 IP 地址的方式有两种，一种是静态获取，另一种是通过动态主机配置协议（DHCP）动态获取。

如果是静态获取，FIT AP 的管理 IP 地址就明确了，FIT AP 会向所有配置的 AC 单播发送发现请求（Discovery Request）报文，然后根据 AC 的回复和优先级，选择一个 AC，准备建立无线接入点控制与配置（Control and Provisioning of Wireless Access Point，CAPWAP）隧道。

如果通过 DHCP 动态获取，FIT AP 获取 IP 地址的过程如下：FIT AP 不知道网络中谁是 DHCP 服务器（Server），因此会发送一个广播 Discovery Request 报文去寻找 DHCP Server；所有在此网络中收到这个广播信息的 DHCP Server，都会发送一个单播确认（Offer）报文回应 FIT AP。FIT AP 只接收第一个到达的 Offer 报文，并广播 Request 报文告诉所有 DHCP Server，已经选择好了一个 DHCP Server，其他 DHCP Server 无须再提供 DHCP 服务。被 FIT AP 选中的 DHCP Server 会把 FIT AP 的管理 IP 地址、租期、网关地址、域名系统（DNS）Server 的 IP 地址等信息，用 DHCP 服务器确认（DHCP Server ACK）报文回应给 FIT AP，到这一步 FIT AP 获取管理 IP 地址完成，此时 AP 就会通过广播报文来发现 AC，随后准备进行下一阶段的 CAPWAP 隧道建立。FIT AP DHCP 获取地址过程如图 1-14 所示。

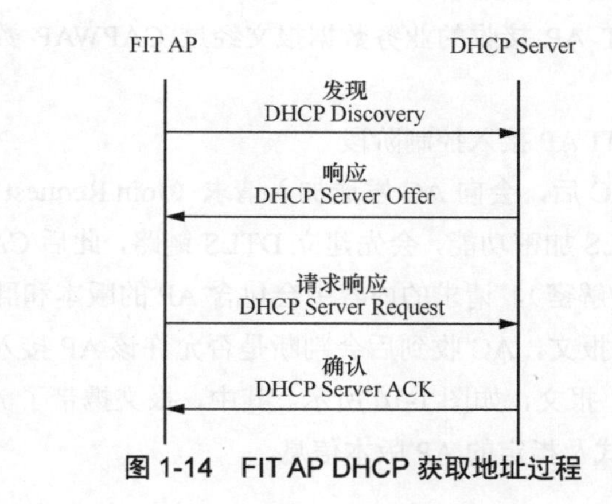

图 1-14 FIT AP DHCP 获取地址过程

2）第二阶段：CAPWAP 隧道建立阶段

CAPWAP 协议是由 RFC5415 协议定义的实现 FIT AP 和 AC 之间互通的通用封装和传输协议。CAPWAP 隧道又细分为控制隧道和数据隧道。控制隧道用来传输 AC 管理控制 FIT AP 的报文、业务配置报文以及 AC 与 FIT AP 间的状态维护报文；数据隧道则只有在隧道转发（又称集中转发）方式下才用来传输业务数据。

CAPWAP 隧道建立过程如下：首先通过发送 Discovery Request 报文找到可用的 AC，AC 反馈发现响应（Discovery Response），然后建立 CAPWAP 隧道，包括控制隧道和数据隧道，从而实现数据包传输层安全（DTLS）协议加密传输，如图 1-15 所示。

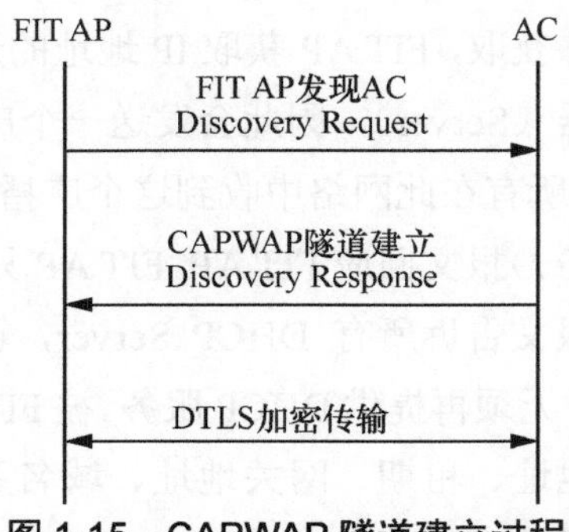

图 1-15 CAPWAP 隧道建立过程

- 控制隧道：通过 CAPWAP 控制隧道实现 FIT AP 与 AC 之间控制报文的交互。同时还可以选择对控制隧道进行 DTLS 加密，使能 DTLS 加密功能后，CAPWAP 控制报文都会完成 DTLS 加/解密。
- 数据隧道：FIT AP 接收的业务数据报文经过 CAPWAP 数据隧道集中到 AC 上转发。

3）第三阶段：FIT AP 接入控制阶段

FIT AP 在找到 AC 后，会向 AC 发送加入请求（Join Request）（如果配置了 CAPWAP 隧道的 DTLS 加密功能，会先建立 DTLS 链路，此后 CAPWAP 控制报文都要进行 DTLS 加/解密），请求的内容中会包含 AP 的版本和胖瘦模式信息。FIT AP 发送加入请求报文，AC 收到后会判断是否允许该 AP 接入，并返回加入响应（Join Response）报文，如图 1-16 所示。其中，报文携带了 AC 上配置的关于 AP 的版本升级方式及指定的 AP 版本信息。

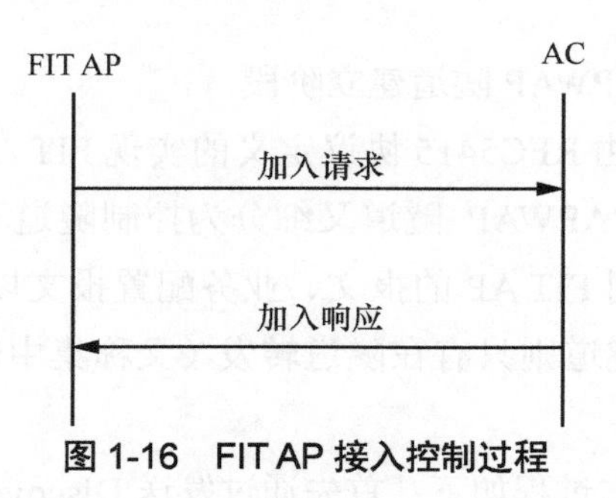

图 1-16 FIT AP 接入控制过程

4）第四阶段：FIT AP 的版本升级阶段

FIT AP 根据收到的加入响应报文中的参数判断当前的系统软件版本是否与 AC 上指定的一致。如果不一致，则 FIT AP 开始更新软件版本，升级方式包括

AC模式、文件传送协议（FTP）模式和安全文件传送协议（SFTP）模式。

升级完成后，FIT AP自动重新启动，并且重复之前的所有上线过程。如果FIT AP发现AC响应的报文中指定的FIT AP版本和自身的版本一致，或者没有指定FIT AP的版本，则FIT AP不需要进行版本升级。

5）第五阶段：CAPWAP隧道维持阶段

根据CAPWAP的要求，FIT AP和AC间还需要进行一些其他报文的交互，然后FIT AP和AC间开始通过心跳（keepalive）（用户数据报协议（UDP）端口号为5247）和回复（Echo）（UDP端口号为5246）报文来检测数据隧道和控制隧道的连通性，其中keepalive报文标志着数据隧道已经建立，而Echo报文标志着控制隧道已经建立。

6）第六阶段：FIT AC业务配置下发阶段

当CAPWAP隧道建立完成后，AC就可以把配置信息下发给FIT AP。AC向FIT AP发送配置更新请求（Configuration Update Request）消息，AP返回配置更新响应（Configuration Update Response）消息，AC再将FIT AP的业务配置信息下发给AP。

到这一步，AP就完成了上线和业务参数配置等操作，客户端接入此FIT AP信号就可以开始执行互联网业务。

1.2 Wi-Fi发展历史

1.2.1 WLAN、Wi-Fi和IEEE 802.11之间的关系

WLAN是采用分布式无线电广播ISM（Industrial Scientific Medical，工业的、科学的、医学的）频段将一个区域（如学校、家庭）内的两个或者多个支持无线协议的设备连接起来的系统，其包含各类无线局域网技术（如3G/4G/5G、IEEE 802.11标准、蓝牙、Zwave、ZigBee等）。因此WLAN和IEEE 802.11标准的无线网络之间是包含关系。

Wi-Fi在无线局域网中是指“无线兼容性认证”，它既是一种商业认证，也是一个技术联盟，负责Wi-Fi认证与商标授权的工作。Wi-Fi这个名字最早出现

在 1999 年，是 Wi-Fi 联盟（当时不叫 Wi-Fi 联盟，2000 年改名为 Wi-Fi 联盟）雇佣当时的商标咨询公司 Interband，为“IEEE 802.11b Direct Sequence”起的一个更简洁、更具吸引力的名字。联盟的创始成员 Phil Belanger 主张的“Wi-Fi”最后胜出，其被称为 Wi-Fi 名字的发明人。可以看出，Wi-Fi 最开始是遵从 IEEE 802.11b 标准的一种通信技术，同时也是一个商标。随着 IEEE 802.11 新的标准和新的频段的使用，以及移动设备数量的井喷式增长，人们将 Wi-Fi 和 IEEE 802.11 等同起来，甚至和 WLAN 等同起来，但是从严格意义上讲它们是有一定区别的。

20 世纪 90 年代，澳大利亚联邦科学与工业研究组织（CSIRO）的科学家 John O'Sullivan，带领由悉尼大学工程系毕业生组成的研究团队研发了 Wi-Fi 无线网络技术，并于 1996 年在美国成功申请了无线网络技术专利。1999 年，Wi-Fi 被电气电子工程师学会（IEEE）制定的 IEEE 802.11 系列标准吸纳并选为核心技术。截至 2013 年年底无线网专利过期时，全球已有约 50 亿台设备支付过 Wi-Fi 专利使用费。自此，Wi-Fi 的使用范围不断扩大，从个人到家庭，从家庭到公共场所，Wi-Fi 走进了人们的生活。

1.2.2 Wi–Fi 技术发展历程

在免授权频段（ISM 频段）通信技术中，目前最流行的无线技术就是 Wi-Fi 了，其实 Wi-Fi 经历了一个漫长的“修炼”过程。Wi-Fi 历经 20 多年的商用发展，其间解决了众多的技术难题，才逐渐演变成今天人们所熟知的超快速、高便利的无线标准。未来随着无线技术的不断发展，Wi-Fi 还将创建更多新的里程碑。IEEE 802.11 系列标准已形成较为完善的 WLAN 商用标准体系，其技术性能和指标不断完善、突破与迭代更新，已成功商用部署到第 7 代 Wi-Fi（Wi-Fi 7）。目前，Wi-Fi 商用的主流标准包括 IEEE 802.11b/a/g/n/ac/ax/be 等多个版本。其主要标准的演进路线如图 1-17 所示。

自从 1985 年美国联邦通信委员会（Federal Communications Commission，FCC）开放 ISM 频段用于通信，免授权商用无线局域网成为可能。到 1988 年，NCR 公司开始研发 WLAN；再到 1990 年，IEEE 802.11 工作组成立，至此 5 年间完成了无线使用频段发布、标准组织建立。接下来详细介绍历代 IEEE 802.11 系列标准演进。

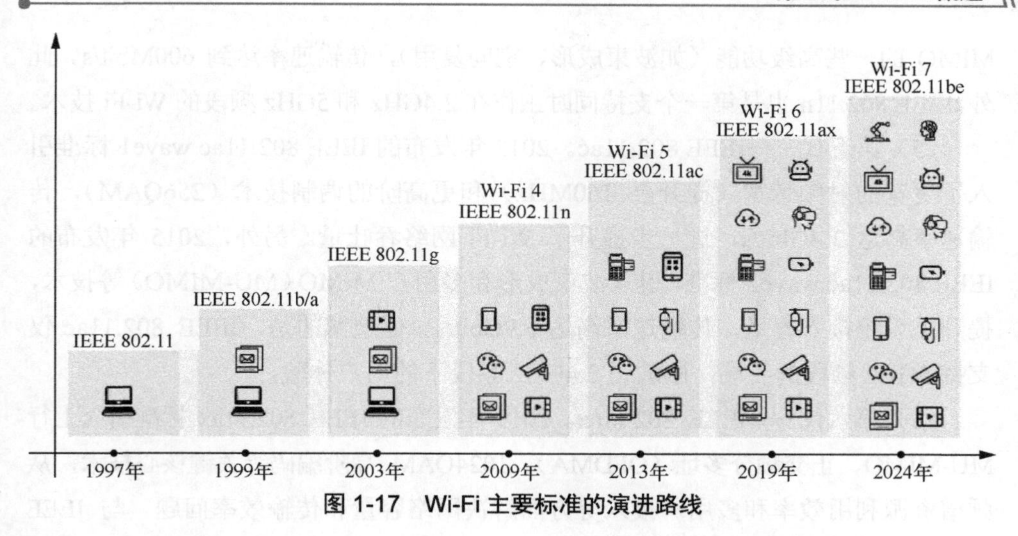

图 1-17 Wi-Fi 主要标准的演进路线

（1）第一代——IEEE 802.11。1997 年 IEEE 制定出第一个原始（初创）的无线局域网标准 IEEE 802.11，数据传输速率仅有 2Mbit/s。虽然该标准在传输速率和传输距离上的设计不能满足人们的需求，并未被大规模使用，但这个标准诞生的意义重大，埋下了一颗逐步改变用户接入方式的种子，为人们从有线的束缚中解脱出来奠定了坚实的基础。

（2）第二代——IEEE 802.11b/a。1999 年 IEEE 发布了 IEEE 802.11b 标准。该技术使用与初始 IEEE 802.11 无线标准相同的 2.4GHz ISM 频段，传输速率为 11Mbit/s，是原始标准的 5 倍多。同年，IEEE 又补充发布了 IEEE 802.11a 标准，采用了与原始标准相同的核心协议，工作频率为 5GHz，最大原始数据传输速率为 54Mbit/s，达到了现实网络中吞吐量（20Mbit/s）的要求，由于 2.4GHz 频段已经被广泛使用，因此 IEEE 802.11a 采用 5GHz 频段，具有冲突和干扰更少的优点。

（3）第三代——IEEE 802.11g。2003 年，作为 IEEE 802.11a 标准的正交频分复用（OFDM）技术在 2.4GHz 频段运行，从而产生了 IEEE 802.11g，其载波频率为 2.4GHz（与 IEEE 802.11b 相同），原始传输速率为 54Mbit/s。IEEE 802.11g 在实现高速率的同时也保持了与 IEEE 802.11b 的全面兼容性，这一点至关重要，因为此时 IEEE 802.11b 已经被确立为消费设备的主要无线标准。与 IEEE 802.11a 相比，IEEE 802.11g 具有更好的向后兼容性，而且硬件造价更便宜，因此很快成为消费领域和相关商业应用领域全新的、更加快速的 Wi-Fi 技术标准。

（4）第四代——IEEE 802.11n。2009 年发布的 IEEE 802.11n 对 Wi-Fi 的传输和接入进行了重大改进，引入多进多出（MIMO）、安全加密等新概念和基于

MIMO 的一些高级功能（如波束成形、空间复用），传输速率达到 600Mbit/s。此外，IEEE 802.11n 也是第一个支持同时工作在 2.4GHz 和 5GHz 频段的 Wi-Fi 技术。

（5）第五代——IEEE 802.11ac。2013 年发布的 IEEE 802.11ac wave1 标准引入了更宽的射频带宽（提升至 160MHz）和更高阶的调制技术（256QAM），传输速率高达 3.4Gbit/s，进一步提升了 Wi-Fi 网络吞吐量。另外，2015 年发布的 IEEE 802.11ac wave2 标准，引入波束成形和多用户 MIMO（MU-MIMO）等技术，提升了系统接入容量，传输速率高达 6.9Gbit/s。但遗憾的是，IEEE 802.11ac 仅支持 5GHz 频段的终端，削弱了 2.4GHz 频段下的用户体验。

（6）第六代——IEEE 802.11ax。2019 年发布的 IEEE 802.11ax 标准引入上行 MU-MIMO、正交频分多址（OFDMA）、1024QAM 高阶编码等关键核心技术，从频谱资源利用效率和多用户接入等方面解决网络容量和传输效率问题。与 IEEE 802.11ac 相比，IEEE 802.11ax 提升了频谱带宽、传输速率和覆盖面积等方面的性能，使 Wi-Fi 网络能为用户提供更大的带宽、更高的传输速率和更远的传输距离，能够满足诸如增强现实/虚拟现实（AR/VR）、自动驾驶与 4K 影视等多元化场景应用的需求。相比于 IEEE 802.11ac 的 Wi-Fi 5，Wi-Fi 6 的最大传输速率由 Wi-Fi 5 wave2 的 6.9Gbit/s，提升到 9.6Gbit/s，理论速率大幅提升，因此，Wi-Fi 6 也被称为高效率无线（High-Efficiency Wireless，HEW）标准。由于采用了上行与下行的 MU-MIMO 和 OFDMA 等关键技术，Wi-Fi 6 不仅提升了上传和下载速率，而且大幅改善了网络拥堵的情况，允许更多的设备同时连接至无线网络，并拥有一致的高速连接体验。

（7）第七代——IEEE 802.11be。2024 年，Wi-Fi 7.0 标准推出。Wi-Fi 7 可提供 30Gbit/s 以上的无线连接速率，约为 Wi-Fi 6 的 3.6 倍，频宽从 160MHz 提升到 320MHz，引入最新开放的 6GHz 频段支持（在 5.925～7.125GHz 范围内最高可支持 3 个不重叠的 320MHz 频道），并向下兼容 2.4GHz 和 5GHz。MU-MIMO 设计从最高 8 条空间流提高到 16 条。

从上面的发展历程可以发现，自 1997 年 IEEE 802.11 诞生以来，Wi-Fi 协议每经过几年的沉淀就会升级一次，并总能带来技术的变革与创新。Wi-Fi 标准演进见表 1-1。

表 1-1　Wi-Fi 标准演进

Wi-Fi 标准	IEEE 标准版本号	发布日期	频率/GHz	带宽/MHz	下载速率/(Mbit·s^{-1})	允许 MIMO 数	调制	室内覆盖/m
Wi-Fi 0	802.11	1997 年 6 月	2.4	22	2		直接序列扩频（DSSS）	20

续表

Wi-Fi 标准	IEEE 标准版本号	发布日期	频率/GHz	带宽/MHz	下载速率/($Mbit \cdot s^{-1}$)	允许 MIMO 数	调制	室内覆盖/m
Wi-Fi 1	802.11b	1999 年 9 月	2.4	22	11		补码键控（CCK）	35
Wi-Fi 2	802.11a	1999 年 9 月	5	20	54		正交频分复用（OFDM）	35
Wi-Fi 3	802.11g	2003 年 6 月	2.4	20	54		正交频分复用（OFDM）	35
Wi-Fi 4	802.11n	2009 年 10 月	2.4/5	20/40	288.8/600	4	MIMO-OFDM (64QAM)	70
Wi-Fi 5	802.11ac	2013 年 12 月	5	20/40/80/160	693/1600/3467/6933	8	DL MU-MIMO OFDM(256QAM)	35
Wi-Fi 6	802.11ax	2019 年 5 月	2.4/5/6	20/40/80/80+80	1147/2294/4804/9608	8	UL/DL MU-MIMO OFDMA (1024QAM)	35
Wi-Fi 7	802.11be	2024 年 5 月	2.4/5/6	80/160/240/320	11.5/23/35/46.1Gbit/s	16	UL/DL MU-MIMO OFDMA (4096QAM)	30

比较上面的标准，我们发现，IEEE 802.11be（Wi-Fi 7）与 802.11ax（Wi-Fi 6）的频段相同，明显改变的只有带宽和调制方式。

Wi-Fi 主要包括如下的技术参数。

（1）频段（Band）

一般 AP 可以支持 5GHz 或 2.4GHz 两个频段的无线信号。如果两者可以同时设置，而不是互斥，那么路由器就能同时支持两种频段，相当于 AP 可建立两个无线网络，它们采用不同的频段（类似收音机在长波范围内收音和短波范围内收音）。

（2）信道（Channel）

信道是对频段的进一步划分（将 5GHz 或者 2.4GHz 的频段再划分为几个小的频段，每个频段称作一个信道）。如果信道覆盖范围没有重叠，处于不同传输信道上的数据就不会相互干扰。

（3）信道宽度（Channel Width）

信道带宽有 20MHz、40MHz 等，它表示一个信道片段的宽度。假设 5GHz 的频段宽度总共为 100MHz，平均划分为互不干扰的 10 个信道，那么每个信道的信道宽度就是 100MHz/10 = 10MHz，实际信道并不一定是完全不重叠的。

（4）传输速率（Transmission Rate）

如果采用不同的无线网络传输标准（IEEE 802.11b、IEEE 802.11g、IEEE

802.11n 等)，那么可以设置的传输速率范围有所不同。这里的速率是指理论速率。实际中，由于各种干扰因素，实际的传输速率可能会比设置的小。

在无线网络中，对某种协议的性能进行描述时，所提到的传输速率和吞吐量（Throughput）是不同的。传输速率是理论上最大的数据传输速率，而吞吐量是实际的最大吞吐量。传输时所使用的协议等各种因素造成的开销导致实际吞吐量比理论吞吐量要小，一般实际最大吞吐量为理论最大吞吐量的 50%左右。

（5）信标间隔（Beacon Interval）

信标间隔表示无线路由定期广播其 SSID 的时间间隔。这个一般不需要特别设置，采用默认值即可。如果不广播了，那么 Station 端扫描的时候可能会发现不定期广播的 AP 对应的 SSID 的网络不见了，就会断开连接。

1.3 Wi-Fi 标准化

1.3.1 Wi-Fi 标准化组织

在创新型知识经济时代，标准已经被称作世界的通用语言。无论你说哪种语言，标准的图形符号都能帮助你快速清楚地识别信息。在没有标准的世界，不仅人与人之间难以沟通，机器、零部件以及产品之间的联络也将变得困难重重。

Wi-Fi 是当下人们最常用的无线局域网连接技术，从家庭娱乐终端到企业的各种应用，Wi-Fi 应用的身影无处不在。Wi-Fi 技术的广泛应用离不开技术标准化的支持。目前 WLAN 的诸多标准组织从不同角度、不同应用场景对其协议进行了规范制定，下面对国内外的相关标准组织、系列协议进行介绍。

（1）IEEE

IEEE 于 1963 年 1 月 1 日由美国电气工程师协会（AIEE）和美国无线电工程师协会（IRE）合并而成，是一个电子技术与信息科学工程师的协会，是世界上最大的非营利性专业技术协会，会员遍布 170 多个国家和地区。IEEE 致力于电气、电子、计算机工程以及与科学有关的领域的开发和研究，在航空航天、信息技术、电力及消费性电子产品等领域已制定了 900 多个行业标准，现已发展成具有较大影响力的国际学术组织。

IEEE 802 委员会是 IEEE 标准组织中专门负责制定局域网国际标准的组织，下设多个分委员会，其中 IEEE 802.1 分委员会主要负责局域网体系结构、网络管理和性能测量方面的研究；IEEE 802.2 分委员会负责逻辑链路控制方面的研究；IEEE 802.3 到 IEEE 802.6 分委员会负责相应网络拓扑下的介质访问控制协议。与 WLAN 相关的是 IEEE 802.11 分委员会，其主要制定与 WLAN 相关的物理层和介质访问控制（MAC）层协议，发布了著名的 IEEE 802.11 系列标准，为 WLAN 的发展做出了巨大的贡献。

（2）FCC

FCC 于 1934 年成立，是美国政府的一个独立机构，直接对美国国会负责。FCC 通过控制无线电广播、电视、电信、卫星和电缆来协调美国国内和国际的通信。许多无线电应用产品、通信产品和数字产品要进入美国市场，都要得到 FCC 的认可——FCC 认证。FCC 调查和研究涉及产品安全性的各个阶段以找出解决问题的最好方法，同时 FCC 也负责无线电装置、航空器的检测等。

FCC 负责监管无线电频率装置的进口和使用，包括计算机、传真机、电子装置、无线电接收和传输设备、无线电遥控玩具、电话机等可能对其他无线电服务造成干扰的产品。这些产品如果想出口到美国，必须由政府授权的实验室根据 FCC 技术标准进行检测和批准。进口商和海关代理人要申报的每个无线电频率装置都应符合 FCC 标准，即获得 FCC 许可证。例如，FCC 规定无线局域网工作使用 ISM 频段（包括 2.4GHz、5GHz 和 6GHz），还规定这些频段均为开放频段，用户无须到相关政府监管机构申请。

FCC 最大的功劳是规定无线局域网中涉及的频段、功率和法律，其相关规定被推广到全球。

（3）Wi-Fi 联盟

为了推动 IEEE 802.11b 的制定，1999 年，由 6 家公司组成了无线以太网兼容性联盟（Wireless Ethernet Compatibility Alliance，WECA），该联盟于 2000 年改名为 Wi-Fi 联盟。Wi-Fi 联盟是一个商业联盟，拥有 Wi-Fi 的商标，负责 Wi-Fi 认证与商标授权的工作，其总部位于美国得克萨斯州奥斯汀（Austin）。

Wi-Fi 在无线局域网的范畴内是指“无线兼容性认证”，实质上是一种商业认证，同时也是一种无线联网的技术，以前通过网线连接计算机，现在则通过无线路由器，在这个无线路由器的电波覆盖的有效范围内都可以采用 Wi-Fi 连接方式进行联网，如果无线路由器连接了一条不对称数字用户线（ADSL）线路或者别的上网线路，则其又被称为“热点”。

Wi-Fi 联盟作为 WLAN 领域内行业和技术的引领者，为全世界提供测试认证。与整个产业链保持良好的合作关系，会员覆盖了生产商、标准化机构、监管单位、服务提供商及运营商等。Wi-Fi CERTIFIED 认证可实现 WLAN 技术互操作性，提供最佳用户体验，对于 Wi-Fi 产品和服务在新老市场的应用起到积极的推动作用。

此前，Wi-Fi 联盟决定，采用重新命名不同的标准版本的方式，让普通大众更容易理解无线网络。现在，对于 1997 年问世的第一代 Wi-Fi，我们不再称之为 IEEE 802.11，而是称之为 Wi-Fi 1，依次类推，把最新一代的 Wi-Fi 技术标准 IEEE 802.11be 称为 Wi-Fi 7，并将前两代技术 IEEE 802.11ac 和 IEEE 802.11ax 分别更名为 Wi-Fi 5 和 Wi-Fi 6。

（4）IETF

因特网工程任务组（Internet Engineering Task Force，IETF）成立于 1985 年年底，是全球互联网极其权威的技术标准化组织，主要任务是负责与互联网相关的技术规范的研发和制定，当前绝大多数国际互联网技术标准均出自 IETF。

IETF 是一个由为互联网技术工程及发展做出过贡献的专家自发参与和管理的国际民间机构。它汇集了与互联网架构演化和互联网稳定运作等业务相关的网络设计者、运营者和研究人员，并向所有对该行业感兴趣的人士开放。任何人都可以注册参加 IETF 的会议。

IETF 的主要任务是负责与互联网相关的技术标准的研发和制定。IETF 大量的技术性工作均由其内部的各种工作组（Working Group，WG）承担和完成。这些工作组依据各项不同类别的研究课题而组建。在成立工作组之前，先由一些研究人员自发地对某个专题展开研究，当研究较为成熟后，可以向 IETF 申请成立兴趣小组（Birds of a Feather，BOF）开展工作组筹备工作。筹备工作完成并经过 IETF 上层研究认可后，即可成立工作组。

IETF 下设 3 类机构：第一类是因特网（体系）结构委员会（IAB），第二类是因特网工程指导组（IESG），第三类是在 8 个领域里的工作组。标准制定工作具体由工作组承担，工作组分成 8 个领域，包括 133 个处于活动状态的工作组。

- 应用研究领域（app—Applications Area），含 20 个工作组。
- 通用研究领域（gen—General Area），含 5 个工作组。
- 网际互联研究领域（int—Internet Area），含 21 个工作组。

- 操作与管理研究领域（ops—Operations and Management Area），含 24 个工作组。
- 路由研究领域（rtg—Routing Area），含 14 个工作组。
- 安全研究领域（sec—Security Area），含 21 个工作组。
- 传输研究领域（tsv—Transport Area），含 1 个工作组。
- 临时研究领域（sub—Sub-IP Area），含 27 个工作组。

IETF 各工作组制定的标准包括互联网草案（Internet-Draft）和技术标准 RFC，对任何人都免费公开。

互联网草案任何人都可以提交，没有任何特殊限制，而且其他成员可以对它采取无所谓的态度。IETF 的很多重要的文件都是从互联网草案开始的。

RFC 是 IETF 的正式出版物，有多种类型，应该注意的是，并不是所有的 RFC 都是技术标准。其中只有一些 RFC 是技术标准，另一些 RFC 只是参考性报告。

RFC 更为正式，而且历史版本都有存档，一般来讲，RFC 被批准出台以后，它的内容不再改变。作为标准的 RFC 又分为如下几种：

- 第一种是提议性的，即建议作为一个方案列出；
- 第二种是完全被认可的标准；
- 第三种是现在的最佳实践法，它相当于一种介绍。

（5）ETSI

欧洲电信标准组织（European Telecommunications Standards Institute，ETSI）是由欧洲共同体（简称欧共体）委员会于 1988 年批准建立的一个非营利性的电信标准化组织，总部设在法国南部的尼斯。ETSI 的标准化领域主要是电信业，并涉及与其他组织合作的信息及广播技术领域。ETSI 作为一个被欧洲标准化协会（CEN）和欧洲邮电主管部门会议（CEPT）认可的电信标准协会，其制定的推荐性标准常被欧共体作为欧洲法规的技术基础。

ETSI 下设的技术机构主要包括技术委员会及其分委会、ETSI 项目组和 ETSI 合作项目组。ETSI 还有特别委员会，包括财经、欧洲电信标准观察组、工作协调组、专家安全算法组、全球移动多媒体合作组、用户组、新观点以及 ETSI 和 ECMA 协调组 8 个特别委员会。

ETSI 与 ITU（国际电信联盟）相比具有许多不同之处。首先，ETSI 具有很高的公众性和开放性，主管部门、用户、运营商、研究单位都可以平等地发表意见。其次，其对市场敏感，按市场和用户的需求制定标准，用标准来定义产品、指导生产。ETSI 制定的标准针对性和时效性强。ITU 为了协调各国，在制定标准时常常留有许多可选项，以便不同国家和地区进行选择，但给设备的统一和互通造成一定的麻烦。而 ETSI 针对欧洲市场和全球市场的情况，对一些指标进行了完善和细化。

ETSI 的标准制定工作是开放式的。标准的立题是由 ETSI 的成员通过技术委员会提出的，经技术大会批准后列入 ETSI 的工作计划，由各技术委员会承担标准的研究工作。技术委员会提出的标准草案，经秘书处汇总后发往成员所在国家的标准化组织征询意见，标准化组织返回意见后，技术委员会再修改汇总，并让成员单位进行投票。赞成票超过 70%的可以成为正式 ETSI 标准，否则可能成为临时标准或其他技术文件。

（6）CCSA

中国通信标准化协会（China Communications Standards Association，CCSA）于 2002 年 12 月 18 日在北京正式成立。该协会采用单位会员制，是国内企事业单位自愿联合组织起来，经业务主管部门批准，国家社会团体登记管理机关登记，在全国范围内开展信息通信技术领域标准化活动的非营利性法人社会团体。

CCSA 的主要任务是更好地开展通信标准研究工作，把通信运营企业、制造企业、研究单位、高等院校等关心标准的企事业单位组织起来，按照公平、公正、公开的原则制定标准，进行标准的协调、把关，把高技术、高水平、高质量的标准推荐给政府，把具有我国自主知识产权的标准推向世界，支撑我国的通信产业，为世界通信做出贡献。

中国通信标准化协会设置了会员代表大会、理事会、技术管理委员会、技术工作委员会（TC）和秘书处等。技术工作委员会有 12 个，列举如下。

- TC1：互联网与应用。
- TC3：网络与业务能力。
- TC4：通信电源与通信局站工作环境。
- TC5：无线通信。
- TC6：传送网与接入网。
- TC7：网络管理与运营支撑。
- TC8：网络与数据安全。
- TC9：电磁环境与安全防护。
- TC10：物联网。

- TC11：移动互联网应用和终端。
- TC12：航天通信技术。
- TC13：工业互联网。

除技术工作委员会外，CCSA 还适时根据技术发展和研究工作需要，设立特设任务组（ST），目前有 ST2（通信设备节能与综合利用）、ST3（应急通信）、ST7（量子通信与信息技术）、ST9（导航与位置服务）和 ST10（信息通信密码应用）5 个特设任务组。

负责无线通信的 TC5，主要的研究领域包括：移动通信、无线接入、无线局域网及短距离、卫星与微波、集群等无线通信技术及网络，无线网络配套设备及无线安全等标准制定，无线频谱、无线新技术等研究，并主要对接国际电信联盟无线电通信部门（ITU-R）、3GPP、IEEE 和开放移动联盟（OMA）等国际标准组织的研究工作。

（7）WAPI

无线局域网鉴别和保密基础结构（Wireless LAN Authentication and Privacy Infrastructure，WAPI）是一种安全协议，同时也是我国无线局域网安全强制性标准。WAPI 是我国自主研发的、拥有自主知识产权的无线局域网安全技术标准。与 Wi-Fi 相比，对于用户而言，WAPI 可以使笔记本计算机以及其他终端产品更加安全。

当前全球无线局域网领域仅有的两个标准分别是美国提出的 IEEE 802.11 系列标准（包括 IEEE 802.11 b/a/g/n/ac 等）以及我国提出的 WAPI 标准。

WAPI 协议已由国际标准化组织 ISO/IEC 授权的机构 IEEE Registration Authority（IEEE 注册机构）正式批准发布，分配了用于 WAPI 协议的以太类型字段，这也是我国在该领域唯一获得批准的协议。

（8）WBA

无线宽带联盟（Wireless Broadband Alliance，WBA）成立于 2003 年，其成员主要包括电信运营商、设备提供商、第三方转接商。其目标是通过技术创新、互联和稳健的安全性，与成员一起致力于为用户提供高质量的 Wi-Fi 体验。WBA 开发通用的商业与技术框架，在网络、技术和设备中实现 Wi-Fi 互操作性，进而在全球推动无线宽带的应用。

WBA 现有 50 家成员单位，包括美国 AT&T、德国 T-Mobile、英国 BT、日本 NTT DoCoMo 等运营商以及 Intel 和思科等众多厂商。WBA 一直致力于通过标准制定、行动协调实现全球无缝 Wi-Fi 用户体验。其下辖 3 个工作组：商业工作组、工业签约工作组、漫游工作组。商业工作组主要负责建立商业模型，指导支撑项目以增强用户体验；工业签约工作组主要负责组织产业界的活动以促进产业发展；漫游工作组则主要负责制定所有与漫游相关的标准、建议书、经验书等。

（9）3GPP

第三代合作伙伴计划（3rd Generation Partnership Project，3GPP）成立于 1998 年 12 月，多个电信标准组织共同签署了《第三代伙伴计划协议》。3GPP 最初的工作范围是为 3G 制定全球适用的技术规范和技术报告。3G 基于全球移动通信系统（GSM）核心网络和它们所支持的无线接入技术实现，主要以通用移动通信业务（UMTS）为 3G 的核心技术。随后 3GPP 的工作范围得到了扩展，增加了对通用电信无线接入（UTRA）长期演进系统的研究和标准制定。目前 3GPP 的 7 个组织伙伴（OP）为欧洲的 ETSI，美国的美国电信行业解决方案联盟（ATIS），日本的电信技术委员会（TTC）、无线工业及商贸联合会（ARIB），韩国的电信技术协会（TTA），印度的通信标准开发协会（TSDSI）以及我国的 CCSA。3GPP 的组织结构中，项目协调组（PCG）是最高管理机构，代表 OP 负责全面协调工作，如负责 3GPP 组织架构、时间计划、工作分配等。技术方面的工作由技术规范组（TSG）完成。目前 3GPP 共有 3 个 TSG，分别为 TSG RAN（无线接入网）、TSG SA（业务与系统）、TSG CT（核心网与终端）。每一个 TSG 下面又分为多个工作组（WG），每个 WG 分别承担具体的任务，目前共有 15 个 WG。

3GPP 工作组并不制定标准，而是提供技术规范（TS）和技术报告（TR），并由 TSG 批准。一旦 TSG 批准了，TS 或 TR 就会被提交给组织的成员，由他们进行各自的标准化处理流程。

简单地说，3GPP 一开始是为了 3G 而诞生的，但后来“越战越勇”，4G、5G、6G 一路发展。

1.3.2 IEEE 802.11 系列标准

IEEE 802.11 系列标准各版本的主要技术特点具体见表 1-2。需要说明的是，表 1-2 中的 IEEE 802.11 系列标准其实是 IEEE 802.11 下属的任务组针对不同专题分别制定的标准修正案，比如 IEEE 802.11i 针对无线安全专题进行了补充；IEEE 802.11m 任务组专门负责 IEEE 802.11 系列标准的维护，负责将经过批准的正式修正案发布成标准。一旦新标准发布，旧标准自动作废。

表 1-2 IEEE 802.11 系列标准各版本的主要技术特点

序号	标准名称	发布时间	主要性能演变
1	IEEE 802.11	1997 年	第一代无线局域网原始标准（2.4GHz 频段，2Mbit/s 传输速率）
2	IEEE 802.11a	1999 年	物理层补充（5GHz 频段，54Mbit/s 传输速率）
3	IEEE 802.11b	1999 年	物理层补充（2.4GHz 频段，11Mbit/s 传输速率）
4	IEEE 802.11c	2000 年	在 MAC 层桥接（MAC Layer Bridging）层面上进行扩展，旨在制定无线桥接运作标准，但后来将标准追加到既有的 IEEE 802.11 中，成为 IEEE 802.11d
5	IEEE 802.11d	2001 年	根据各国无线电规定做的调整
6	IEEE 802.11e	2005 年	对服务等级的支持
7	IEEE 802.11f	2003 年	接入点内部协议（Inter-Access Point Protocol，IAPP），2006 年 2 月被 IEEE 批准撤销
8	IEEE 802.11g	2003 年	物理层补充（2.4GHz 频段，54Mbit/s 传输速率）
9	IEEE 802.11h	2003 年	无线覆盖半径的调整，室内和室外信道（5GHz 频段）
10	IEEE 802.11i	2004 年	无线网络安全方面的补充
11	IEEE 802.11j	2004 年	根据日本规定做的升级
12	IEEE 802.11k	2008 年	为无线局域网应该如何进行信道选择、漫游服务和传输功率控制提供了标准
13	IEEE 802.11l	—	预留，并不打算使用，避免与 IEEE 802.11i 产生混乱
14	IEEE 802.11m	—	IEEE 802.11 系列标准的维护标准
15	IEEE 802.11n	2009 年	支持 MIMO 技术，传输速率提高到 300Mbit/s，甚至高达 600Mbit/s
16	IEEE 802.11o	—	针对局域网中的语音应用
17	IEEE 802.11p	2010 年	针对汽车通信的特殊环境而制定的标准
18	IEEE 802.11r	2008 年	快速 BSS 切换
19	IEEE 802.11s	2011 年	Mesh 网络，扩展服务集（ESS）
20	IEEE 802.11t	—	针对无线性能预报，可以成为测试无线网络的标准
21	IEEE 802.11u	2011 年	改善热点和第三方授权的客户端，如蜂窝网络卸载
22	IEEE 802.11v	2011 年	无线网络管理，基于 IEEE 802.11k 所取得的成果，主要面对的是运营商，致力于增强由 Wi-Fi 网络提供的服务
23	IEEE 802.11w	2009 年	针对 IEEE 802.11 管理帧的保护
24	IEEE 802.11x	—	通用 IEEE 802.11 规范家族名称
25	IEEE 802.11y	2008 年	针对美国 3650～3700MHz 的规定
26	IEEE 802.11aa	2012 年	标准确定了在新的机制下，允许在无线局域网中高效、强大地传输媒体流
27	IEEE 802.11ac	2013 年	拥有更高的传输速率，仅支持 5GHz 频段，单信道传输速率至少提高到 500Mbit/s。使用更高的无线带宽（80～160MHz，IEEE 802.11n 只有 40MHz）、更多的 MIMO 流（最多 8 条流）、更高的调制方式（256QAM）（5GHz 频段，3.4Gbit/s 传输速率）

续表

序号	标准名称	发布时间	主要性能演变
28	IEEE 802.11ad	2013 年	该标准的 WiGig 技术最初由 WiGig（无线吉比特联盟）主导开发，可支持在 60GHz（毫米波）频段上进行多个吉比特无线通信的 IEEE 802.11 标准所做的修订。在多媒体应用方面具有高容量、高速率（物理层采用 OFDM 方案时最高传输速率可达 7Gbit/s，采用单载波调制方案时最高传输速率可达 4.6Gbit/s）
29	IEEE 802.11af	2013 年	定位在甚高频及超高频频段，从 54MHz 到 790MHz 的电视空白空间（Television White Space，TVWS）频段的无线通信标准
30	IEEE 802.11ah	2016 年	用来支持无线传感器网络（Wireless Sensor Network，WSN），以及支持物联网、智能电网（Smart Grid）的智慧电表（Smart Meter）等应用
31	IEEE 802.11ax	2019 年	以现行的 IEEE 802.11ac 作为基底草案，物理层继续提升，组网部分引入与 5G 同源的 OFDMA 技术，实现比 IEEE 802.11ac 更高的传输速率和效率
32	IEEE 802.11be	2024 年	可以支持最多 16 个空间流，可达 30Gbit/s 的吞吐量，并且会考虑与 2.4GHz、5GHz 以及 6GHz 频带的前后兼容性。同时大力改善网络中的极端时延和抖动，按照任务组的目标，将时延控制在 5ms 以下

IEEE 802.11 系列标准应用非常广泛，标准本身也非常复杂庞大，因此，依据其标准演进的技术属性，可进一步归纳为如图 1-18 所示的演进过程。

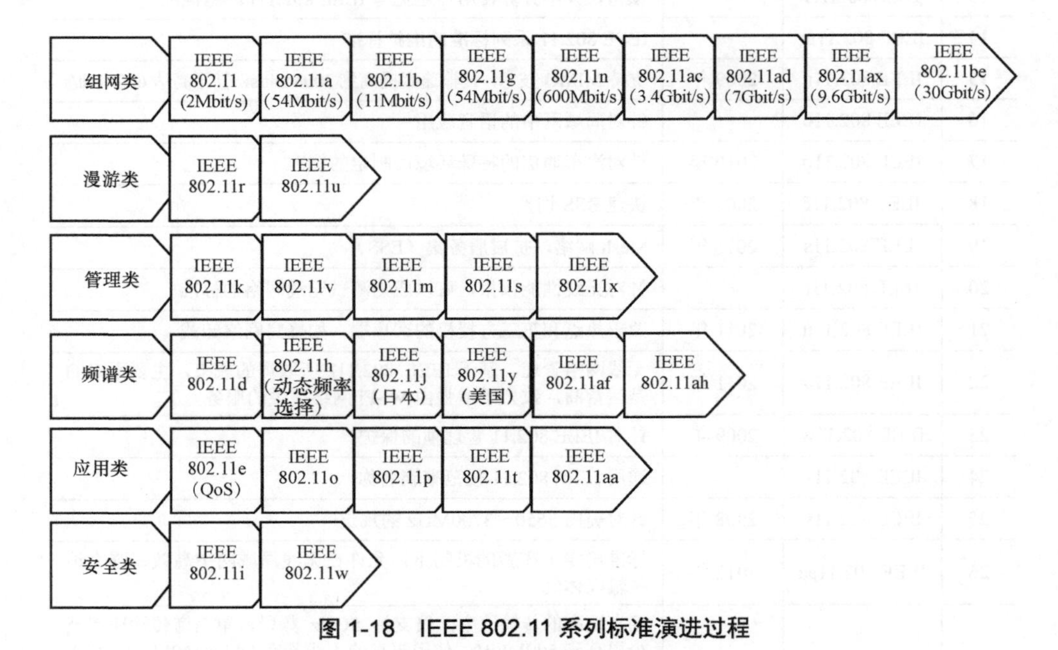

图 1-18 IEEE 802.11 系列标准演进过程

第2章 Wi-Fi 7关键技术

在2019年推出IEEE 802.11ax标准（Wi-Fi 6）的5年后，2024年Wi-Fi联盟推出新一代标准IEEE 802.11be，即Wi-Fi 7，以满足提升吞吐量、降低时延的要求。

Wi-Fi联盟为IEEE 802.11be标准设定的目标主要有两个：最大吞吐量至少达到30Gbit/s、最差的时延和抖动水平得到提升。这两个目标，一个提升了数据传输速率，另一个降低了时延。

2.1 Wi-Fi 7概述

Wi-Fi 7的关键特性是极高的吞吐量（Extremely High Throughput，EHT），按照工作组立项时设定的目标，对于WLAN网络的吞吐量，要将其提升到30Gbit/s（大约是Wi-Fi 6的3倍）；对于实时应用，要将其时延控制在5ms以内。

为了实现上述惊人的性能提升，通过对物理层和链路层的优化，Wi-Fi 7引进或者改进了多项新技术，如320MHz带宽、4096QAM、多资源单元（MRU）、多链路操作（MLO）、增强MU-MIMO等技术。

- 传输速率方面：引入320MHz带宽、4096QAM、MIMO 16×16等技术，使得单链路最大理论速率达到46.1Gbit/s。
- 频谱效率提升方面：引入MRU、多AP协同等技术，让频谱资源利用更合理、更高效。
- 干扰抑制方面：引入前导码打孔（Preamble Puncturing）、协同OFDMA

（C-OFDMA）、协同空间重用（CSR）、多链路同步信道接入等技术，使得 AP 间干扰更小，覆盖更均衡。

- 低时延保障方面：引入多 AP 联合传输（JXT）、动态链路切换等技术，使得低时延接入能够得到保障。

Wi-Fi 7 与 Wi-Fi 6 的主要参数对比见表 2-1。

表 2-1　Wi-Fi 7 与 Wi-Fi 6 的主要参数对比

参数描述	Wi-Fi 6（IEEE 802.11ax）	Wi-Fi 7（IEEE 802.11be）
频段	2.4GHz、5GHz、6GHz（仅 Wi-Fi 6E）	2.4GHz、5GHz、6GHz
最大带宽	160MHz	320MHz
调制方式	OFDMA，最高支持 1024QAM	OFDMA，最高支持 4096QAM
最大理论速率	9.6Gbit/s	46.1Gbit/s
MOMO	8×8 UL/DL MU-MIMO	16×16 UL/DL MU-MIMO

2.2 Wi-Fi 通信原理

IEEE 802.11 系列标准覆盖了无线网络的协议和操作，它只处理开放系统互联（OSI）参考模型两个最低的层：数据链路层（Data Link Layer）和物理（PHY）层。其目标是使所有 802.11 系列标准能够向下兼容。因此，各项 802.11 标准的差异主要在于物理层。Wi-Fi 标准协议层如图 2-1 所示。

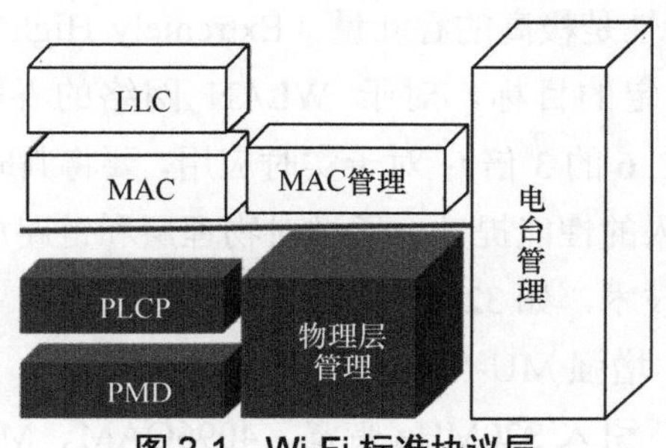

图 2-1　Wi-Fi 标准协议层

（1）数据链路层：数据链路层有 3 个子层：逻辑链路控制（Logical Link Control，LLC）子层、MAC 子层和 MAC 管理子层。LLC 子层负责识别网络层协议，然后对其进行封装；MAC 子层定义了访问机制和分组格式；MAC 管理子层定义了功率管理、安全和漫游服务。

（2）物理层：物理层规定了设备的电气参数和物理参数，以及设备与传输介质之间的关系。物理层分为 3 个子层。

- 物理层收敛程序（PLCP）子层：作为适配层使用，负责空闲信道评估（CCA），为不同的物理层技术构建分组。
- 物理介质相关（PMD）子层：规定了调制技术和编码技术，负责信道调谐等管理功能。
- 物理层管理子层：与 MAC 管理子层相连，执行本地物理层的管理功能。

（3）电台管理层：负责协调 MAC 层与 PHY 层之间的交互。

网卡从网络上每收到一个 MAC 帧就先用硬件检查 MAC 帧中的 MAC 地址。如果是发往本站的帧则收下，然后进行其他处理，否则就将此帧丢弃，不再处理。数据链路层主要负责 CSMA/CA 协议的实现，发送时将上一层下发的数据加上首部和尾部，成为以太网的帧；接收时将以太网的帧剥去首部和尾部，然后送交上一层。Wi-Fi 数据链路层示意图如图 2-2 所示。

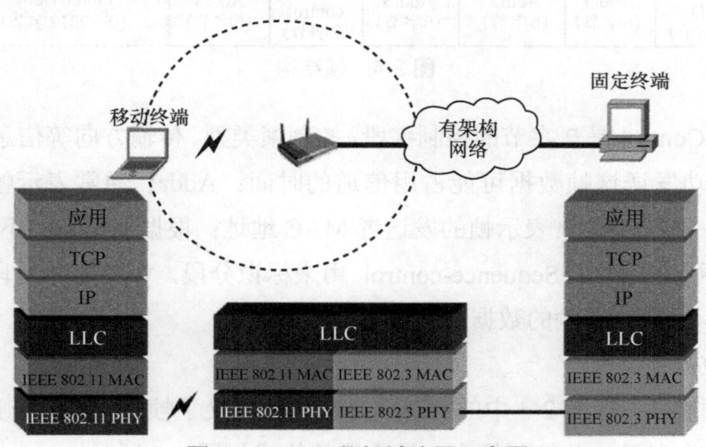

图 2-2 Wi-Fi 数据链路层示意图

在 IEEE 802.11 中的帧有 3 种类型：管理帧（如信标（Beacon）帧、探测（Probe）帧、认证（Authentication）帧、关联（Association）帧）、控制帧（如请求发送（RTS）帧、允许发送（CTS）帧、ACK 帧）、数据帧（承载数据的载体，其中的 DS 字段用来标识方向），如图 2-3 所示。数据帧是用户的数据报文，控制帧协助数据帧的报文收发控制，管理帧负责站和 AP 之间的交互、认证、关联等管理。帧头部中的类型字段标识出该帧属于哪种类型。

控制帧	数据帧	管理帧
• RTS帧 • CTS帧 • ACK帧 • PS-Poll（省电轮询）帧 • CF-End（无竞争周期结束）帧 • CF-End&CF-ACK（无竞争周期结束&无竞争周期确认）帧	• Data（数据）帧 • Data+CF-ACK（数据+无竞争周期确认）帧 • Data+CF-Poll（数据+省电轮询）帧 • Data+CF-ACK+CF-Poll（数据+无竞争周期确认&省电轮询）帧 • Null Data（无数据帧：未发送数据） CF-ACK(nodata)（未发送数据） • CF-Poll(nodata)（未发送数据） • Data+CF-ACK+CF-Poll（数据+无竞争周期确认&省电轮询）帧	• Beacon帧 • Probe Request（探测请求）帧 • Probe Request（探测响应）帧 • Authentication帧 • De-authentication（解除认证）帧 • Association Request（关联请求）帧 • Re-association Request（重新关联请求）帧 • Association Response（关联响应）帧 • Disassociation（解除关联）帧 • Announcement Traffic Indication Message (ATIM)（数据代传指示通知信号）

图 2-3　帧分类

IEEE 802.11 帧包括 Frame Control（帧控制）、Duration ID（持续时间/标识符）、Addr1（地址 1）、Addr2（地址 2）、Addr3（地址 3）、Sequence-control（序列控制）、Addr4（地址 3）、Frame Body（数据帧体）、FCS（帧校验），如图 2-4 所示。

Frame Control (2字节)	Duration ID (2字节)	Addr1 (6字节)	Addr2 (6字节)	Addr3 (6字节)	Sequence-control (2字节)	Addr4 (6字节)	Frame Boby (0～2312字节)	FCS (4字节)

图 2-4　帧结构

Frame Control 是 2 字节的控制字段，控制帧类型、传输方向等信息。Duration ID 表示成功发送这帧数据可能占用信道的时间；Addr1 通常表示帧的接收者 MAC 地址；Addr2 通常表示帧的发送者 MAC 地址；根据帧类型的不同，Addr3 可以表示不同的地址；Sequence-control 用来标识分段，以便进行分段号重组；Frame Body 包含要传输的数据；FCS 包含校验码。

（1）数据帧

帧控制字段，即图 2-4 中的 Frame Control，定义了帧的类型、子类型、协议版本、帧方向以及一些控制标志，该字段的构成如图 2-5 所示。

Protocol Version (2位)	Type (2位)	Subtype (4位)	To DS (1位)	From DS (1位)	More Frq (1位)	Retry (1位)	Pwr Mgmt (1位)	Power Manage mnet (1字节)	More Data (1位)	Protected Frame (1位)	Order (1位)

图 2-5　帧控制字段的构成

① Protocol Version（协议版本）：用来表示该帧所使用的 MAC 版本。目前 IEEE 802.11 MAC 只有一个版本，它的协议编号为 0。

② Type（帧类型）与 Subtype（子类型）：其中 Type 定义帧的主要类型，00 为管理帧，01 为控制帧，10 为数据帧，11 保留；Subtype 定义帧的子类型，不同的帧类型有不同的子类型。Frame Control 中 Type 和 Subtype 对应的帧见表 2-2。

表 2-2　Frame Control 中 Type 和 Subtype 对应的帧

Type	Subtype	帧名称
Management Frame（管理帧：Type = 00）	0	Association Request（关联请求）
	1	Association Response（关联响应）
	10	Reassociation Request（重新关联请求）
	11	Reassociation Response（重新关联响应）
	100	Probe Request（探测请求）
	101	Probe Response（探测响应）
	1000	Beacon（信标）
	1001	ATIM（通知传输指示消息）
	1010	Disassociation（解除关联）
	1011	Authentication（认证）
	1100	Deauthentication（解除认证）
	1101～1111	Reserved（保留，未使用）
Control Frame（控制帧：Type = 01）	1010	Power Save（PS）-Poll（省电轮询）
	1011	RTS（请求发送）
	1100	CTS（允许发送）
	1101	ACK（确认）
	1110	CF-End（无竞争周期结束）
	1111	CF-End（无竞争周期结束）+ CF-ACK（无竞争周期确认）
Data Frame（数据帧：Type = 10）	0	Data（数据）
	1	Data + CF-ACK
	10	Data + CF-Poll
	11	Data + CF-ACK + CF-Poll
	100	Null Data（无数据：未发送数据）
	101	CF-ACK（未发送数据）
	110	CF-Poll（未发送数据）
	111	Data + CF-ACK + CF-Poll
	1000	QoS Data（质量保障策略相关数据）
	1000～1111	Reserved（保留，未使用）
	1001	QoS Data + CF-ACK
	1010	QoS Data + CF-Poll

续表

Type	Subtype	帧名称
Data Frame（数据帧：Type = 10）	1011	QoS Data + CF-ACK + CF-Poll
	1100	QoS Null（未发送数据）
	1101	QoS CF-ACK（未发送数据）
	1110	QoS CF-Poll（未发送数据）
	1111	QoS CF-ACK + CF-Poll（未发送数据）

③ To DS 与 From DS：这两个位用来指示帧的目的地是否为 DS。在数据帧中，To DS=1 表示此帧为 AP 向 DS 转发的；From DS 表示此帧是从 DS 送出的，并决定 Add_1～Add_4 的含义。在其他类型帧（如控制帧、管理帧）中，这个字段是全零。To DS 与 From DS 组合见表 2-3。

表 2-3　To DS 与 From DS 组合

To DS	From DS	Add_1	Add_2	Add_3	Add_4
0	0	RA=DA	TA=SA	BSSID	—
0	1	RA=DA	TA=BSSID	SA	—
1	0	RA=BSSID	TA=SA	DA	—
1	1	RA	TA	DA	SA

表 2-3 中 SA、DA、TA、RA、BSSID 等都表示地址域。因为无线网络中没有采用有线电缆而是采用无线电波作为传输介质，所以需要将其网络层以下的帧格式封装得更复杂，才能像在有线网络中那样传输数据。其中，仅从标识帧的来源和去向来看，无线网络中的帧就有 4 个地址，而不像以太网那样只有两个地址（源地址和目的地址）。这 4 个地址如下。

- 源地址（SA）：和以太网一样，SA 就是发送帧的最初地址，指的是产生待发送的 MAC 服务数据单元（MSDU）的 MAC 实体的 MAC 地址。在以太网和 Wi-Fi 中转换帧格式时，可以直接复制 SA。
- 目的地址（DA）：和以太网一样，DA 就是最终接收数据帧的地址，在以太网和 Wi-Fi 中转换帧格式时，可以直接复制 DA。
- 发送地址（TA）：表示无线网络中当前实际发送者（可能是最初发帧的人，也可能是转发时的路由）的地址。
- 接收地址（RA）：表示无线网络中当前实际接收者（可能是最终的接收者，也可能是接收帧以便转发给接收者的 AP）的地址。

• BSS 标识符（BSS Identification，BSSID）：是 IEEE 802.11 WLAN 中 BSS 的唯一标识符。对于有基础架构的 BSS，BSSID 就是这个 BSS 中 AP 的 MAC 地址。

这里，可以大致将 DS 看作 AP，To/From 是从 AP 的角度来考虑的。To DS = 0,From DS = 0 表示 STA 之间类似 AD Hoc 的通信，或者控制帧、管理帧；To DS = 0,From DS = 1 表示 STA 接收的帧；To DS = 1,From DS = 0 表示 STA 发送的帧；To DS = 1,From DS = 1 表示无线桥接器上的数据帧。虽然 DS 大致等于 AP，但它不是 AP，它其实是一个系统，从 STA 的角度来看，比较容易理解。并且 To DS 和 From DS 一定是无线网络上数据帧才有的字段。

④ More Frq（更多片段）：此位的功能类似 IP 中的“More Fragments”（分段标志）位。此位为 1 表示在当前数据后面还有一个数据片段。若上层的封包经过 MAC 分段处理，除了最后一个片段，其他片段均会将此位设定为 1。大型的数据帧以及某些管理帧可能需要加以分段，其他帧则会将此位设定为 0。

⑤ Retry（重传）：此位为 1 表明当前帧是以前帧的重传。任何重传的帧都会将此位设定为 1，以协助接收端剔除重复的帧。

⑥ Pwr Mgmt（Power Management，电源管理）：表示站点的电源管理状态，1 表示省电状态；0 表示激活状态。

⑦ More Data：该字段表示还有帧继续传来。

⑧ Protected Frame（保护帧）：表示帧的内容是否加密以及使用的加密协议（如有线等效保密（WEP）协议、时限密钥完整性协议（TKIP）、协议计数器模式密码块链消息完整码协议（CCMP）等加密协议）。

⑨ Order：表示该帧是否以严格顺序处理，通常用于 QoS 数据帧。此位为 0 表示不需要严格顺序处理，此位为 1 表示需要严格顺序处理。

（2）控制帧

控制帧通常与数据帧搭配使用，负责区域的清空、信道的取得、载波监听的维护，并于收到数据时予以肯定确认，借此提高 STA 之间数据传送的可靠性。因为无线收发器通常只有半双工工作模式，即无法同时收发数据，为防止冲突 IEEE 802.11 允许 STA 使用 RTS 和 CTS 信号来清空传送区域。控制帧包括 RTS 帧、CTS 帧和 ACK 帧。

① ACK 帧：单播（Unicast）帧都需要用 ACK 帧来确认，ACK 帧本身不是广播帧，ACK 帧在 MAC 上是单播的，帧中有 Fram Control、Duration ID、Receive

Address（接收地址）、FCS。因为 ACK 帧发送和接收是一个整体，ACK 帧发送之后，其他人（除了接收者）都不会响应（无线协议中的冲突避免机制）。ACK 帧如图 2-6 所示。

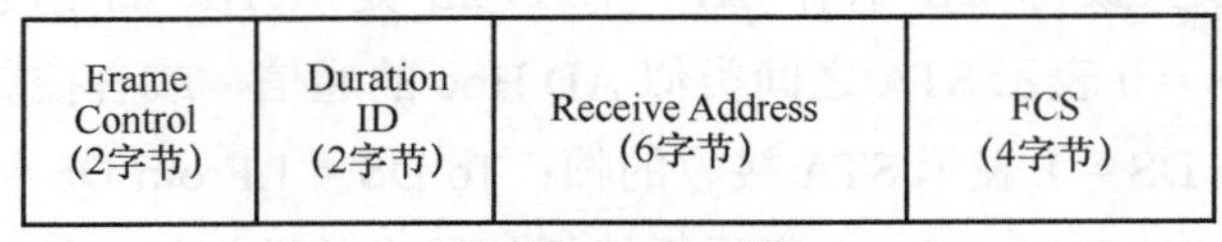

图 2-6　ACK 帧

② RTS/CTS 帧：节点 1 有帧待传时，会发送 RTS 帧，预约无线链路的使用权，要求接收到这一帧的其他 STA 保持沉默。接收到 RTS 帧后，接收端会以 CTS 帧应答，RTS 会令附近的 STA 保持沉默，然后发送数据帧。其中 CTS 帧与 ACK 帧的字段相同，RTS 帧比 ACK 帧增加了 Transmitter Address（发送地址）字段。RTS/CTS 帧如图 2-7 所示。

RTS	Frame Control (2字节)	Duration ID (2字节)	Receive Address (6字节)	Transmitter Address (6字节)	FCS (4字节)

CTS	Frame Control (2字节)	Duration ID (2字节)	Receive Address (6字节)	FCS (4字节)

图 2-7　RTS/CTS 帧

（3）管理帧

管理帧负责监督，包括无线网络加入或退出以及接入点之间关联的转移事宜。帧主体分为两部分：固定字段、信息元素。固定字段中数据使用长度固定的字段，常见的有 10 种。

① Authentication Algorithm Number（认证算法编号）：0 表示开放系统认证，1 表示共享密钥认证，2～65535 作为保留编号。

② Authentication Transaction Sequence Number（认证处理序列号）：用于追踪认证进度。

③ Beacon Interval（信标间隔）：用来设置 Beacon 信号之间的间隔。

④ Capability Information（性能信息）：传送 Beacon 信号的时候，它被用来通告网络具备的性能。

⑤ Current AP Address（当前接入站点地址）：表示当前关联的接入点的 MAC

地址，便于关联与重新关联的进行。

⑥ Listen Interval（监听间隔）：STA 为节省电能，暂时关闭 IEEE 802.11 的天线，休眠中的 STA 会定期醒来监听往来消息，以判断是否有帧缓存于接入点。其实就是以 Beacon Interval 为单位所计算出的休眠时间。

⑦ Association ID（关联标示符）：STA 与接入点关联时就会被赋予一个关联标识符来协助控制和管理。

⑧ Timestamp（时间戳）：用来同步 BSS 中的 STA。

⑨ Reason Code（原因代码）：对方不适合加入网络时，STA 会发送 Disassociation（解除关联）或 Deauthentication（解除认证）帧作为响应。该字段表示产生该原因代码的理由。

⑩ Status Code（状态码）：表示某项操作成功或失败。

管理帧见表 2-4。

表 2-4 管理帧

Element ID	描述
0	服务集标识符（SSID）
1	支持速率（Supported Rate）
2	跳频参数集（FH Parameter Set）
3	直接序列参数集（DS Parameter Set）
4	无竞争参数集（CF Parameter Set）
5	传输指示映射（Traffic Indication Map，TIM）
6	独立基本服务集（IBSS）参数集
7（IEEE 802.11d）	国家/地区（Country）
8（IEEE 802.11d）	跳频模式参数（Hopping Pattern Parameter）
9（IEEE 802.11d）	跳频模式表（Hopping Pattern Table）
10（IEEE 802.11d）	请求（Request）
11～15	保留（Reserved）
16	质询文本（Challenge text）
17～31	保留
32（IEEE 802.11h）	功率限制（Power Constraint）
33（IEEE 802.11h）	功率性能（Power Capability）
34（IEEE 802.11h）	发送功率控制（Transmit Power Control，TPC）请求（Request）
35（IEEE 802.11h）	发送功率控制报告（TPC Report）
36（IEEE 802.11h）	所支持的信道（Supported Channel）

续表

Element ID	描述
37（IEEE 802.11h）	信道切换声明（Channel Switch Announcement）
38（IEEE 802.11h）	测量请求（Measurement Request）
39（IEEE 802.11h）	测量报告（Measurement Report）
40（IEEE 802.11h）	静默（Quiet）
41（IEEE 802.11h）	IBSS 动态选频（DFS）
42（IEEE 802.11g）	企业资源计划信息（ERP Information）
43～49	Reserved
48（IEEE 802.11i）	稳健安全网络（Robust Security Network）
50（IEEE 802.11g）	扩展支持速率（Extended Supported Rate）
32～255	Reserved
221	Wi-Fi 保护访问（Wi-Fi Protected Access）

管理帧主要有以下几种，负责链路层的各种维护功能。

① Beacon 帧：Beacon 帧定时广播发送，主要用来通知网络 AP 的存在性。STA 和 AP 建立 Association 的时候，也需要用到 Beacon。STA 可以通过 Scan 来扫描 Beacon，从而得知 AP 的存在，也可以在扫描的时候通过主动发送 Probe 来探寻 AP 是否存在。

② Probe Request（探测请求）帧：移动 STA 利用 Probe Request 来扫描区域内目前存在的 IEEE 802.11 网络。探测请求帧格式见表 2-5。

③ Probe Response（探测响应）帧：如果 Probe Request 所探测的网络与之兼容，该网络就会以 Probe Response 帧响应。Probe Request 帧中包含 Beacon 帧的所有参数，STA 可根据它调整加入网络所需要的参数。探测响应帧格式见表 2-6。

④ Authentication（认证）帧：认证帧格式见表 2-7。

⑤ Deauthentication（解除认证）帧：解除认证帧格式见表 2-8。

⑥ Association Request（关联请求）帧：关联请求帧格式见表 2-9。

⑦ Association Response（关联响应）帧：关联响应帧格式见表 2-10。

⑧ Reassociation Request（重新关联请求）帧。

⑨ Reassociation Response（重新关联响应）帧。

⑩ Disassociation（解除关联）帧。

表 2-5 探测请求帧格式

顺序	字段名	描述	长度/字节
1	SSID	无线网络标识符	2～34
2	Supported Rates	支持速率	3～10
3	Request Information	请求信息	2～256
4	Extended Supported Rates	扩展支持速率	3～257
5	Vendor Specific	厂商制定	4

表 2-6 探测响应帧格式

顺序	字段名	描述	长度/字节
1	Timestamp	时间戳	8
2	Beacon Interval	信标帧发送周期	2
3	Capability	性能信息	2
4	SSID	服务集标识	2～34
5	Supported Rates	支持速率	3～10
6	FH Parameter Set	跳频参数集	7
7	DS Parameter Set	可用信道集	3
8	CF Parameter Set	无竞争参数集	8
9	IBSS Parameter Set	独立基本服务参数集	4
10	Country	国家/地区代码	8～256
11	FH Parameters	跳帧参数	
12	FH Pattern Table	挑战模式表	
13	Power Constraint	功率限制	3
14	Channel Switch Announcement	信道切换声明	5
15	Quiet	退出	8
16	IBSS DFS	独立基本服务集动态频率选择	10～255
17	TPC Report	发送功率控制报告	4
18	ERP Information	企业资源规划信息	3
19	Extended Supported Rates	扩展支持速率	3～257
20	RSN	网络安全认证机制	36～256
21	BSS Load	基站负载	
22	EDCA Parameter Set	增强型分布式信道接入	20
Last–1	Vendor Specific	厂商制定	4
Last–*n*	Requested Information Elements	请求信息元素	不定长

表 2-7 认证帧格式

顺序	字段名	描述	长度/字节
1	Authentication Algorithm	认证算法	2
	Number	编号	
2	Authentication Transaction	认证事务	2
	Sequence Number	序列号	
3	Status Code	状态码	2
4	Challenge Text	质询文本	3～255
Last	Vendor Specific	厂商自定义	4

表 2-8 解除认证帧格式

顺序	描述	长度/字节
1	Reason Code（原因码）	2
Last	One or more vendor-specific information elements may appear in this frame（此帧中可能会出现一个或多个供应商特定信息元素）	不定长
	This information element follows all other information elements（此信息元素跟在其他信息元素之后）	

表 2-9 关联请求帧格式

顺序	字段名	描述	长度/字节
1	Capability	性能信息，表明网络具有的性能	2
2	Listen Interval	以信标间隔计算的休眠时间	2
3	SSID	标识 ESS 或 IBSS	2～34
4	Supported Rates	指定 IEEE 802.11 支持的速率	3～10
5	Extended Supported Rates	扩展的支持速率	3～257
6	Power Capability	供电能力	4
7	Supported Channels	支持信道	4～256
8	RSN	稳健安全网络标准	36～256
9	QoS Capability	质量保障能力	3
Last	Vendor Specific	厂商制定	4

表 2-10 关联响应帧格式

顺序	字段名	描述	长度/字节
1	Capability	性能信息	2
2	Status Code	状态码	2
3	Association ID	链接识别码	2

2.3　物理层技术

2.3.1　频段与信道

Wi-Fi 通信在物理上的传输载体是电磁波。Wi-Fi 通信的电磁波一般分为 3 个频段：2.4GHz 频段、5GHz 频段、6GHz 频段，如图 2-8 所示。Wi-Fi 工作频段如图 2-9 所示。

图 2-8　Wi-Fi 支持的 3 个频段

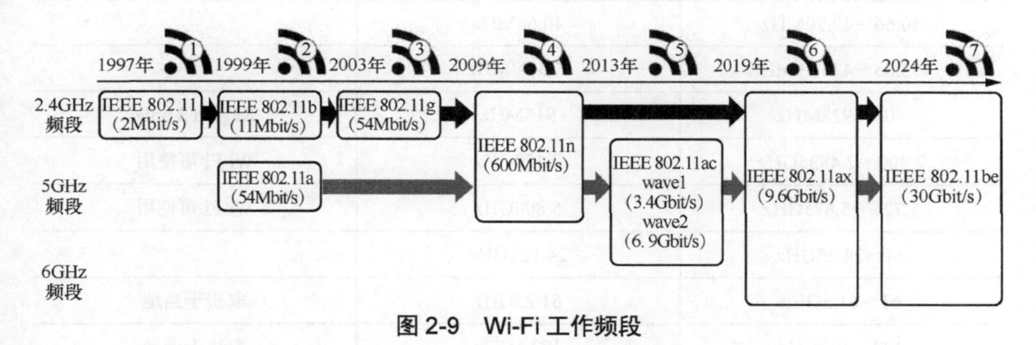

图 2-9　Wi-Fi 工作频段

频段进一步被划分为较小的信道（Channel）：以 2.4GHz 频段为例，从 2.401GHz 到 2.483GHz，被分为 13 个信道（2.4GHz 频段一共 14 个信道，我国只开放前 13 个信道）。

- 信道带宽（Bandwidth）：也称频宽，为信道最大频率减去最小频率的差值，表示这个信道覆盖的频率范围。2.4GHz 频段中每个信道带宽是 22MHz。一般来说信道带宽为 20MHz，这是因为 22MHz 中有 2MHz 是隔离带，用以区隔相邻信道，不传输数据。
- 子载波（Tone）：将信道进一步细分，把 20MHz 信道细分为 256 个子载波，每个子载波频宽为 78.125kHz。256 个子载波中，有些用于传输管理信息，只有 234 个传输数据，又被称为有效子载波。子载波是无线传输在频域上的最小单位。

- 符号（Symbol）：无线传输在时域上的传输单位。
- 速率（Rate）：就是单位时间内，在无线 AP 和 STA（Station，无线终端）之间传输的信息量。速率一般以 bit/s 为单位。

现阶段 Wi-Fi 6 主要工作在 2.4GHz 和 5GHz 这两个频段上。这两个频段被称作 ISM 频段，只要发射功率满足所在国家标准或相关规定要求，就可以不用授权直接使用。Wi-Fi 相关频段范围见表 2-11。

表 2-11　Wi-Fi 相关频段范围

频率范围/Hz	中心频率/Hz	可行性
6.765～6.795MHz	6.780MHz	取决于当地
13.553～13.567MHz	13.560MHz	
26.957～27.283MHz	27.120MHz	
40.66～40.70MHz	40.68MHz	
433.05～434.79MHz	433.92MHz	
902～928MHz	915MHz	Region 2 only
2.400～2.4835GHz	2.450GHz	Wi-Fi 可使用
5.725～5.875GHz	5.800GHz	Wi-Fi 可使用
24～24.25GHz	24.125GHz	
61～61.5GHz	61.25GHz	取决于当地
122～123GHz	122.5GHz	取决于当地
244～246GHz	245GHz	

2.4GHz 是全球最早启用的 ISM 频段，频谱范围是 2.4～2.4835GHz，共 83.5MHz 带宽。除 Wi-Fi 之外，常用的蓝牙、ZigBee、无线通用串行总线（USB）也工作在 2.4GHz 频段。微波炉和无绳电话使用的频段也是 2.4GHz。2.4GHz 上同时工作的设备众多，频段拥挤不堪，干扰严重，因此 2.4GHz 频段上的 83.5MHz 带宽又被进一步划分为 13 个信道，每个信道 20MHz。在整体频段上如果采用每一个信道独享 20MHz 的模式，83.5MHz 带宽只能容纳 3 个。因此，最终划分的 13 个信道是交叠的（如图 2-10 所示），相互之间的干扰难以避免。

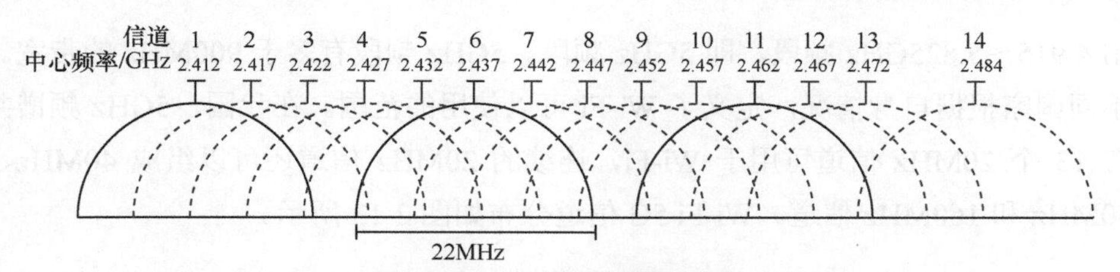

图 2-10　2.4GHz 频谱及信道

信道交叠由图 2-11 可以比较直观地看出，在这些信道里面，只有 1、6、11 或者 2、7、12 或者 3、8、13 这 3 组完全没有交叠且不多占用带宽，可见 2.4GHz 频段的拥堵程度。就好比一条很窄的路，上面通行的车却很多，堵车频频，势必造成通行速度下降。

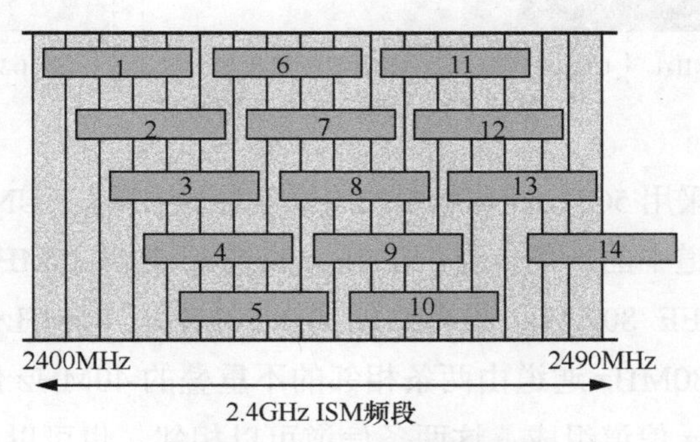

图 2-11　2.4GHz 信道分布

IEEE 802.11n 可以使用 40MHz 的信道，但 2.4GHz 频段依然只有 83.5MHz 的总带宽，只能容纳两个信道。因此存在干扰的概率就更大，基于 2.4GHz 频段的 IEEE 802.11n 的高速率在很大程度上难以实现。2.4GHz 40MHz 带宽信道如图 2-12 所示。

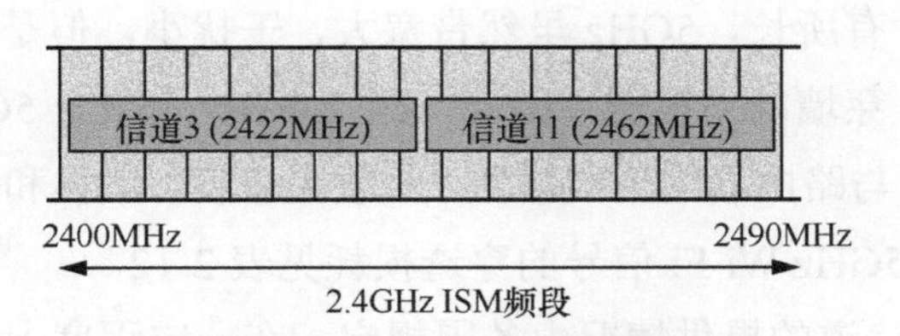

图 2-12　2.4GHz 40MHz 带宽信道

IEEE 802.11b、IEEE 802.11g 和 IEEE 802.11n 标准的低频部分采用 ISM 频段中的 2.4～2.5GHz 频谱；IEEE 802.11a、IEEE 802.11n 和 IEEE 802.11ac 就可以选

用 4.915～5.825GHz 频段，即 5GHz 频段。5GHz 频段有多于 900MHz 的带宽。不同国家根据自身情况，定义了 Wi-Fi 可以使用的范围。在我国，5GHz 频谱共有 13 个 20MHz 信道可用于 Wi-Fi，连续的 20MHz 信道还可以组成 40MHz、80MHz 和 160MHz 信道。Wi-Fi 5G 信道分布如图 2-13 所示。

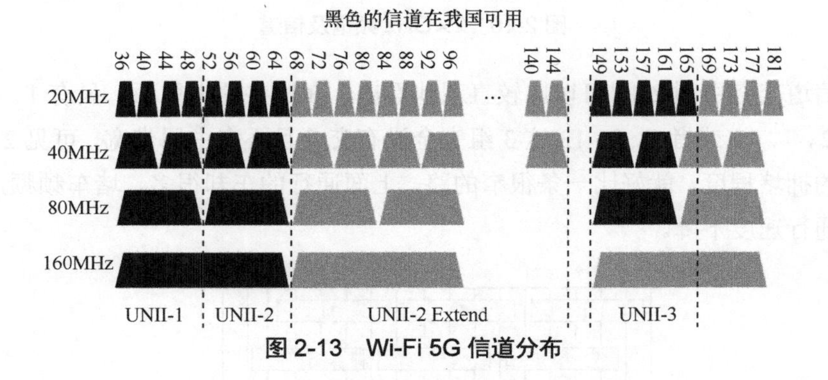

图 2-13 Wi-Fi 5G 信道分布

IEEE 802.11a 采用 5GHz 无需牌照的国家信息基础设施（UNII）频段中 12 条不重叠的 20MHz 信道中的一条信道。IEEE 802.11ac 支持 80MHz 带宽，可选支持 160MHz 带宽。IEEE 802.11ac 设备必须支持 20MHz、40MHz 和 80MHz 信道带宽的接收和传输。80MHz 通道由两条相邻的不重叠的 40MHz 信道组成。160MHz 信道由两条 80MHz 信道组成，这两条信道可以相邻，也可以不相邻。但是，所有采用 IEEE 802.11 标准的产品都必须共享相同的带宽，只有在有可用的频谱时，才能使用更宽的带宽。而 2.4GHz 频段只有 83.5MHz 的总带宽，因此，许多 IEEE 802.11n WLAN 最后可能只使用 5GHz 频段中的 40MHz 信道。

5GHz 的带宽大，但是共享使用的设备少，用起来自然速度快、干扰小。因此，如果想要家庭网络达到良好的速率体验，可以考虑用 5GHz 来进行全屋覆盖。然而尺有所短，寸有所长，5GHz 虽然带宽大、干扰小，但是信号传播衰减快，还很容易被阻挡，穿墙能力很弱。因此，跟 2.4GHz 相比，5GHz 信号通常要弱得多。其覆盖范围与路由器的天线增益、接收灵敏度、墙体和障碍物的分布都有关联。2.4GHz 和 5GHz Wi-Fi 信号的穿透损耗见表 2-12。

IEEE 802.11 信道的提供情况由各国规定，在一定程度上受到各国为各种服务分配无线电频谱的方式限制。例如，日本允许 IEEE 802.11b 使用全部 14 条信道。IEEE 使用“Regdomain”一词表示法律规定的地区。不同国家规定了不同水平的允许的发射机功率、可以占用信道的时间，以及提供的不同信道。IEEE 为美国、加拿大、西班牙、法国、日本和中国等规定了域代码。Regdomain 设置通常很难或不可能改变，这样就不会与本地法规机构产生冲突。部分国家/地区可用的 IEEE 802.11 2.4GHz 频段信道（带宽为 22MHz）见表 2-13。部分国家/地区可用的 IEEE 802.11 5GHz 频段见表 2-14。

表 2-12　2.4GHz 和 5GHz Wi-Fi 信号的穿透损耗

名称	厚度/mm	2.4GHz 衰减/dB	5GHz 衰减/dB
防弹玻璃	120	25	35
石棉	8	3	4
砖墙	120	10	20
	240	15	25
有色厚玻璃	80	8	10
混凝土	240	25	30
玻璃窗	50	4	7
金属	80	30	35
合成材料	20	2	3
木门	40	3	4

表 2-13　部分国家/地区可用的 IEEE 802.11 2.4GHz 频段信道（带宽为 22MHz）

信道	中心频率/MHz	北美	日本	世界上多数国家
1	2412	是	是	是
2	2417	是	是	是
3	2422	是	是	是
4	2427	是	是	是
5	2432	是	是	是
6	2437	是	是	是
7	2442	是	是	是
8	2447	是	是	是
9	2452	是	是	是
10	2457	是	是	是
11	2462	是	是	是
12	2467	否	是	是
13	2472	否	是	是
14	2484	否	仅 IEEE 802.11b	否

表 2-14　部分国家/地区可用的 IEEE 802.11 5GHz 频段

信道	频宽/MHz	中心频率/MHz	美国	欧洲	日本	新加坡	中国
7	20	5035	否	否	否	是	否
8	20	5040	否	否	否	是	否
9	20	5045	否	否	否	是	否
11	20	5055	否	否	否	是	否
12	20	5060	否	否	否	否	否
16	20	5080	否	否	否	否	否
34	20	5170	否	否	否	否	否
36	20	5180	是	是	是	否	是
38	20	5190	否	否	是	否	否
40	20	5200	是	是	是	否	是
42	20	5210	否	否	是	否	否
44	20	5220	是	是	是	否	是
46	20	5230	否	否	是	否	否
48	20	5240	是	是	是	否	否
52	20	5260	是	是	是	否	否
56	20	5280	是	是	是	否	否
60	20	5300	是	是	是	否	否
64	20	5320	是	是	是	否	否
100	20	5500	是	是	是	否	否
104	20	5520	是	是	是	否	否
108	20	5540	是	是	是	否	否
112	20	5560	是	是	是	否	否
116	20	5580	是	是	是	否	否
120	20	5600	是	是	是	否	否
124	20	5620	是	是	是	否	否
128	20	5640	是	是	是	否	否
132	20	5660	是	是	是	否	否
136	20	5680	是	是	是	否	否
140	20	5700	是	是	是	否	否
149	20	5745	是	否	否	否	是
153	20	5765	是	否	否	否	是
157	20	5785	是	否	否	否	是
161	20	5805	是	否	否	否	是
165	20	5825	是	否	否	否	是
183	20	4915	否	否	否	是	否

续表

信道	频宽/MHz	中心频率/MHz	美国	欧洲	日本	新加坡	中国
184	20	4920	否	否	是	是	否
185	20	4925	否	否	否	是	否
187	20	4935	否	否	否	是	否
188	20	4940	否	否	是	是	否
189	20	4945	否	否	否	是	否
192	20	4960	否	否	是	否	否
196	20	4980	否	否	是	否	否

其中美国在信道 52～144，支持 DFS；欧洲在信道 52～64 需要在室内场景采用 DFS 模式和限制功率机制；中国在信道 52～64，欧洲在信道 100～140，需要采用 DFS 模式和限制功率机制。

由于许多军用、气象用雷达也都使用 5GHz 的频段，当中有些频段与 Wi-Fi 有所重叠。基于安全考量，针对使用到这些重叠频道的 Wi-Fi 产品，必须要先通过 DFS 的认证。因此 DFS 频道指的就是这些 Wi-Fi、雷达所共享的 5GHz 频道。

DFS 认证会要求使用 5GHz 频段的 Wi-Fi 产品，当监测到同频段雷达信号时，要自动切换到其他频道；每个国家开放的 5GHz 频道不一样，有些国家有着较强的抗干扰技术，会开放比较多的频段；有些国家则开放较少，甚至没有。

例如，在美国和其他国家，雷达系统使用了一些不需要许可证的国家信息基础设施（UNII）频段。在这些频段中运行的 Wi-Fi 网络需要采用雷达探测和自动回避能力，通过在每个 DFS 频道上添加对 DFS 的支持来满足此要求。

其中发射功率控制（TPC）是 WLAN 设备使用的一种机制，用于确保设备的总功率达到 3dB。

工作在 5GHz 频段的 WLAN 设备需具备功率控制功能，能够降低发射功率以减少对军用雷达设备的干扰。根据 ETSI EN 301 893 4.2.3 标准的要求，TPC 范围应至少达到 6dB，如果 WLAN 不具备 TPC 功能，则发射功率必须降低 3dB。另外，该标准对 WLAN 设备的最高发射功率也做了规定。

2.3.2 频谱

频谱模板规定了每条信道中允许的功率分配。频谱模板要求信号以指定的频率偏置衰减到特定电平（从峰值幅度）。图 2-14 显示了 IEEE 802.11b 标准使用的频谱模板，其中 f_c 表示中心频率。图 2-14 中，能量从峰值下落得非常快，但仍有辐射到其他信道的射频（RF）能量。

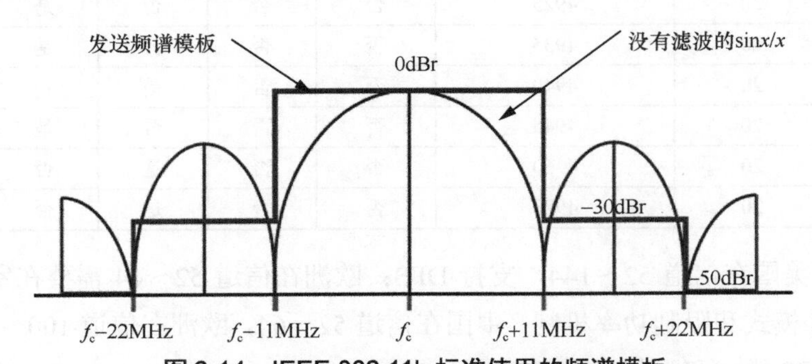

图 2-14　IEEE 802.11b 标准使用的频谱模板

IEEE 802.11a/g/n/ac 标准采用了 OFDM 编码方式，具有完全不同的频谱模板，如图 2-15 所示。OFDM 可以实现更密集的频谱效率，从而实现高于 IEEE 802.11b 中的双相移键控（BPSK）/四相移相键控（QPSK）技术的数据吞吐量。

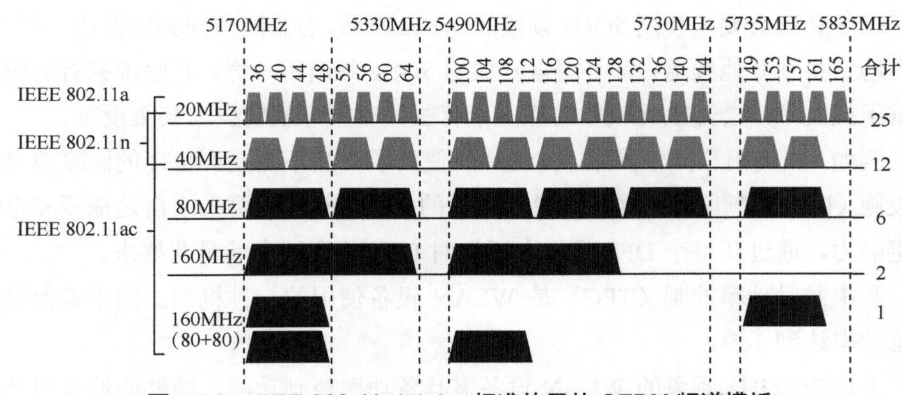

图 2-15　IEEE 802.11a/g/n/ac 标准使用的 OFDM 频谱模板

由于频谱模板只规定了特定频率偏置上的功率输出限制，因此通常假设信道的能量不会扩展到这些极限之上。更准确地说，鉴于信道之间的间隔，任意信道上的重叠信号应被足够衰减，从而对任何其他信道上发射机的干扰达到最小。对于 IEEE 802.11 标准，只有部分信道被视为不重叠。

发送设备之间要求的信道间隔经常出现混淆。IEEE 802.11b 基于直接序列扩频（DSSS）调制，采用 22MHz 的信道带宽，得到 3 条“不重叠的”信道（1、6

和 11）。IEEE 802.11g 基于 OFDM 调制，采用 20MHz 的信道带宽，得到 3 条“不重叠的”信道（1、6 和 11）。图 2-16 重点介绍了 2.4GHz WLAN 的不重叠信道。信道重叠可能会导致信号质量和吞吐量不可接受地劣化。RF 能量“排放”到多条邻道的频率中，导致接入点可能实际占用多条重叠信道。

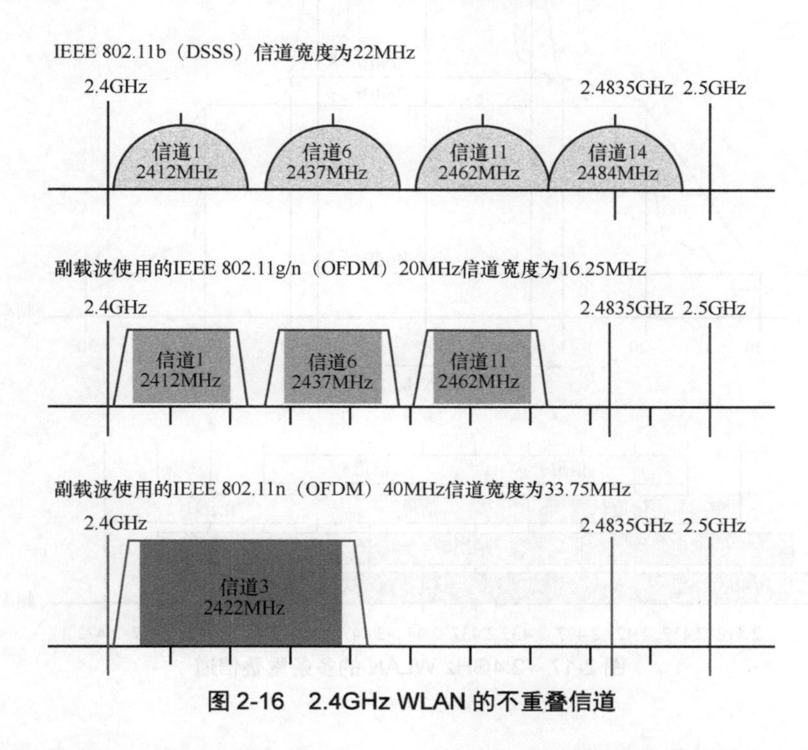

图 2-16　2.4GHz WLAN 的不重叠信道

IEEE 802.11b/g/n 信道重叠进一步提高了 ISM 频段的使用复杂度。在 IEEE 802.11b/g/n 无线电传送信号时，调制信号被设计成从信道中心频率落在其带宽内。但是，RF 能量最终会“排放”到多条邻道的频率中。因此，每个 IEEE 802.11b/g/n 接入点实际上都会占用多条重叠信道（如图 2-17 所示）。

在 ISM 频段的 40MHz IEEE 802.11n 信道上传输数据需占用 9 条信道（中心频率外加左右各 4 条信道），加剧了频段稀缺性。在拥挤的 ISM 频段中很少能找到没有使用的邻道，因此，在 40MHz IEEE 802.11n 信道上传输数据极可能会干扰现有的 IEEE 802.11b/g 接入点。为解决这个问题，使用 40MHz 信道的 IEEE 802.11n 接入点必须监听传统设备（或其他非 40MHz 高通量（HT）模式），提供共存机制。

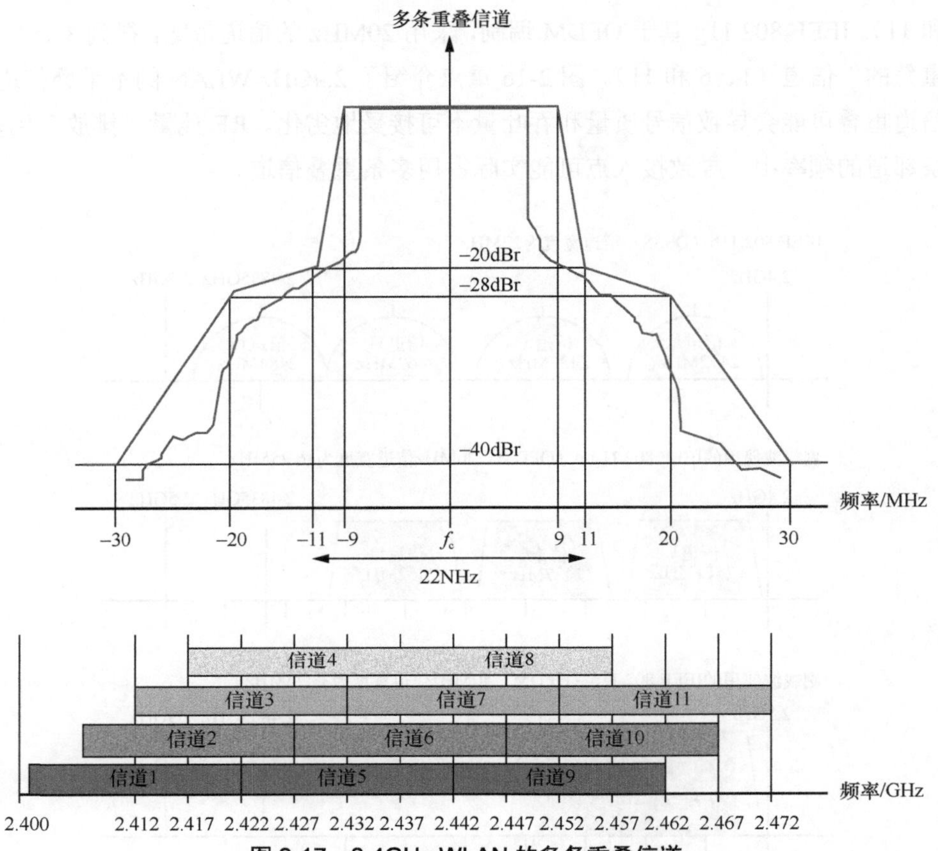

图 2-17　2.4GHz WLAN 的多条重叠信道

2.3.3 调制编码

调制编码分为调制和编码两部分，它们共同决定了单位时间内可以同时发送的比特数。调制编码策略一般将调制和编码两部分综合起来分为多个等级，级别越高，数据发送的速率就越快。

调制的作用就是把经过编码的数据（一串 0 和 1 的随机组合）映射到前面所说帧结构的最小单元 OFDM 符号上。经过调制的信号才能最终发射出去。BPSK、QPSK、16QAM、64QAM 及 256QAM 星座图如图 2-18 所示。

常用的调制方式包括 BPSK、QPSK、16QAM、64QAM 和 256QAM，能同时发送的数据分别为 1bit、2bit、4bit、6bit 和 8bit。Wi-Fi 6 可以支持

1024QAM，可同时发送 10bit 数据，速率自然大为提升。256QAM 和 1024QAM 对比如图 2-19 所示。

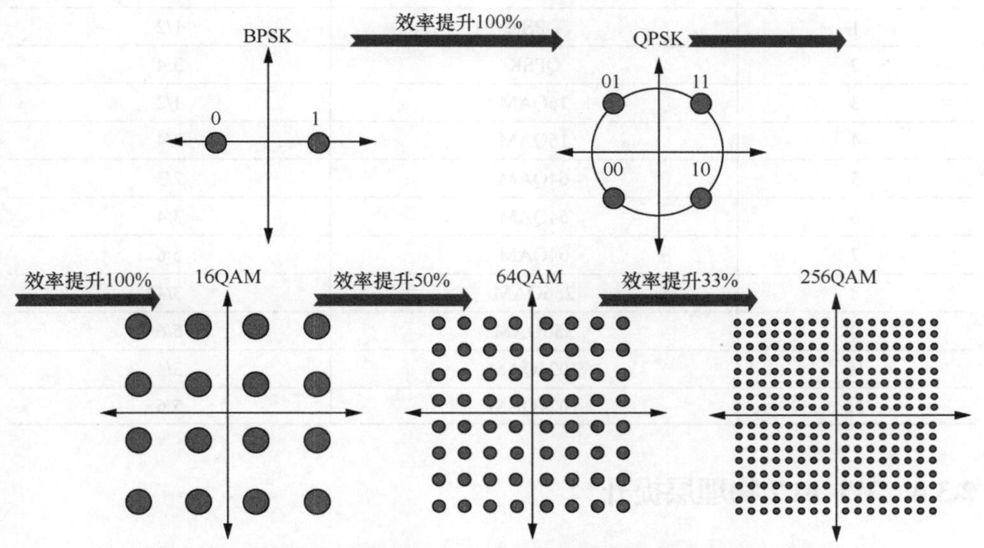

图 2-18　BPSK、QPSK、16QAM、64QAM 及 256QAM 星座图

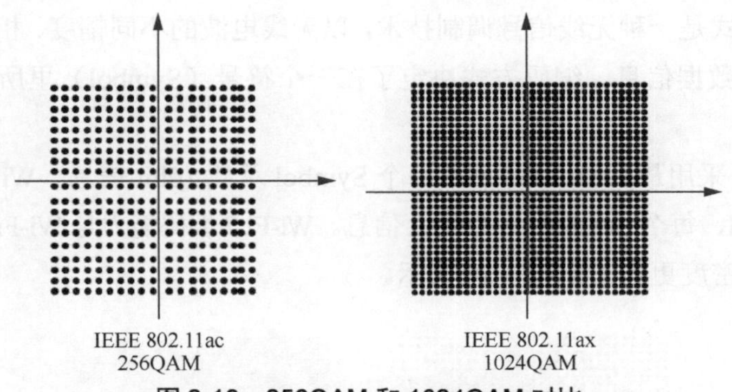

图 2-19　256QAM 和 1024QAM 对比

对原始数据编码时，为了纠错而加入了很多的冗余比特，真正的有用数据其实只占一部分。冗余比特在解码的时候将被丢弃。

码率是有用的数据在编码后在总数据量中的占比。如果码率是 3/4，就是指编码后的数据中，3/4 是有用数据，1/4 是后来添加的冗余比特。

不同的调制方式加上不同的码率，就组成了调制编码策略（MCS）。表 2-15 是 Wi-Fi 6 中的 MCS，可以看出 MCS 最高阶为 11，对应 1024QAM、5/6 的码率。

表 2-15　Wi-Fi 6 的 MCS

MCS 索引	调制方式	码率
0	BPSK	1/2
1	QPSK	1/2
2	QPSK	3/4
3	16QAM	1/2
4	16QAM	3/4
5	64QAM	2/3
6	64QAM	3/4
7	64QAM	5/6
8	256QAM	3/4
9	256QAM	5/6
10	1024QAM	3/4
11	1024QAM	5/6

2.3.4　Wi–Fi 7 物理层提升

（1）编码方式：4096QAM

编码方式是一种无线信号调制技术，以无线电波的不同幅度、相位或频率的组合来表示数据信息。编码方式决定了在一个符号（Symbol）里所能承载的比特数。

Wi-Fi 6 采用最高 1024QAM，每个 Symbol 承载 10bit 信息。Wi-Fi 7 采用最高 4096QAM，每个 Symbol 承载 12bit 信息。Wi-Fi 7 编码能力是 Wi-Fi 6 的 1.2 倍，传输信息的密度更大，如图 2-20 所示。

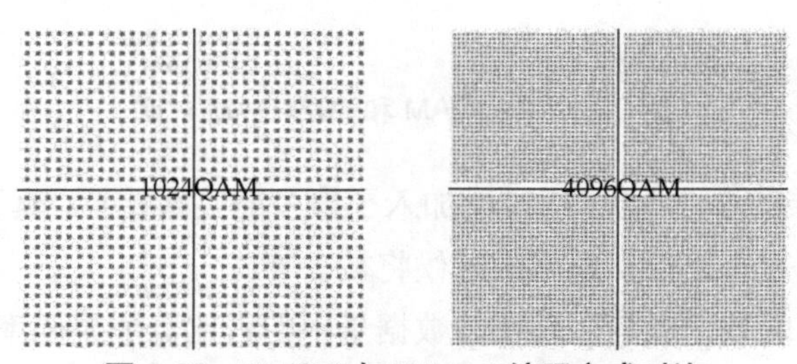

图 2-20　Wi-Fi 7 与 Wi-Fi 6 编码方式对比

（2）码率：5/6

实际传输时，单个 Symbol 的 12bit 不会都用来传输数据，要拿出一定比特用于传输纠错信息码，补救传输过程中可能的错误。单个 Symbol 中排除纠错信息码后，有效传输信息占 12bit 的比例就是码率。

Wi-Fi 6 的 1024QAM 的码率最高是 5/6，Wi-Fi 7 的 4096QAM 的码率最高也是 5/6。在码率上，Wi-Fi 7 并没有提升。Wi-Fi 7 与 Wi-Fi 6 调制码率对比见表 2-16。

表 2-16 Wi-Fi 7 与 Wi-Fi 6 调制码率对比

调制方式	码率	
	Wi-Fi 6	Wi-Fi 7
BPSK	1/2	1/2
QPSK	1/2	1/2
	3/4	3/4
16QAM	1/2	1/2
	3/4	3/4
64QAM	2/3	2/3
	3/4	3/4
	5/6	5/6
256QAM	3/4	3/4
	5/6	5/6
1024QAM	3/4	3/4
	5/6	5/6
4096QAM	—	3/4
	—	5/6

（3）最大信道带宽：320MHz

在我国，Wi-Fi 6 支持 2.4GHz、5GHz 两个频段，其中 5GHz 又可细分为 5.2GHz 频段（5G 低频段）和 5.8GHz 频段（5G 高频段）。无线传输中，基础信道就是 20MHz。2.4GHz 频段中支持 3 个不重叠的 20MHz 信道，5.2GHz 频段支持 8 个不重叠的 20MHz 信道，5.8GHz 频段支持 5 个不重叠的 20MHz 信道。Wi-Fi 6 一共支持 16 个非重叠 20MHz 信道。

2020 年 4 月 23 日，FCC 宣布，考虑允许将 6GHz 频段中的 1200MHz 频谱开放给免许可应用，最终投票表决通过了将 6GHz 的新频段（5.925～7.125GHz）开放给免许可应用，也就是 Wi-Fi 应用。随后，世界各国积极推动将 6G 频段作为非授权频段给 Wi-Fi 应用。新的 6G 频段共有 1200MHz 的带宽，可以提供

59 个 20MHz 信道带宽、29 个 40MHz 带宽信道、14 个 80MHz 信道带宽、7 个 160MHz 信道带宽和 3 个 320MHz 信道带宽，极大地缓解了当前 Wi-Fi 频谱资源短缺问题。Wi-Fi 6E 作为 Wi-Fi 6 新频段的扩展，工作在 6G 频段，目前已批量落地应用。

Wi-Fi 7 作为新一代的通信标准，是向前兼容历史协议的，工作在 2.4GHz、5GHz、6GHz 3 个频段上，最大带宽为 320MHz，如图 2-21 所示。同时，为了更加灵活地应用频谱，也提供 240MHz 带宽，以及 160MHz+80MHz、160MHz+160MHz 的带宽绑定。

Wi-Fi 7 从支持 2 个频段，即 2.4GHz（2.400～2.495GHz）和 5GHz（5.170～5.835GHz），升级到支持 3 个频段，而且在 6GHz 频段支持 5.925～7.125GHz 高达 1200MHz 的频段范围。

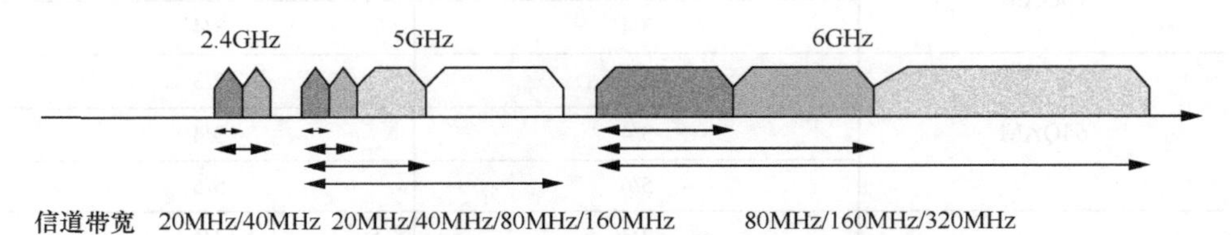

图 2-21　Wi-Fi 7 支持 320MHz 信道

在 2.4GHz 和 5GHz 两个频段，真正授权使用的频段范围是很有限的，但是 6GHz 的开放为 Wi-Fi 7 进行更高的吞吐量设计提供了底层支撑。

具体而言，Wi-Fi 7 的信道带宽包括 20MHz、40MHz、80MHz、160MHz、240MHz 和 360MHz，其中 160MHz、240MHz 和 360MHz 这些信道带宽可以是连续的，也可以是不连续的。

不连续信道带宽并非 Wi-Fi 7 独有，而是从 Wi-Fi 6（IEEE 802.11ax）继承下来的能力。6GHz 频段支持多达 6 个重叠的 320MHz 信道和 3 个非重叠信道。Wi-Fi 7 标准中启用 6GHz 频段，在这个频段上有大量连续信道，并且干扰少、信道质量高，更适合捆绑信道。Wi-Fi 7 支持最大捆绑成 320MHz 信道。

（4）符号传输时间：13.6μs

上述编码方式、码率、最大信道带宽，都是针对空间角度，即频域维度的；而波的传输，还有时间角度，即时域维度。

从时域维度看，传输单位是符号（Symbol）。为避免 Symbol 在传输时的相互干扰，在相邻 Symbol 传输的中间设定保护间隔（Guard Interval，GI），单位是

μs，1s = 1000000μs。

一个完整的 Symbol 传输时间 = 单 Symbol 传输时间+GI。

Wi-Fi 6 和 Wi-Fi 7 的单 Symbol 传输时间相同，见表 2-17。单 Symbol 传输时间都是 12.8μs。选择 GI=0.8μs 来计算，1000000/（12.8+0.8）≈73529，表示 1s 大约可以发出 73529 个 Symbol。在 Symbol 传输能力上，Wi-Fi 7 和 Wi-Fi 6 的能力一样，没有提升。

表 2-17　Wi-Fi 7 符号传输时间

对比项	Wi-Fi 6	Wi-Fi 7
Symbol	12.8μs	12.8μs
GI	0.8μs	0.8μs
2×GI	1.6μs	1.6μs
4×GI	3.2μs	3.2μs

（5）空间流数量：16×16 MIMO

在 Wi-Fi 6 和 Wi-Fi 7 中，采用 MU-MIMO 技术。在 AP 发射端和 STA 接收端使用多根天线，同时发送和接收多条数据流，以提高无线传输的速率。每个独立的数据流都是一条空间流，通过不同的天线发送和接收。

Wi-Fi 6 最多支持 8 条空间流，即一个 AP 同时对 8 个外部接收端传输数据（这 8 个接收端不一定是 8 个 STA，也可以是 3 个 STA 的 8 个接收端）。每一条空间流在 1s 内都可以传输前述的数据量，8 条空间流可以同时传输上述数据的 8 倍。而 Wi-Fi 7 扩展到 16 条流。Wi-Fi 7 的空间流传输能力是 Wi-Fi 6 的 2 倍。Wi-Fi 7 空间流传输示意图如图 2-22 所示。

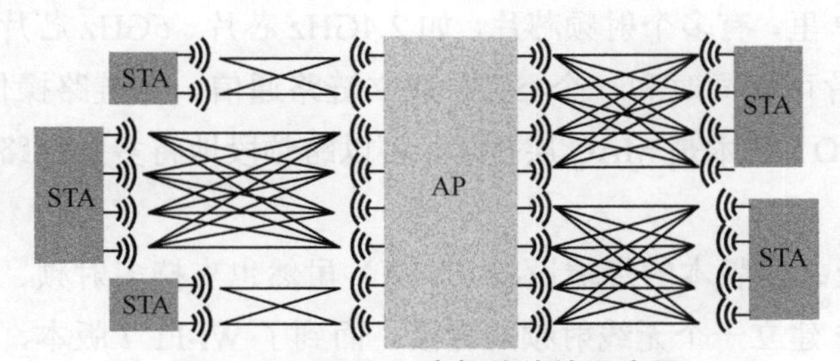

图 2-22　Wi-Fi 7 空间流传输示意图

（6）理论速率计算

Wi-Fi 理论速率峰值的计算式如下：

Wi-Fi 理论速率=编码方式 × 码率 × 最大信道有效子载波数量 × 单位时间符号传输数量 × 空间流数量

由此得出：

① Wi-Fi 7 理论速率峰值可以达到 46.12Gbit/s；

② 相比 Wi-Fi 6 理论速率峰值 9.6Gbit/s，Wi-Fi 7 的理论峰值速率大约是 Wi-Fi 6 的 4.8 倍。Wi-Fi 7 与 Wi-Fi 6 对比总结见表 2-18。

表 2-18　Wi-Fi 7 与 Wi-Fi 6 对比总结

对比项	Wi-Fi 6		Wi-Fi 7		Wi–Fi 7 是 Wi-Fi 6 的
编码方式	1024QAM 调制	10	4096QAM 调制	12	1.2 倍
码率		5/6		5/6	
最大信道有效子载波数量	160MHz 带宽	1960	320MHz 带宽	3920	2 倍
单位时间符号传输数量		73529		73529	
空间流数量	8×8 MU-MIMO	8	16×16 MU-MIMO	16	2 倍
峰值速率	9.6Gbit/s		46.12Gbit/s		4.8 倍

2.4　多链路传输技术

2.4.1　MLO 技术

在一个 AP 里，有多个射频芯片，如 2.4GHz 芯片、5GHz 芯片、6GHz 芯片。AP 的多个芯片可以同时和一个 STA 建立链路通信。多链路操作（Multi-Link Operation，MLO）技术是 MAC 层技术，可以跨频段地将多条链路捆绑成一个虚拟链路。

Wi-Fi 6 及之前版本的终端设备（STA）虽然也支持多射频、多频率，但是同时只能和 AP 建立一个无线射频的链接。而到了 Wi-Fi 7 版本，工作组新定义了 MLO，即能够同时和 AP 建立多条射频数据链路。如图 2-23 所示，Wi-Fi 7 的 STA 和 AP 同时在 2.4GHz、5GHz 和 6GHz 上建立链路，并且 3 条链路能够“同时”工作，提升 STA 的整体吞吐能力。

图 2-23 Wi-Fi 7 多链路机制

MLO 通过使用多条物理层链路和共享的 MAC 层协调，可以有效地管理和分配不同频段的网络资源，以实现在不同频段、不同无线链路上并行的数据传输。通过同时使用多条链路，MLO 可以增大容量，提供更高的数据传输速率和更好的用户体验。MLO 具有更大吞吐量、更低时延和更高可靠性的优势。

- 更大吞吐量。如图 2-24 所示，$Link_1$ 和 $Link_2$ 两条链路的网速得到聚合，获得更高的网速。

图 2-24 Wi-Fi 7 多链路聚合

- 更低时延。Wi-Fi 链路可以动态切换，当其中一条遇到干扰时，可以动态切换到另外一条更好的 Wi-Fi 链路。Wi-Fi 7 多链路便捷切换如图 2-25 所示。

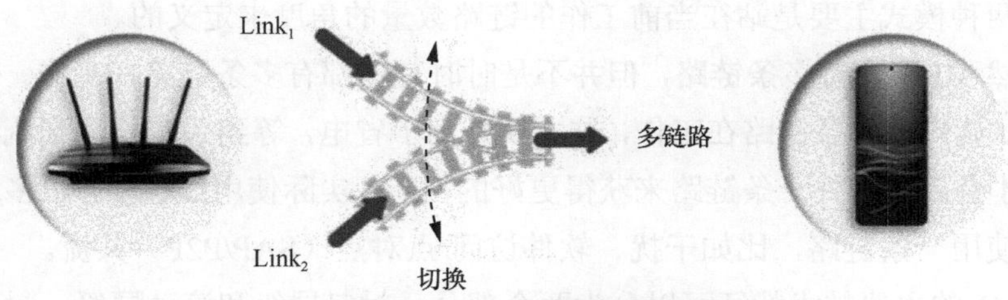

图 2-25 Wi-Fi 7 多链路便捷切换

- 更高可靠性。通过连接两路 Wi-Fi 热点，数据传输更可靠，在嘈杂环境中也不容易断线。

IEEE 802.11be 标准中规定了很多关于 MLO 的细节，包括 STR（同时收发）和 non-STR（只能支持单一收发）、多链路多射频（MLMR）和多链路单射频（MLSR）等模式。

（1）STR 和 non-STR 模式

这两种模式是站在 MLO 的两条链路能不能同时发送和接收的角度来定义的。

STR：同时发送和接收，表示在两条链路上可以同时发送和接收，不受限制，如图 2-26 所示。

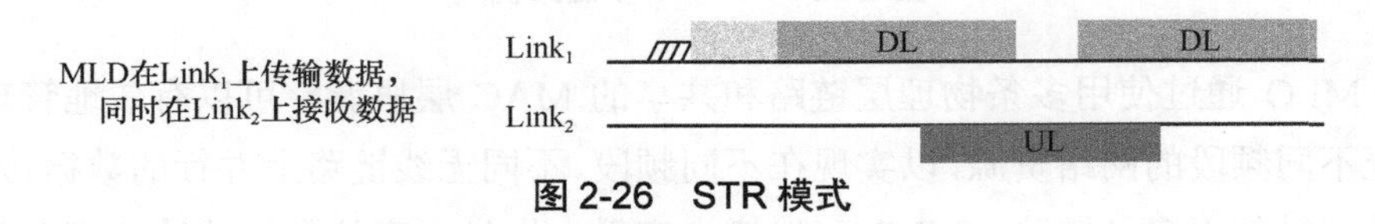

图 2-26　STR 模式

non-STR：不支持在两条链路上同时发送和接收，两条链路要么同时发送，要么同时接收（如图 2-27 所示），比如 5GHz+5GHz/6GHz。

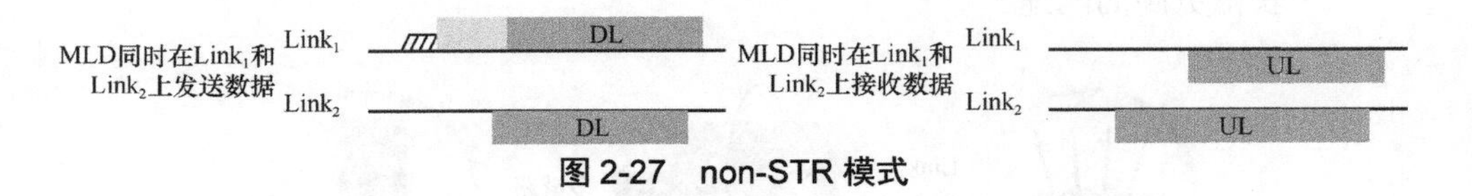

图 2-27　non-STR 模式

2.4GHz+5GHz 干扰比较小，所以可以用 STR 同时进行收发。而 5GHz+5GHz/6GHz 由于信道相邻，一条链路的发射很容易泄露功率，进而影响另一条链路的接收。因此 STR 和 non-STR 模式的选择与频段和信道存在一定关系，需要根据实际干扰情况灵活处理。

（2）MLMR 和 MLSR 模式

这两种模式主要是站在当前工作的链路数量的角度来定义的。

虽然 MLO 支持多条链路，但并不是时时刻刻都有多条链路在工作。例如一开始，默认只有一条链路在工作，这主要是为了省电，等到系统检测到流量开始变多，才会启用另外一条链路来获得更好的性能。实际使用过程中，很多场景被迫只能使用一条链路，比如干扰、软件访问/点对点（SAP/P2P）共流。

MLO 的主要技术特征可以分为两个部分：封包层级和流动层级。封包层级的聚合可改善时延和峰值效能，而流动层级的路由优化可改善时延和整体吞吐量，如图 2-28、图 2-29 所示。

Wi-Fi 7 MLO 的主要特征如下。

① 多链路数据传输。

- 可以在一个或多个无线电上发送相同 TID（传输标识符）的数据封包。
- 有助于降低时延和提高峰值吞吐量。

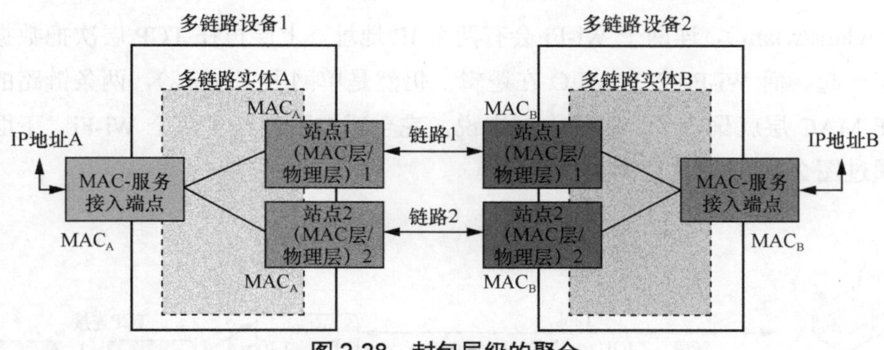

图 2-28 封包层级的聚合

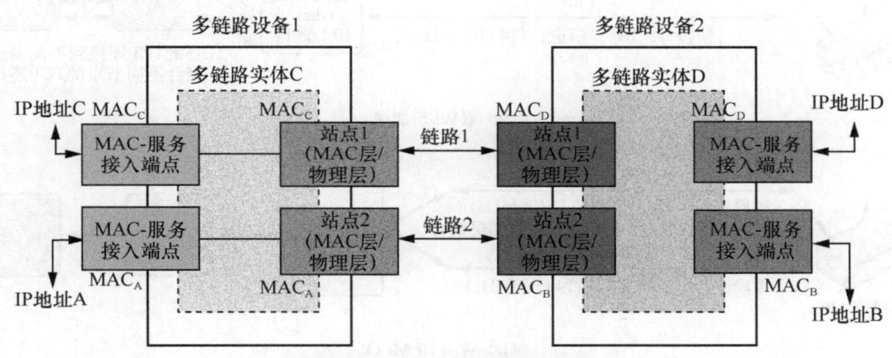

图 2-29 流动层级的路由优化

② 节能的交叉唤醒机制。

- AP 显示 STA 正在监控链路上的缓冲单元。
- AP 具备唤醒另一条链路的能力。
- STA 可以监听闲置模式的链路，接收其他链路的 BSS/TIM 信息。

③ 快速链接切换。

- 互动链路可以动态切换以适应负载/共存条件。
- 有利于提升 IEEE 802.11be 单 STA 链路容错能力。

④ 多主渠道接入：需要改善时延。

⑤ 跨链接共享会话。

- 在每个 TID 的单个阻挡确认（BA）会话中分享序号空间。
- 具备单波 IP 数据包的单一认证和密钥导出的能力。
- 具备将与广播/群组数据相关的封包组密钥分开的能力。

Wi-Fi 7 的 MLO 和双 Wi-Fi 加速有所不同。双 Wi-Fi 加速实现的原理是双网卡（$wlan_0$/$wlan_1$），连两个 Wi-Fi 会有两个 IP 地址，上层再在 TCP 层次把数据聚合在一起。而 Wi-Fi 7 的 MLO 在逻辑上仍然是单网卡（$wlan_0$），两条链路的数据在 MAC 层就聚合了，对于上层来说，完全感知不到连了两个 Wi-Fi。下面可以通过图 2-30 来对比这两种技术。

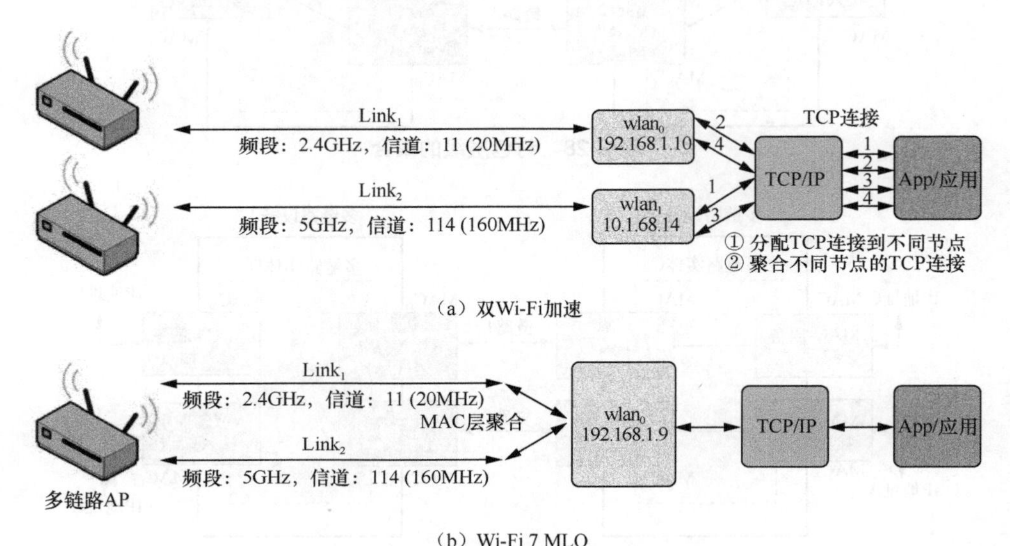

图 2-30　双 Wi-Fi 加速与 Wi-Fi MLO 技术对比

① 双 Wi-Fi 加速。

- 双网卡双 WLAN 节点双 IP 地址。
- 需要 TCP 层次的客制化修改，以分配和聚合不同网卡的 TCP 连接。
- 可以支持任意 2.4GHz + 5GHz 的热点混搭。
- 只对使用多 TCP 连接的应用有好处。
- 在用户界面（UI）层次，需要用户主动连接两个 Wi-Fi。

② Wi-Fi 7 MLO。

- 单网卡单 WLAN 节点单 IP 地址。
- 无需 TCP 层次的修改，用户空间感知不到任何变化。
- 数据聚合发生在 MAC 层。
- 对上层应用的 TCP 连接没有任何要求。
- 需要路由器也支持 Wi-Fi MLO 才能支持多链路操作。
- 在 UI 层次，用户只要主动连一个热点，另一个自动连接。

2.4.2 MIMO 技术

MIMO 是一种使用多天线发送和接收信号的技术。与单进单出（SISO）、单进多出（SIMO）和多进单出（MISO）等技术相比，MIMO 能够区分发往或来自不同空间方位的信号。通过空分复用（Spatial Division Multiplexing）和空间分集（Space Diversity）等技术，在不增加占用带宽的情况下，提高系统容量、信噪比，扩大覆盖范围。多天线发送和接收信号技术类型如图 2-31 所示。

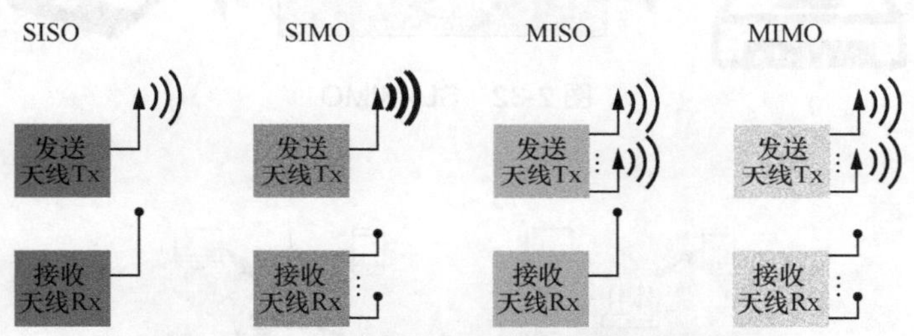

图 2-31　多天线发送和接收信号技术类型

在 MIMO 技术中，每根天线每路信号都是一条空间流（Spatial Stream），每条空间流都需要独立的天线进行发送和接收。我们经常在 MIMO 前面看到 $M \times N$ 的表达，其中 M 就是发送天线数量，N 就是接收天线数量，例如 4 × 3 MIMO 表示 4 根天线发送，3 根天线接收。其实我们能看到市面上很多无线路由器有很多根明显的天线。这些天线往往能够同时支持发送和接收，所以根据天线的数量就基本能判断 M 和 N 的数值。例如一台有着 4 根天线的无线路由器，可以认为是 4 × 4 MIMO。

目前路由器上面的天线数量越来越多，其目的是更好地实现 MIMO。简单来说，在发送信号时，用多根天线来同时发送多路不同的数据，速度自然成倍提升；在接收时，多根天线同时接收手机发来的信号，接收灵敏度也得到了增强。

在实际使用中，WLAN 路由器的天线数和接入路由器的智能终端的天线数是不对称的。路由器可以有很多根天线，但智能终端，特别是手机，通常只有 1～2 根天线。在 MIMO 使用过程中，如果路由器和终端之间是单点通信，就会出现向下兼容。举例说明，如果一个 4 × 4 MIMO 支持 2Gbit/s 的传输速率，当它与只有 1 根天线的手机连接和传输时，最高理论传输速率就会降到 500Mbit/s，其他 1.5Gbit/s 都被闲置了。这种局限就是所谓的单用户 MIMO（SU-MIMO）。

为了充分发挥多天线的潜能，从 Wi-Fi 5 开始就支持 MU-MIMO，允许发送端同时和多个用户传输数据。Wi-Fi 5 标准开始支持 4 用户的 MIMO，Wi-Fi 6 标准将用户数增加到了 8 个，而 Wi-Fi 7 标准将用户数增加到了 16 个，可以更好地支持多用户和高密度网络场景。SU-MIMO 如图 2-32 所示。SU-MIMO 与 MU-MIMO 对比如图 2-33 所示。

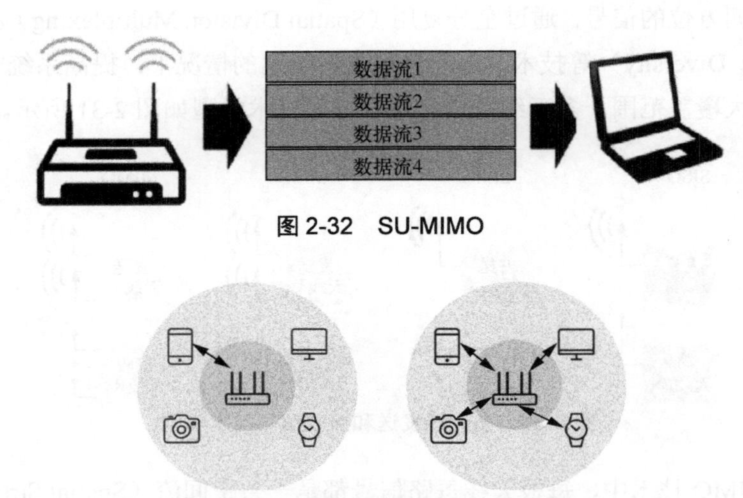

图 2-32　SU-MIMO

图 2-33　SU-MIMO 与 MU-MIMO 对比

在 MIMO 的天线编解码和调制解调过程中，存在空间分集、空分复用和波束成形（Beamforming）3 种技术，其应用场景有所不同。

- 空间分集：利用多根天线（或天线链）接收来自同一发送源的多条独立信道，通过在接收端对这些信道进行合理的组合，提高系统的可靠性和抗干扰能力。通过在不同的接收天线上接收多个独立的信号副本，空间分集可以减小信号衰落和多径效应的影响，从而提供更稳定和可靠的信号接收。所以空间分集的目的是可靠传输。
- 空分复用：是一种在 MIMO 系统中同时传输多条数据流的技术。它利用多根天线在相同的时间和频率资源上发送不同的数据流，以提高信道容量和数据传输速率。通过将数据流分配到不同的天线并利用天线之间的独立性，空分复用可以实现并行的数据传输，从而显著提高无线系统的吞吐量。空分复用的目的是提升传输速率。
- 波束成形：是一种通过调整天线的相位和振幅来改变信号传输方向的技术。无线电波可以在某些特定方向上扭曲变形、强化拉伸，就像探照灯的光束一样。波束成形可以在发送端或接收端实现，通过优化天线信号的权重和相位来形成一个狭窄的波束，从而改善信号的传输性能。波束成形的目的是提升信号穿透率。当波束被专门引导到接收设备，并以精确功率到达每个设备时，可以最大限度提升信号质量。波束成形技术还可以让无线电波从建筑物反射/折射/衍射，最后传送到某个更远的区域。它旨在将无线信号的能量集中在特定方向上，以提高信号的传输距离、抗干扰能力，并扩大覆盖范围。

2.5 OFDMA 增强技术

2.5.1 OFDMA 技术

OFDM 系统会在频域上把载波带宽分割为多个相互正交的子载波，相当于把一条大路划分成并行的多条车道，通行效率自然就大幅提升了。在 Wi-Fi 5 及以前（IEEE 802.11b/a/g/n/ac），子载波宽度是 312.5kHz，Wi-Fi 6（IEEE 802.11ax）子载波宽度缩小为 78.125kHz，相当于将同样宽度的路划分成更多的车道，如图 2-34 所示。

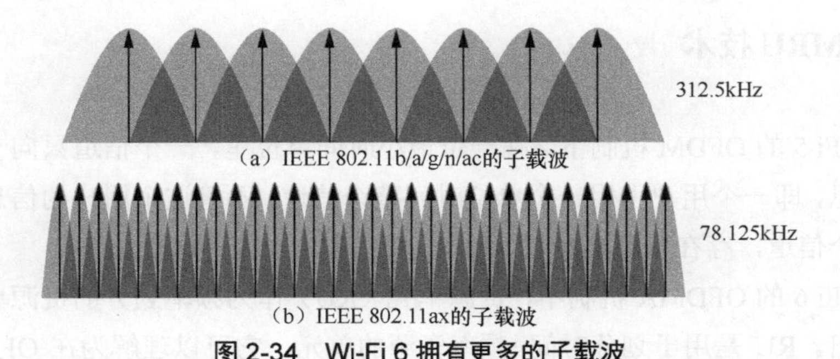

图 2-34 Wi-Fi 6 拥有更多的子载波

在 OFDM 中，每个用户必须同时占用全带宽下的所有子载波。如果某个需要发送的数据没那么多，频率资源用不满的话，其他用户也没法灵活使用，只能排队等待，导致频谱资源的使用效率不高。

为了解决这个问题，Wi-Fi 6 引入了 OFDMA 技术，其中多址就是多用户复用的意思。在 OFDMA 中，整个频带被分成多个小频段（或者叫子载波），子载波是 Wi-Fi 信号的基本单位，每个子载波都具有特定的频率和相位。每个小频段可以分配给一个或多个用户同时使用，而且不同用户可以分配不同数量的小频段，这就允许多个用户同时在同一频带上传输数据，从而提高了频谱利用率。OFDM 与 OFDMA 对比如图 2-35 所示。

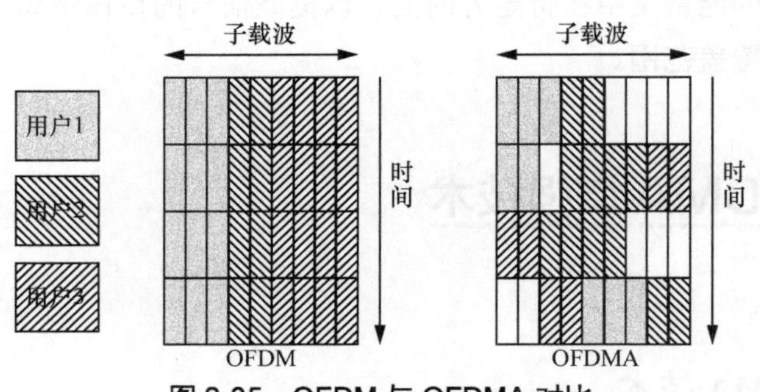

图 2-35　OFDM 与 OFDMA 对比

相较于之前的 Wi-Fi 版本，Wi-Fi 7 对 OFDMA 技术做了一些改进。首先，Wi-Fi 7 中的 OFDMA 技术将子信道的数量增加到了数百个，这意味着更多的用户可以同时连接到同一个 Wi-Fi 网络上。其次，Wi-Fi 7 中的 OFDMA 技术可以灵活地将子信道分配给不同的用户，可以根据不同用户的需求进行动态分配，提高了 Wi-Fi 网络的灵活性和适应性。

2.5.2　MRU 技术

Wi-Fi 5 的 OFDM 机制下，在一个最小时间单位里，一个信道只向一个用户发送信息，即一个用户占用一个单位时间整个信道，不管这个用户的信息是否能占满整个信道，存在资源浪费。

Wi-Fi 6 的 OFDMA 机制中，资源单元（RU）作为频率划分的资源单位也同时被提出。RU 是用于划分时间–频率资源的单元。它可以理解为在 OFDMA 中的一个时间–频率块，被分配给单个用户，用于传输特定的数据。

每个 RU 包含一定数目的子载波，每个 RU 向一个用户发送信息。这样在一个最小时间单位里，可以同时向多个用户同时发送信息，大大提升了资源利用率。

一个 RU 中包含多少个子载波，不是随意组合的。Wi-Fi 标准规定了 RU 的固定组合形式，主要有 26-tone RU（即 26 个子载波组成一个 RU）、52-tone RU、

106-tone RU、242-tone RU、484-tone RU、996-tone RU、1992-tone RU。

在 Wi-Fi 6 中，一个用户只能对应一个 RU。用户只能在分配到的固定 RU 上进行收发工作，大大限制了频谱资源调度的灵活性。为了解决该问题，进一步提升频谱效率，Wi-Fi7 提出了 MRU 概念，一个用户可以分配多个 RU。MRU 是一种提高频谱资源利用率的技术。

那 MRU 有什么用呢？例如，20MHz 的信道要给 3 个用户使用。Wi-Fi 6 中，最大资源利用率的分配如下：1 个用户分配 106-tone RU，2 个用户分别分配 52-tone RU，一共用了 210 个子载波，还浪费了 24 个子载波（一个 20MHz 信道一共有 234 个有效子载波）。现在 Wi-Fi 7 应用 MRU 技术，就可以 1 个用户分配 106-tone RU+24-tone RU（把 2 个 RU 分配给一个用户），另外 2 个用户还是分别分配 52-tone RU，如图 2-36 所示。这样就能充分利用 20MHz 信道的资源，提升信道资源利用率和传输速率，降低时延。

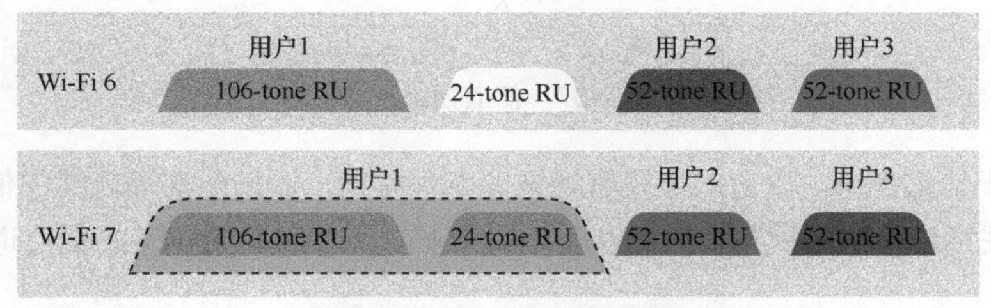

图 2-36 Wi-Fi 7 MRU 机制

考虑到 7 种 RU 的组合会非常复杂，Wi-Fi 7 标准中对 RU 的组合做出了限制。Wi-Fi 7 标准把 RU 分为小部 RU 和大部 RU 两类。

- 小部 RU：包括 26-tone RU、52-tone RU、106-tone RU。
- 大部 RU：包括 242-tone RU、484-tone RU、996-tone RU、1992-tone RU。

不是任意两个 RU 都可以组成一个 MRU，而是有限定条件的。规定只有同一类中的 RU 才可以组合成一个 MRU，即必须同为小部 RU，或同为大部 RU，才可以组成一个 MRU。

2.5.3 前导码打孔

前导码打孔（Preamble Puncturing，以下简称 Puncturing），这个技术在 Wi-Fi 6 标准里是可选技术，由于其技术成本高，一般产品实际上没有这个功能。到

Wi-Fi 7 标准中，它才成为强制标准，即产品必须要具备的功能。

前面谈到，为提升速率采用了信道捆绑技术，例如，把 8 个 20MHz 的信道捆绑成一个 160MHz 的信道。在信道捆绑中，有主信道（Primary Channel）和辅信道（Secondary Channel）之分。如图 2-37 所示，在捆绑成 40MHz 的信道中，有 Primary20 信道、Secondary20 信道；然后这两个信道又共同组成一个捆绑 80MHz 信道的 Primary40，另外的是 Secondary40；以上共同组成 Primary80，其余的组成 Secondary80。

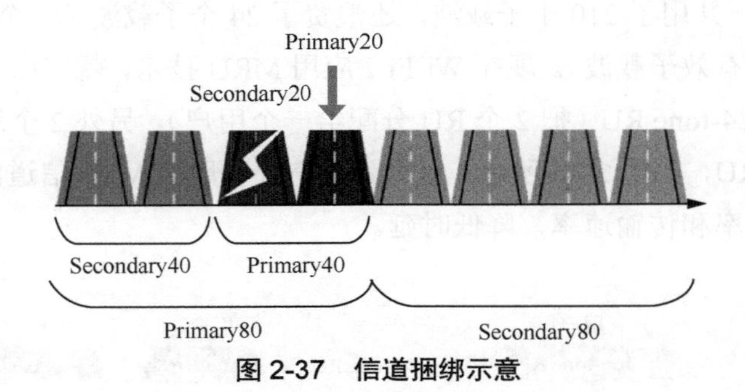

图 2-37　信道捆绑示意

对于信道捆绑，以前的协议有两条原则：原则一，只能捆绑连续的信道；原则二，在捆绑信道模式下，必须在主信道顺畅、无干扰的情况下，辅信道才能传输信息。

那么假设，当 Secondary20 受到干扰的时候，Primary40 整体就是不顺畅的信道，那么 Secondary40 就无法传输信息了；再进一步，Primary80 也不顺畅，那么 Secondary80 也无法传输信息。最后，一个捆绑成 160MHz 的信道，因为其中一个 Secondary20 信道受到干扰，一下子下降为只剩 20MHz（Primary20）信道可以传输信息，7/8 的信道资源都浪费了。

Wi-Fi 7 的 Puncturing 技术正是解决这个问题的。还是上面这个例子，Secondary20 信道受到干扰。如图 2-38 所示，采用 Puncturing 技术，直接把这个 Secondary20 信道打孔、屏蔽，然后将剩余的 140MHz 信道继续捆绑在一起传输信息。此时还是工作在 160MHz 捆绑信道模式下，但实际传输的时候，会把 Secondary20 信道置为 Null（空）状态。这个例子中采用 Puncturing 技术后，信道利用率是之前的 7 倍（140∶20）。

Puncturing 技术的核心是提升非连续信道的利用率，进而提升了实际速率，降低了时延。

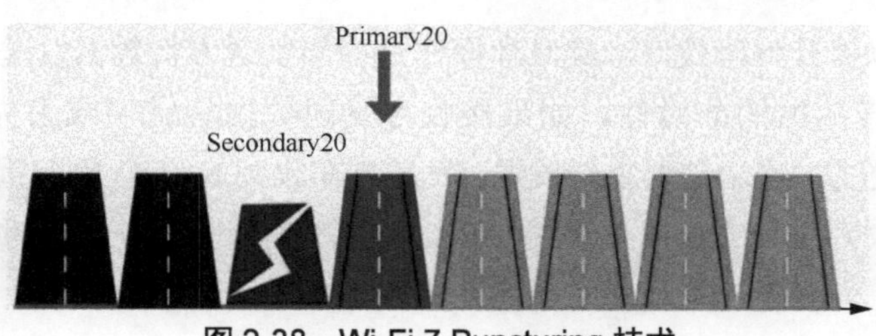

图 2-38　Wi-Fi 7 Puncturing 技术

2.6　链路传输增强协议

Wi-Fi 7 采用了混合自动重传请求（HARQ）技术来增强链路适配和重传协议。HARQ 是一种结合前向纠错（FEC）与自动重传请求（ARQ）而形成的技术。

以下将介绍 FEC 和 ARQ 技术。这是通信网络中为了解决传输误码而提出的两个技术。

- FEC：在 IEEE 802.11 里面主要使用卷积码或者低密度奇偶校验（LDPC）码进行数据纠错。由于发送数据中有冗余的字段，所以在部分字段受到干扰以后，就可以利用冗余的字段进行恢复，保证单帧传输的可靠性。
- ARQ：接收方接收到数据以后，需要做帧校验序列（FCS）校验，如果 FCS 校验失败，则不会给发送方反馈 ACK。如果发送方没有收到 ACK，则会重传当前的数据包，这就是 ARQ。

ARQ 和 FEC 都用于提高无线信道上误码率较高时的传输可靠性。ARQ 技术利用 ACK 和重复发送来提高可靠性，但是需要额外的信道占用时间；而 FEC 利用本身编码的冗余性。对于不同业务，ARQ 和 FEC 的需求还是不一样的。如果是对时延敏感的业务，为了提升可靠性，要采用 FEC 技术，因为重传的时间开销会很长（如在 IEEE 802.11 中还需要重新竞争信道）；如果是对时延不敏感的业务，则推荐采用 ARQ 技术，因为如果传输无错，那么就不需要重传了，可以节省信道资源。此外，广播场景中只能采用 FEC 技术，而不采用 ARQ 技术。另外，在实际应用中，为了提升传输效率，可以考虑将业务进行分类，将传输错误率低的业务放在前面，对时延敏感的业务放在后面，然后前面的业务用 ARQ 传输，后面的用 FEC，这样可以综合提升效率，并且保证一定的可靠性。

HARQ 实际上是在 ARQ 的基础上，将前面传输的数据包和重传数据包进行结合解码，以提升解码效率。其具体操作是：当发送方将数据发送给接收方时，接收方会检查数据的准确性。如果接收方发现数据有错误或丢失，它会发送 NACK 给发送方，表示需要重新发送。发送方在收到 NACK 后会重新发送数据，直到接收方收到正确的数据并发送 ACK。这个重传过程会一直持续，直到数据被正确接收。混合自动重传请求示意图如图 2-39 所示。

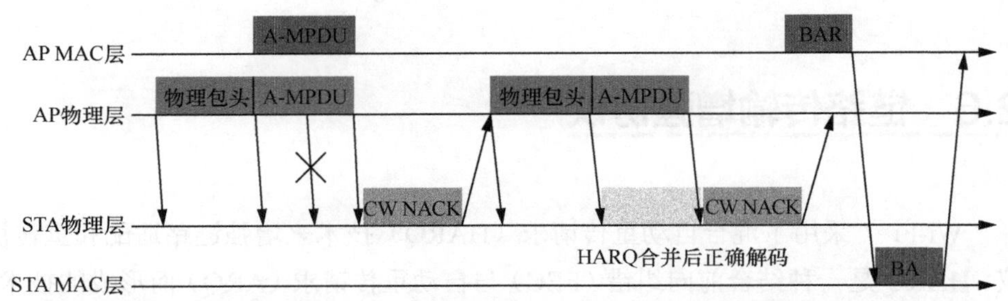

图 2-39　混合自动重传请求示意图

HARQ 是一种高效的数据传输方式，可以将数据分成小块进行传输，并在每个小块的传输之后立即进行确认。如果某个小块传输失败，则可以在后续传输中进行重传，从而提高数据传输的可靠性和效率。

增强型链路适配和重传协议并不是 Wi-Fi 7 中首次提出的技术，它们在之前的 Wi-Fi 版本中已有应用。不过在 Wi-Fi 7 中，这些技术得到了进一步的优化和改进，以提高 Wi-Fi 网络的性能和可靠性。

- 采用更高效的重传协议：Wi-Fi 7 引入了复杂度自适应混合自动重传请求（CA-HARQ）协议，该协议可以根据信道质量和网络负载情况动态地调整重传的次数和时间间隔，从而提高传输效率和性能。
- 增量冗余技术：每次数据重传都包含与之前不同的信息。换句话说，在每次重传时，接收方都会获得额外的信息。

2.7　多 AP 协同技术

在现有已发布的 Wi-Fi 标准中，涉及的更多是单个 AP 如何达到更高的吞吐、更多的接入，对于多个 AP 之间进行组网协同传输的研究较少。Wi-Fi 7 不仅聚焦单个 AP 性能的提升，同时也关注如何在多个 AP 间进行更合理的资源配置，以达到整个网络的性能最优。

多个 AP 间的协同调度方式主要包括：协同空间重用（CSR）、联合传输（JXT）、协同正交频分多址（C-OFDMA）和协同波束成形（CBF）。

2.7.1　协同空间重用（CSR）

在 Wi-Fi 5 及之前，对于同频信道间的干扰，通常通过动态调整 CCA 门限进行控制。识别干扰信号强度后，调节 CCA 门限，忽略同频弱干扰信号来并发传输。Wi-Fi 6 引入了 BSS 着色（BSS Coloring）机制，在 PHY 头中添加 BSS color 字段来对不同 BSS 进行着色。STA 可以及时识别干扰停止传输，也能忽略非本 BSS 干扰进行并发传输。以上方法都属于针对单个 AP 的操作，Wi-Fi 7 更进一步，不局限于单个 AP，整体协调多个 AP 间的发射功率和 BSS 范围，并采用 CSR 技术降低干扰，使得覆盖更加均衡，提升了整个网络的总吞吐量，如图 2-40 所示。

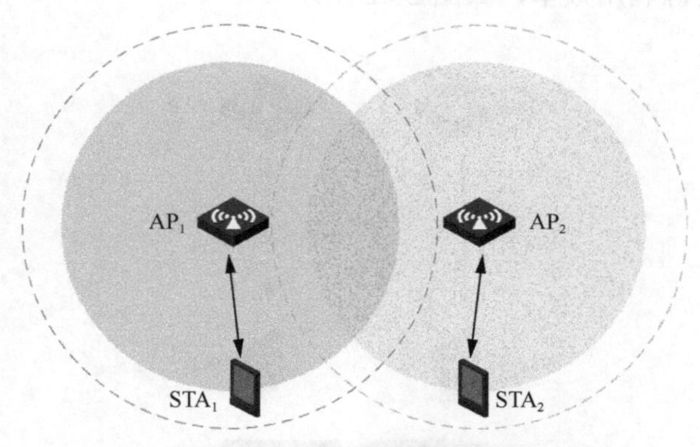

图 2-40　协同空间重用示意图

2.7.2　联合传输（JXT）

JXT 可被视为由多个 AP 和多个 STA 组成的虚拟 MIMO 系统，STA 可由多个分布式 AP 联合服务，以此来实现 AP 与 STA 间快速关联，提升用户移动时的重连速度，如图 2-41 所示。

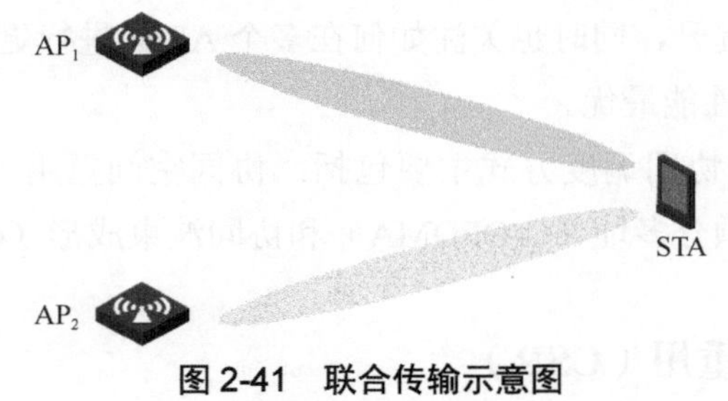

图 2-41　联合传输示意图

2.7.3　协同正交频分多址（C-OFDMA）

OFDMA 将同一个带宽下的所有子载波划分成若干个子载波组，每一个组被称作一个 RU，可被分配给不同的用户使用。RU 的划分只在单个 AP 上独立进行，但临近 AP 受到干扰时，依然会发生冲突。Wi-Fi 7 将 OFDMA 从单个 AP 扩展到多个 AP，在临近范围下，多个 AP 与多个接入 STA 共享 RU。通过 C-OFDMA 调度，同一时刻 AP 与 STA 建立的 RU 在频谱上不会出现干扰，并行工作，有效地提升了频谱资源利用效率，如图 2-42 所示。

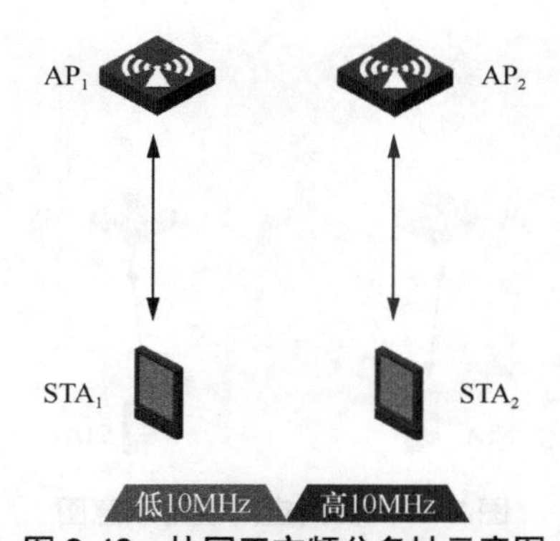

图 2-42　协同正交频分多址示意图

2.7.4　协同波束成形（CBF）

以往 WLAN 系统中波束成形是由每个 AP 独立进行的，幅相调节仅以直接传输数据的 STA 信噪比最优为目标，导致 AP 间干扰不可控。通常建议在向传输的 STA 形成波束的同时，消除其对特定领域 STA 的干扰，避免网络之间的相互干扰。协同波束成形示意图如图 2-43 所示。

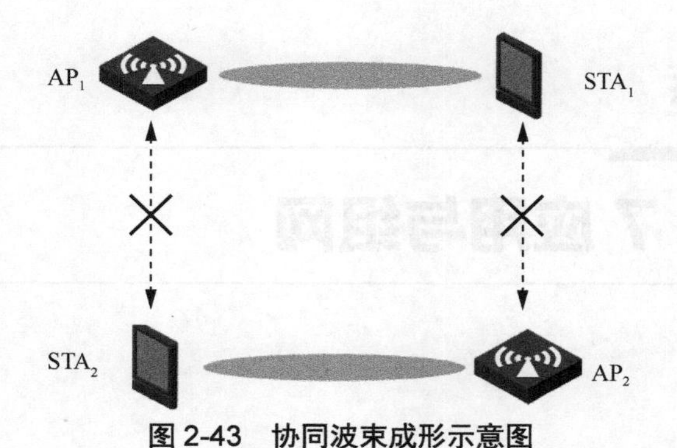

图 2-43　协同波束成形示意图

第3章 Wi-Fi 7 应用与组网

现阶段无线网络被广泛应用于生产领域及复杂的业务场景，为企业效率提升和数字化转型赋能。Wi-Fi 7 将进一步与物联网、移动通信网深入融合，提供更优质、普惠的无线服务；在家庭、教育和娱乐场景中，Wi-Fi 7 将支持 4K/8K 视频、扩展现实（XR）技术落地，搭建人机互动、虚实相融的全新网络体验。在工业互联网及企业级应用中，Wi-Fi 7 也将以其颠覆性的性能速率，助力核心业务提质增效。

本章着眼于实际、放眼于未来的新兴产业发展，对 Wi-Fi 7 通信技术的应用场景进行分析。主要分析了包含数据高速传输、广连接、低时延以及用户服务体验等维度的应用场景，进一步协助技术人员以及电信运营商逐步形成正确的思维认知，厘清 Wi-Fi 7 通信技术的组网方案，为新一代无线局域网通信技术在实际中的应用奠定了基础。

3.1 个人/家庭应用

3.1.1 低时延网络游戏/VR/AR

科技改变生活，技术的发展是为了让人们体验和享受更好的生活品质，以及不断地满足人们的物质与精神需求。全球游戏市场经过 30 多年的蓬勃发展，预计 2024 年市场规模将达到 1890 亿美元。包含社交型元素的沉浸式体验在游戏玩家中非常受欢迎。《神奇宝贝 Go》等拥有众多用户数量的游戏出现，为增强现实（AR）和虚拟现实（VR）等沉浸式媒体开创了先例，提供了更吸引用户的游戏玩法。VR/AR 示意图如图 3-1 所示。

图 3-1 VR/AR 示意图

VR/AR 游戏属于强交互类业务，均需对用户的操作或动作做出及时响应，这给网络带宽和时延带来很大的挑战。目前主流的 VR/AR 应用有两大类：基于全景视频技术的在线点播和事件直播，基于计算机图形学的 VR/AR 单机游戏、VR/AR 联网游戏、VR/AR 仿真环境等。高盛集团预测，2025 年 VR/AR 将在游戏、直播、医疗保健、房地产、零售、教育等九大行业率先得到广泛应用，其中游戏行业以交互式 VR/AR 为主，零售、教育、医疗保健行业以 VR/AR 视频为主。

交互式 VR/AR 游戏场景的舒适体验指标要求，单终端带宽达到 260Mbit/s 以上，如此高带宽的应用使得无线网络中的网页浏览、电子邮件（E-mail）等其他无线业务带宽可以忽略不计，同时覆盖范围也不是主要考虑方向。建议按照每个 AP 支持 4 个 VR/AR 终端并发来进行规划，VR/AR 业务终端离 AP 尽可能近一些，开启 AP 应用识别和应用加速功能，并且严格控制接入规格，以充分保证每位用户的业务体验。从表 3-1 和图 3-2 可知，不同阶段的云 VR（Cloud VR）业务对网络带宽和时延的要求也不同，视频业务要实现舒适体验，Wi-Fi 网络往返路程时间（RTT）要在 20ms 以内，同时单终端带宽还需要在 75Mbit/s 以上；强交互式业务则要求 RTT 在 15ms 以内，同时单终端带宽大于 260Mbit/s。

表 3-1 VR/AR 带宽体验指标

业务类型	业务指标	入门体验	舒适体验	理想体验
Cloud VR 强交互业务	带宽要求	大于 80Mbit/s	大于 260Mbit/s	大于 1Gbit/s
	RTT 要求	小于 20ms	小于 15ms	小于 8ms
	丢包率要求	1×10^{-5}	1×10^{-5}	1×10^{-6}
Cloud VR 视频业务	带宽要求	大于 60Mbit/s	大于 75Mbit/s	大于 230Mbit/s
	RTT 要求	小于 20ms	小于 20ms	小于 20ms
	丢包率要求	8.5×10^{-5}	1.7×10^{-5}	1.7×10^{-6}

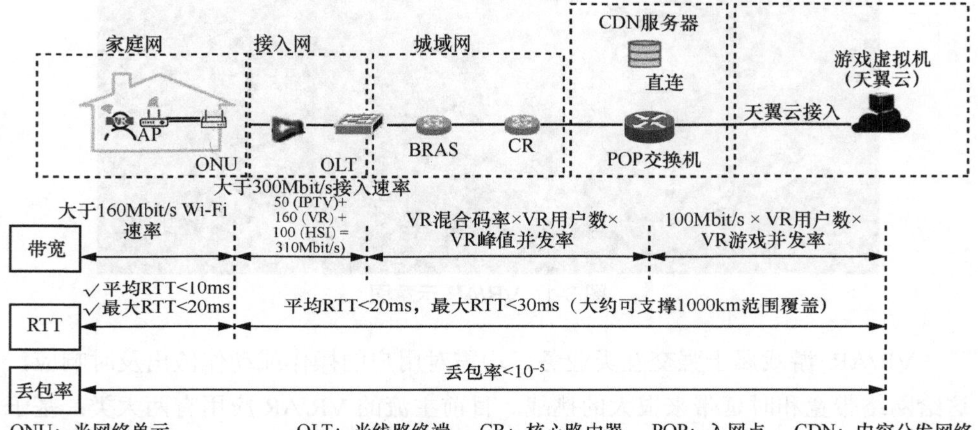

图 3-2 承载网络各阶段 VR 指标分解

VR/AR 应用场景属于区域型独立覆盖，既要考虑业务性能，又要考虑经济性，尽可能地保证每位用户带宽和业务时延需求，对此，建议选择 Wi-Fi 设备时考虑带宽、RTT、丢包率等指标，具体见表 3-1。

图 3-2 中，有关接入网部分带宽计算部分，VR 需要带宽 160Mbit/s，承载 IPTV 需要 50Mbit/s，HSI 需要 100Mbit/s，因此接入网带宽共需要带宽 310Mbit/s。

VR/AR 应用场景属于区域型独立覆盖，既要考虑业务性能，又要考虑经济性，尽可能保证每位用户的带宽和业务时延需求。VR/AR 业务 Wi-Fi 应用指标见表 3-2。

表 3-2 VR/AR 业务 Wi-Fi 应用指标

设备配置	详细规格
硬件配置	IEEE 802.11ac wave2、IEEE 802.11ax 或 IEEE 802.11be
	4 × 4 或者 8 × 8 空间流

续表

设备配置	详细规格
硬件配置	双射频或者三射频（推荐）
	智能天线
软件配置	支持动态负载均衡
	支持应用识别与加速
	支持智能漫游
	支持智能射频调优
	支持冲突优化技术

3.1.2 极致高清视频业务

随着视频采集与编码技术的不断成熟和发展，人们对于视觉感官的清晰度和极致要求越来越高，而为了匹配越来越高的要求，显示器的分辨率亦在不断攀升，图像显示已经从原来的标清到超清，从 2K 走向 4K、8K 直至现在的 VR/AR 视频，如图 3-3 所示。随着各种移动智能终端的普及，用户更喜欢通过各种移动终端“煲剧”、看各种比赛直播，Wi-Fi 接入是最佳的选择，这种方式摆脱了有线的束缚，给家庭成员带来极佳的体验。

图 3-3 分辨率对比

在网络传输方式上，一般情况下高清视频业务应用场景对用户 Wi-Fi 网络带宽影响较大的因素主要有两个：网络信号质量和接入规模。在编码方式上，H.265 成为超高清视频编解码的主要选择。H.265 可以在维持画质基本不变的前提下，让数据传输带宽减少至 H.264 的一半，支持最高 7680dpi × 4320dpi 的分辨率。4K/8K 视频流的码率是相同帧率/相同压缩编码方式的全高清（FHD）视频流码率的 4 倍以上，因此其对网络带宽的要求也大幅增长。

因此，Wi-Fi 承载运营级 4K 视频场景的舒适体验指标要求单终端带宽至少为 50MHz，将来单终端需要有 100MHz 以上的带宽。应用场景中移动终端（如 PC）基本都支持 2 × 2 MIMO，为了达到 50MHz 的业务带宽目标，建议按照每个 AP 支持 12 个终端并发来进行规划，同时要考虑连续覆盖保证漫游效果，因此在较密集的区域，覆盖半径可以更小一些。

极致高清视频不仅带来了视频分辨率的提升，还带来了视频质量四大方面的优化：第一是画面更清晰，第二是画面更流畅，第三是色彩更真实，第四是色彩更自然。视频采用 H.265 或与之相当的编码方式，在保证超高清视频体验的前提下，4K 码率为 30～50Mbit/s，8K 码率为 100～150Mbit/s。4K/8K 视频业务带宽需求见表 3-3。

表 3-3　4K/8K 视频业务带宽需求

业务类型	4K			8K		
	入门级	运营级	极致级	入门级	运营级	极致级
分辨率	3840dpi × 2160dpi	3840dpi × 2160dpi	3840dpi × 2160dpi	7680dpi × 4320dpi	7680dpi × 4320dpi	7680dpi × 4320dpi
帧率	30FPS	60FPS	120FPS	30FPS	60FPS	120FPS
编码位数	8bit	10bit	12bit	8bit	10bit	12bit
压缩算法	H.265	H.265	H.265	H.265	H.265	H.265
平均码率	15Mbit/s	30Mbit/s	50Mbit/s	60Mbit/s	120Mbit/s	200Mbit/s
带宽要求	大于 30MHz	大于 50MHz	大于 50MHz	大于 100MHz	大于 150MHz	大于 200MHz
丢包率	1.7×10^{-5}～1.7×10^{-4}					

承载大规模 4K/8K 视频业务的区域，既要考虑业务性能，又要考虑经济性，应尽可能保证每位用户的带宽和业务时延。对此，建议选择 Wi-Fi 设备时考虑表 3-2。

3.1.3　智慧家庭 IoT

曾经，智慧家庭只是一个遥不可及、空中楼阁的念想，但随着时代的进步、物联网技术的发展和人们生活水平的提高，采用主流的互联网通信渠道，配合丰富的智能家居产品，人们已经从多方位、多角度逐步开启智能新生活。智慧家庭是在物联网影响下的物联化体现，它不仅具有传统的居住功能，还具有网络通信、信息家电、设备自动化等功能，是集系统、结构、服务、管理于一体的高效、舒适、安全、环保的居住环境。

物联网（IoT），顾名思义，就是物物相联的互联网，IoT 连接如图 3-4 所示。其有两层含义：其一，物联网的核心和基础仍然是互联网，物联网是在互联网基础上延伸和扩展的网络；其二，其用户端延伸和扩展到了任何物品，任何物品与物品之间都能进行信息交换和通信，也就是物物相联。

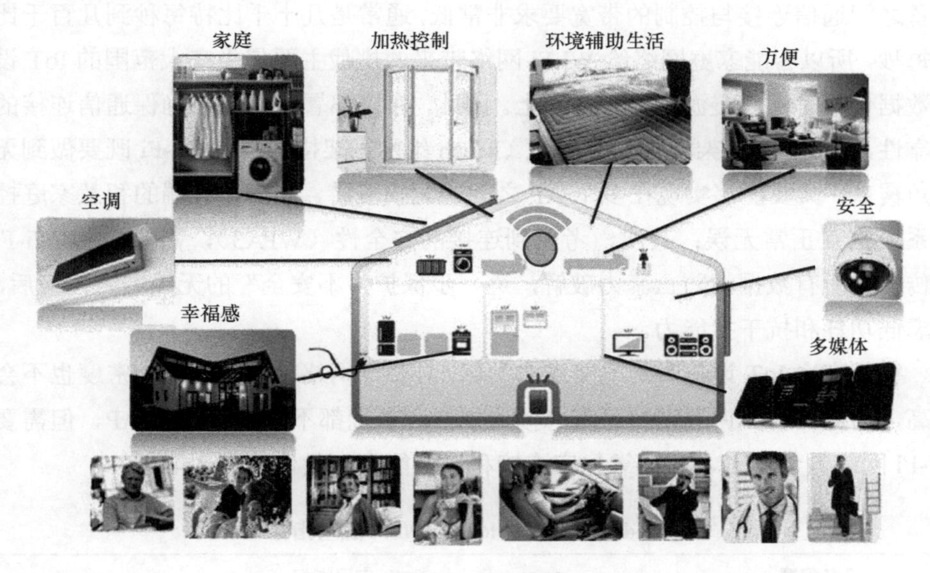

图 3-4 IoT 连接

简单、稳定、可靠的联网能力是物联网发展中重要的元素之一。在有线和无线两种方式中，由于入网的设备和物品在空间上的广泛分布，以及无线通信技术在组网便捷性方面的优势，无线 IoT 互联的重要性不言而喻。在众多的无线连接技术中，广泛应用的家庭场景物联网技术为 Wi-Fi、BT 和 ZigBee，它们各有所长，分别适用于不同的应用场景，成为物联网无线连接最流行的通信协议。

在智慧家庭 IoT 场景中，因 IP 传输技术成熟，室内 Wi-Fi 信号几乎无处不在，所以 Wi-Fi 网络通常是一个最容易想到的作为家庭物联网连接的方式。伴随着电信运营商大规模建设基于 Wi-Fi 技术的无线城市，物联网应用架构已然形成。

智慧家庭通常以住宅为平台，构建高效的住宅设施与家庭日常事务的管理系统，兼备建筑、网络通信、信息家电、自动化控制等功能，建立安全、舒适、便利、高效和环保的家庭居住环境。而智能 Wi-Fi 无线路由器位于家庭中所有智能 IoT 终端的上一层，被形象地称为“智能水龙头”，已成为智慧家庭中不可或缺的设备，是家庭物联网互联的必经之路。因此，智慧家庭 IoT 互联应包括智能家居的远程操控、监控和安防等重要业务场景。远程操控是未来家庭互联技术发展的关键方向，对无线网络主要提出以下要求：设备成本和支持成本较低；易于部署，方便调试和管理；可靠性和安全性高；具有可扩展性；无损漫游。作为在智慧家庭运行的 IoT 设备，因其安装、运行可能会隐藏在住宅角落，同时云端与 IoT 设备之间通信连接与控制的带宽要求非常低，通常是几十千比特每秒到几百千比特每秒，所以智能家庭网络给 Wi-Fi 网络带来的挑战主要集中在大范围的 IoT 设备数据传输时延和漫游可靠性问题上。因此，建议部署时首先要确保通信连接的可靠性，Wi-Fi 网络架构首选分布式（Mesh 组网）架构，要求 Wi-Fi 既要做到无死角覆盖，又要能够实现在多个 AP 之间的无损漫游，确保与云端的智慧家庭控制系统交互正常无误；其次，考虑到连接的安全性（WPA3），需要加密 Wi-Fi 上传输的所有数据，防止暴力破解，进一步保护“不安全”的无线网络；最后，考虑低功耗和抗干扰能力。

智慧家庭 IoT 设备对带宽要求非常低，且整个网络内 IoT 接入的密度也不会太高，因此，在 AP 选型时可考虑接入规格和带宽都不高的经济型 AP，但需要 Wi-Fi 网络具备快速、高可靠与广连接和漫游能力，具体见表 3-4。

表 3-4　智慧家庭 IoT 的 Wi-Fi 应用指标

设备配置	应用指标
硬件配置	支持 IEEE 802.11ax 或 IEEE 802.11be
	4×4 或者 8×8 空间流
	三射频
	智能天线
	支持 IoT 扩展
软件配置	动态负载均衡
	应用识别与加速
	智能漫游
	智能射频调优
	冲突优化技术

3.2 垂直行业应用

Wi-Fi 7 作为新一代室内无线通信技术革新的“变速齿轮”，如何环环相扣地推动垂直产业升级和发挥其独特的作用是值得关注的问题。例如，在企业园区 WLAN 的产业迭代，工业级场景（如智慧工厂、无人仓储等）、高密度场景（如机场、酒店、大型场馆等）、服务场景（如远程教育、医疗等），以及对高速率、大容量、低时延等要求较高的特殊室内行业应用场景和生产、经营智能化进程中，Wi-Fi 7 的价值开始凸显。

3.2.1　会展中心/球馆场景

会展中心/球馆场景主要是指一个封闭或者半封闭的开阔立体空间内，可以容纳万人以上的高密度人员观看比赛或者进行商品展览。此场景属于高密度场景，建设无线覆盖网络规划要求高，在无线业界属于较困难的建设场景之一。

（1）业务需求

从空间特征方面考虑，主要有以下关键特征。

- 空间：会展中心/球馆场景的空间特点是三维立体感很强，视野开阔，造型不规则、具有多样性，高度最高可达几十米，因此实际环境对 Wi-Fi 网络规划方案影响大，必须进行专业的网络规划设计。
- 遮挡：会展中心/球馆场景属于开阔场景，无遮挡或少遮挡，工程部署相对简单。
- 干扰：会展中心/球馆场景空间高度高，部署 AP 时在同一开阔空间内容易出现多个 AP 之间的同频干扰问题；AP 多了，干扰严重，覆盖范围与角度难以控制；AP 少了，信号被大量观众阻挡，强度不足。另外，此类场景的人员是会流动的，因此会出现某个 AP 接入终端饱和，而个别终端空闲的情况，人员流动造成的冲突和干扰也比较难解决。

从业务特征方面考虑，主要有以下关键特征。

- 在会展中心/球馆场景中，Wi-Fi 网络主要接入的是个人业务与展销商铺业务，使用的多数为智能手机、Wi-Fi 电视等移动终端，覆盖人数广、设备连接多，对设备带机量有较高的要求。

- 对于此类场景的个人业务，要优先保障用户的使用体验，避免出现体验跌落（如突然拒绝接入连接、突然速率下降），因覆盖面积较大，要求设备具有较高的远距离传输、盲点扫除、高密度用户端接入能力，支持大量用户接入AP，保证每个用户体验速率在16Mbit/s以上。
- 对于展销商铺可能通过微博微信、直播平台、现场媒体播放和数据共享等多种方式传播和推广会展及产品的业务，建议规划专线进行针对性的保障，与一般普通用户/观众进行差异化接入。

（2）网络规划

下面以会展中心的展台为例，介绍该类场景的网络规划。

从会展中心场景的业务特点分析，一般情况下，单用户带宽可按照16Mbit/s进行设计，一台双频AP需要接入约100个用户。

由于会展中心场景的AP高度较高，为防止AP间的同频干扰，需要控制AP覆盖的范围，一般推荐使用内置小角度定向天线的AP。

会展中心场景中各展台的网络规划方案设计包括边上覆盖（含抱杆）和顶棚覆盖。

2.4GHz边上覆盖信号方案：如图3-5所示，AP安装在会展中心的四周围墙之上，并采用外置小角度定向天线，将AP天线角度调为18°，各2.4GHz的Wi-Fi设备天线之间的距离需要大于12m，AP的信道按照规划方案错开设置，如以第一个AP信道设置为1、第二个AP信道设置为9、第三个AP信道设置为5、第四个AP信道设置为13的顺序周期性重复配置信道，避免同频干扰。

5GHz边上覆盖信号方案：如图3-5所示，AP安装在会展中心的四周围墙之上，并采用外置小角度定向天线，将AP天线角度调为15°，各5GHz天线之间的距离需要大于4m，AP的信道以中国国家信道编码为例，高频下建议使用149～165信道，低频下建议使用36～64信道，按照规划方案错开设置，避免同频干扰。

5GHz边上覆盖信号方案也可以采用内置小角度定向天线（角度小于30°）的三射频AP，各AP之间的间距需要大于8m，如果开启的是2.4GHz射频，则AP间距需要大于16m。

顶棚覆盖信号方案：如图3-6所示，顶棚距离地面低于20m时，AP安装在顶棚的马道上，并采用外置小角度定向天线，将AP的2.4GHz和5GHz信号天线角度调为18°，各2.4GHz Wi-Fi设备天线之间的间距应大于12m，AP的信道按照规划方案错开设置，如按照第一个 AP 信道设置为 1、第二个 AP 信道设置为 9、第三个 AP 信道设置为 5、第四个 AP 信道设置为 13 的顺序周期性重复配置信道，避免同频干扰。各 5GHz Wi-Fi 设备天线之间的距离需要大于 4m，AP 的信道以中国国家信道编码为例，高频下建议使用 149～165 信道，低频下建议使用 36～64 信道，按照规划方案错开设置，避免同频干扰。

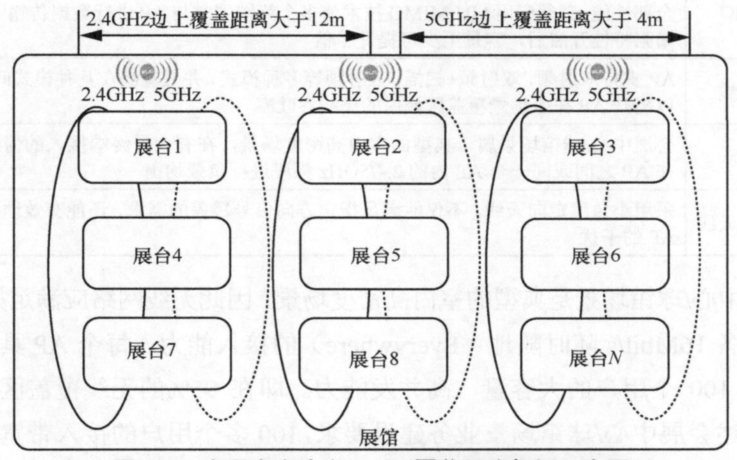

图 3-5　会展中心边上 Wi-Fi 覆盖网络规划示意图

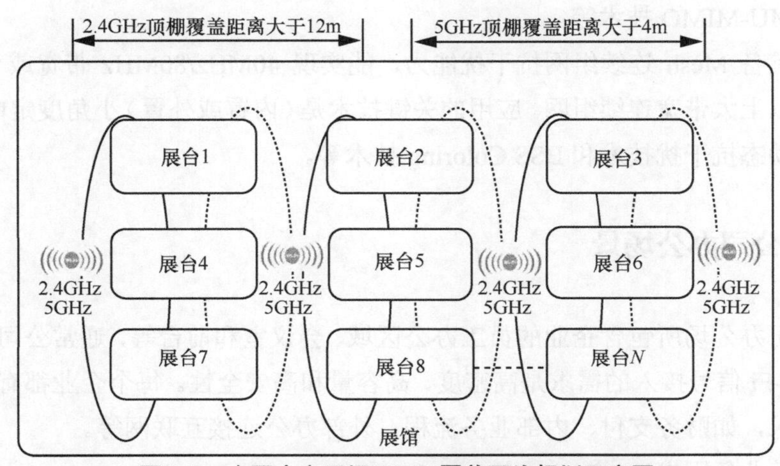

图 3-6　会展中心顶棚 Wi-Fi 覆盖网络规划示意图

基于会展中心/球馆场景的业务需求和网络规划的需求，既要考虑业务性能，又要考虑经济性。对于会展中心/球馆场景，选择 AP 组建 Wi-Fi 网络的业务特性见表 3-5。

表 3-5 会展中心/球馆场景下的业务特性

项目	特性介绍
AP 性能	AP 支持 Wi-Fi 6 或 Wi-Fi 7 标准，支持 4 条以上空间流
OFDMA 技术	OFDMA 技术不能提升物理速率，而是在频域上向多个用户并发，允许单次传输在信道内按频率分割，使得寻址到不同用户端设备的不同帧使用不同的子载波组，提升多用户通信时的效率，其并发性能比 Wi-Fi 5 提升了 4 倍
MU-MIMO	当终端的空间流数（1 条或 2 条）小于 AP 的空间流数时，单个终端无法利用 AP 的全部性能，必须应用 MU-MIMO 技术使多个终端同时与 AP 进行数据传输。MU-MIMO 增强特性开启后，容量至少可提升 1 倍
分布式总线	AP 支持双射频、双射频+扫描、三射频等多种模式，并且能够在几种模式间自动切换，以提升 AP 在多场景覆盖区域内的无线吞吐率
负载均衡	会展中心/球馆场景属于典型的室内高密度场景，在有大量终端接入的情况下，需要在 AP 之间或同一个 AP 内的 2.4/5GHz 频段进行负载均衡
小角度定向天线	采用小角度定向天线，不仅能满足指定方向信号覆盖的需求，还能有效地减少对其他 AP 的干扰

会展中心/球馆场景是典型的室内高密度场景，因此无线网络应满足如下要求。

- 具备 16Mbit/s 随时随地（Everywhere）的接入能力，每个 AP 具备接入超过 100 个用户的大容量、高并发能力。即在 95%的无线覆盖区域，基于上述会展中心/球馆场景业务建设要求，100 多个用户的接入带宽最高可达 16Mbit/s。应用的关键技术是 Wi-Fi 6、OFDMA、DFBS、多空间流的 MU-MIMO 技术等。
- 具备 Mesh 连续组网抗干扰能力，能实现 40MHz/80MHz 带宽或 80MHz 以上大带宽连续组网。应用的关键技术是（内置或外置）小角度定向天线、动态抗干扰技术和 BSS Coloring 技术等。

3.2.2 公司办公场景

公司办公场所包含企业的员工办公区域、会议室和前台等，通常公司办公场景对 Wi-Fi 信号接入的需求是高密度、高容量和高安全性。每个企业都有不同的业务需求，如财务支付、内部业务流程、外部办公连接互联网等。

（1）业务需求

从空间特征方面考虑，主要有以下关键特征。

- 干扰：一般公司均在同一栋写字楼的不同楼层或同一楼层办公，各公司的 Wi-Fi 信号之间会出现同频、邻频干扰等情况。

- 遮挡：在办公区域的大开间，普遍存在被立柱、砖墙和玻璃墙等隔离，进行分部门、分区域办公的情况，这些都会导致Wi-Fi信号衰减，不利于信号传递。
- 空间：公司的规模大小不一，小的有几平方米，大的可以到上千平方米，但办公楼高度基本在4m以内。

从业务特征方面考虑，同一企业办公区域主要存在移动类业务，其主要分为以下几种。

- 办公业务：此类业务主要是员工使用移动终端（包括笔记本计算机、智能手机和平板计算机等移动设备）进行即时通信、邮件收发、资料文件收发和远程办公等无线接入行为。
- 非办公业务：此类业务主要是员工使用移动终端进行娱乐消遣、时政要闻浏览和社交通信等无线接入行为，多为访问互联网。

（2）网络规划

从Wi-Fi信号覆盖考虑：办公室可以大致分为小型办公室和大中型办公室两种类型。小型办公室一般面积为15～40m²，人数在10人以内，建议部署面板型AP，也可以采用吸顶或挂墙安装，每个办公室安装1个AP，避开金属物品遮挡。大中型办公室面积较大，人数较多，一般需要部署多个AP，建议按照W型方式进行部署，AP间距为15m，按照每个AP覆盖30～40人设计。两种类型办公室的AP覆盖点位规划分别如图3-7和图3-8所示。

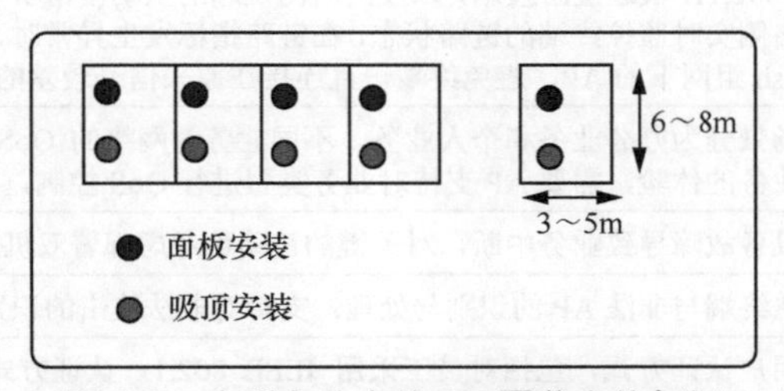

图3-7　小型办公室的AP覆盖点位规划

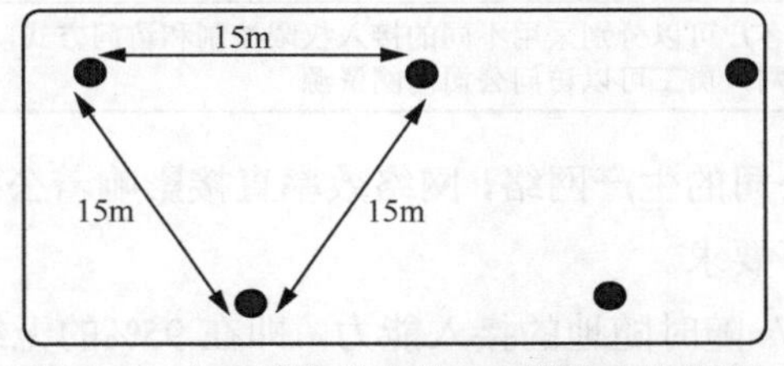

图3-8　大中型办公室的AP覆盖点位规划

另外，走廊区域根据具体情况进行信号覆盖，为了防止室内外的信号干扰，在走廊部署 AP 时，应尽量远离办公区域的 AP，要求与实体墙的间距为 3m、与非实体墙（如石膏板、玻璃隔断等）的间距为 5m。

从网络容量设计考虑：办公室场景无线网络承载的主要业务一般对 Web、视频、语音、E-mail、桌面共享、IM 等业务的关键质量指标（KQI）要求比较高，同时应考虑未来 3～5 年业务对网络的需求，建议优先选用支持 Wi-Fi 6 或 Wi-Fi 7 标准的无线 AP 路由器，空间流最高可达 8 个以上。

基于公司办公场景的业务需求和网络规划，既要考虑业务性能，又要考虑经济性。对于公司办公场景，选择 AP 组建 Wi-Fi 网络的业务特性见表 3-6。

表 3-6　公司办公场景下的业务特性

项目	特性介绍
AP 性能	AP 支持 Wi-Fi 6 标准，支持 4 条以上空间流
MU-MIMO	当终端的空间流数（1 条或 2 条）小于 AP 的空间流数时，单个终端无法利用 AP 的全部性能，必须应用 MU-MIMO 技术使多个终端同时与 AP 进行数据传输。MU-MIMO 增强特性开启后，容量至少可提升 1 倍
负载均衡	公司办公场景属于典型的室内高密度场景，在有大量终端接入的情况下，需要在 AP 之间或同一个 AP 内的 2.4/5GHz 频段进行负载均衡
智能天线	AP 支持智能天线技术，可以扩大 15%左右的覆盖范围，并且通过波束成形技术降低对其他 AP 和终端的干扰
智能漫游	支持员工与客户在各信号覆盖区域内的漫游接入； 支持 IEEE 802.11r 快速漫游技术，以及网络侧发起的主动漫游引导技术。主动漫游引导技术是指网络侧实时监控终端的链路状态，在链路指标发生异常时，主动将用户终端牵引到同一个 Mesh 组网下的 AP，避免终端一直连接在原来信号较差的 AP 上
QoS 控制	公司办公场景分为办公业务和个人业务，不同业务对网络的 QoS 要求是不一样的。为了保障关键业务的体验，需要 AP 支持对业务类型进行 QoS 控制，以便业务进行智能加速
高可靠性	为了防止设备故障导致业务中断，对关键的链路可考虑部署双机热备份
高安全性	支持对非法终端与非法 AP 的识别与处理；支持对非法攻击的识别与防御
用户接入与认证	支持多种用户认证方式，包括对员工采用 IEEE 802.1x 认证方式、对客户通常采用门户（Portal）认证方式、对固定的办公设备采用 MAC 地址认证方式，AP 能同时释放多个 SSID 信号，区分员工和客户的接入
用户权限控制	针对员工和客户可以分别采用不同的接入权限控制和访问方式，实现内外网隔离，客户只能访问互联网，员工可以访问公司内网资源

办公网络作为公司的生产网络，网络效率直接影响着公司的生产效益，因此无线网络应满足如下要求。

- 具备 100Mbit/s 随时随地的接入能力，即在 95%的无线覆盖区域，基于上述办公室场景业务建设要求，用户接入带宽最高可达 100Mbit/s；95%区域的信号强度不低于−67dBm。应用的关键技术是 Wi-Fi 6、多空间流的 MU-MIMO 技术等。

- 具备 Mesh 连续组网抗干扰能力，能实现 40MHz/80MHz 带宽或以上 80MHz 大带宽连续组网。应用的关键技术是智能天线、动态抗干扰技术和 BSS Coloring 技术等。
- 具备良好的漫游能力。应用的关键技术是 IEEE 802.11k/v/r 标准的智能漫游技术，实现对主流 AP 终端厂商之间产品漫游的兼容性优化。
- 具备良好的 QoS 控制能力并且能自动识别与加速。应用的关键技术是精准的 QoS 控制与识别技术，实现多层次、多维度的 QoS 调度策略。
- 用户接入认证和策略控制：应支持企业级的多种接入认证方案，具有完备的策略控制能力，实现公司无线网络可以区分办公网、外网，从而提升安全防护等级，防止公司资料被窃取。具有精细化的访问权限，能区分部门、领导和员工的访问权限。

3.2.3　度假酒店/住院楼/工厂宿舍场景

度假酒店/住院楼/工厂宿舍场景均是以多个空间独立且互相紧邻的房间为单元组成的密集型场景。以度假酒店为例，其业务区域划分结构复杂多样化，包括客房、走廊、会议室、大套间、办公室、餐厅等众多功能区域，Wi-Fi 网络主要提供基本的上网服务。而对于住院楼，还涉及其应用特殊性，需要提供移动医疗业务，该场景通常部署成本比较高。

1. 业务需求

从空间特征方面考虑，主要有以下关键特征。

- 空间：该场景的楼层高度基本都是在 4m 以内，套内面积一般为 $20m^2$。
- 遮挡：此场景下的遮挡主要在客房、洗手间区域，墙体最容易成为 Wi-Fi 信号最大的障碍，在穿越两层墙体后，信号已经衰减了很多，很难支撑智能终端对信号的要求。
- 干扰：一般此类场景的房间是以一墙之隔密集搭建的，分布在不同楼层或同一楼层，不同房间的 Wi-Fi 信号之间会出现同频、邻频干扰等情况。
- 密集：在病房和宿舍场景，使用同一房间的人数可能为 1～10 人，预计人手一台移动终端。

从业务特征方面考虑，主要有以下关键特征：在酒店客房/宿舍场景中，以提供个人上网服务为主，单用户体验速率达到 100Mbit/s 以上，用户的使用范围覆盖整个酒店活动区域，使用频率高，而且跨区域使用非常频繁，最大的特点就是对漫游要求非常高；在病房场景需要考虑可能会出现的移动医疗业务，如果医生配置了医疗移动终端，则需要 Wi-Fi 设备具备漫游特性。

2. 网络规划

下面以酒店客房为例，介绍该类场景的网络规划。

从酒店客房场景的业务特点分析，一般情况下，单用户带宽可按照 100Mbit/s 进行设计，一台双频 AP 需要接入 10 个左右的用户。

从 Wi-Fi 信号覆盖考虑，Wi-Fi 信号穿越墙体后，会衰减很多，很难支撑智能终端对信号的要求。因此，设计部署时需要了解和掌握电磁波对于各种常见建筑材质的穿透损耗的经验值。

- 墙（砖墙厚度为 100～300mm）：20～40dB。
- 楼层：20dB 以上。
- 木制家具、门和其他木板隔墙：2～15dB。
- 厚玻璃（厚度约为 12mm）：10dB。

同时，在衡量墙壁等对于 AP 信号的穿透损耗时，也需要考虑 AP 信号的入射角度。直射信号与斜射信号穿墙厚度的比较如图 3-9 所示。

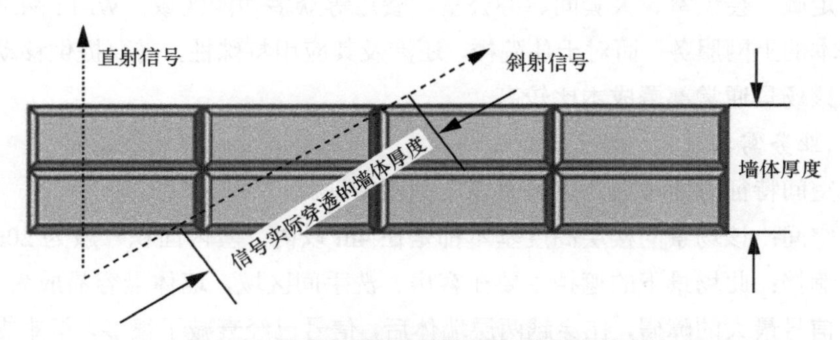

图 3-9　直射信号与斜射信号穿墙厚度的比较

例如，一面 0.5m 厚的墙壁，当 AP 信号的入射角为 45°时，无线信号相当于穿透近 0.7m 厚的墙壁；入射角为 88°时相当于穿透超过 14m 厚的墙壁，所以要获取更好的覆盖效果，应尽量使 AP 信号能够垂直地穿过墙壁。为了防止客房内出现信号死角，需要详细规划信号的覆盖方案，尤其要充分考虑卫生间和客房床头的情况。

为了实现酒店场景全面满足容量需求和符合 Wi-Fi 信号强度标准的覆盖，以及满足每个入住用户的信号稳定、数据流畅的要求，考虑以下 3 种酒店客房的 Wi-Fi 网络规划方案。

（1）吸顶式 AP“一对二”安置

该方案以两个客房为一个 Wi-Fi 信号覆盖单位，在房间的电视墙墙面部署一个 AP，该 AP 穿墙覆盖面板正对的客房。但在会议室、餐厅和总统套房等特殊环境，需单独部署吸顶式 AP，在客房过道视终端信号强度按需布置，需要特别注意过道死角，信号较弱会导致漫游问题，如图 3-10 所示。

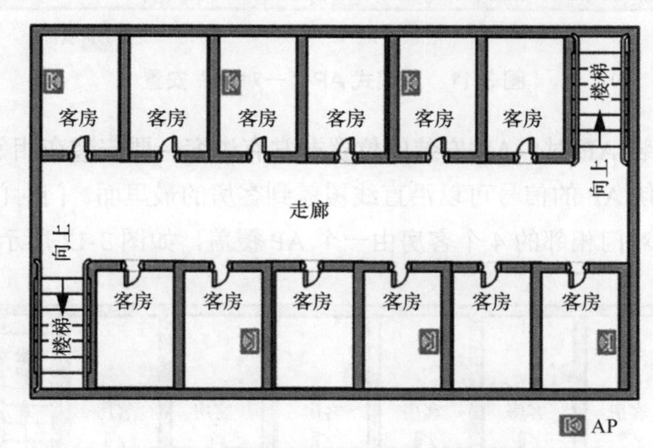

图 3-10　吸顶式 AP“一对二”安置

“一对二”安置是指一个 AP 信号同时覆盖两个房间，与“一对一”相比，Wi-Fi 信号可能会稍微有一点阻碍，但是适用于中小型的酒店，可以节约成本，与“一对一”的部署方案相比降低了近一半的成本。

（2）入墙式 AP“一对一”安置

该方案以一个客房为一个 Wi-Fi 信号覆盖单位，在房间的电视墙墙面部署一个 AP，覆盖所在房间。但在会议室、餐厅和总统套房等特殊环境，需单独部署吸顶式 AP，在客房过道视终端信号强度按需布置，需要特别注意过道死角，信号较弱会导致漫游问题，如图 3-11 所示。

（3）楼道高密安装

在客房内部署无线 AP，可能存在砖墙/门等遮挡导致 Wi-Fi 信号覆盖强度达不到某些星级酒店验收标准的情况，这时可以通过楼道高密安装的方式解决。

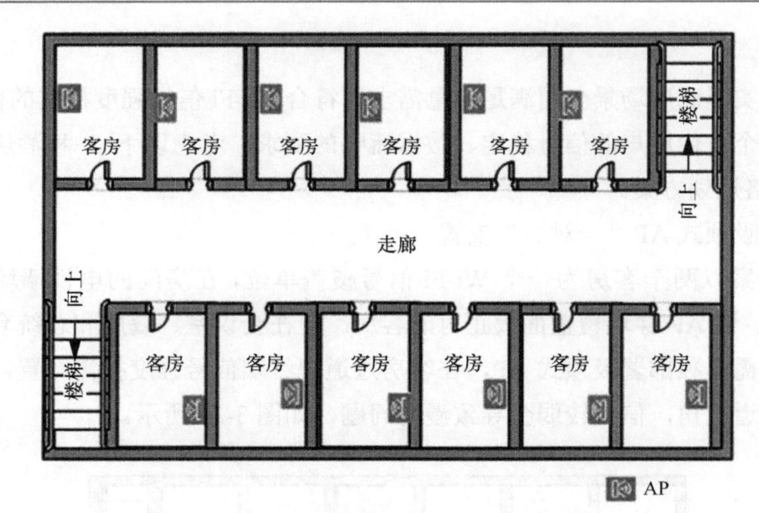

图 3-11 入墙式 AP“一对一”安置

在楼道安装 AP 时，AP 安装的位置非常有讲究，要安装在相邻两个客房门外的交界处，使 AP 的信号可以沿直线覆盖到客房的最里面。门对门相邻的两个客房，或者门对门相邻的 4 个客房由一个 AP 覆盖，如图 3-12 所示。

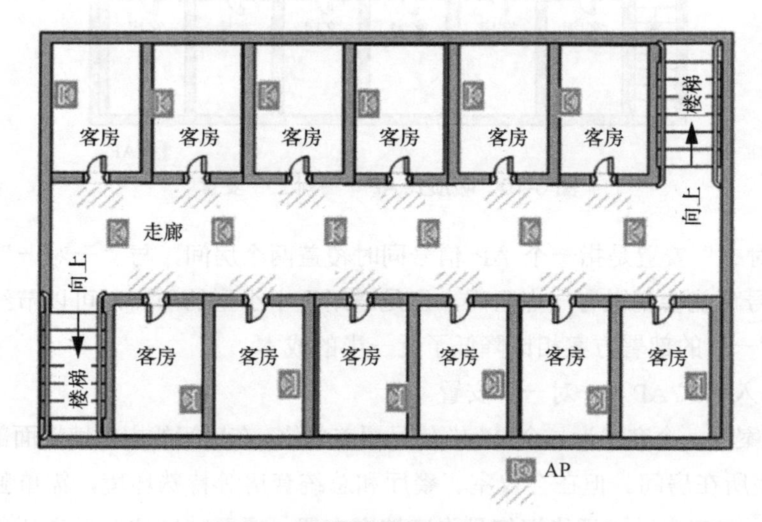

图 3-12 楼道高密吸顶式 AP 安装

基于度假酒店/住院楼/工厂宿舍场景的业务需求和网络规划，既要考虑业务性能，又要考虑经济性。对于度假酒店/住院楼/工厂宿舍场景，选择 AP 组建 Wi-Fi 网络的业务特性见表 3-7。

表 3-7　度假酒店/住院楼/工厂宿舍场景下的业务特性

项目	特性介绍
AP 性能	AP 支持 Wi-Fi 6 或 Wi-Fi 7 标准，支持 4 条以上空间流，多空间流可以满足单用户 100Mbit/s 的大容量要求
MU-MIMO	当终端的空间流数（1 条或 2 条）小于 AP 的空间流数时，单个终端无法利用 AP 的全部性能，必须应用 MU-MIMO 技术使多个终端同时与 AP 进行数据传输。MU-MIMO 增强特性开启后，容量至少可提升 1 倍
智能天线	AP 支持智能天线技术，可以扩大 15%左右的覆盖范围，并且通过波束成形技术降低对其他 AP 和终端的干扰
智能漫游	可以让终端在客房和客房之间、客房和走廊之间移动时获取良好的漫游体验，支持 IEEE 802.11r 快速漫游技术，以及网络侧发起的主动漫游引导技术
QoS 控制	酒店客房/医院病房/工人宿舍场景主要提供个人上网业务，但视频直播、游戏等不同业务对网络的 QoS 要求是不一样的。为了保障关键业务的体验，需要 AP 支持对业务类型进行 QoS 控制，以便业务进行智能加速
高安全性	支持对非法终端与非法 AP 的识别与处理；支持对非法攻击的识别与防御
有线接入	AP 支持下行吉比特有线以太网接口，可以让用户的有线终端使用物理网线接入互联网。下行有线接口可以对接入的终端进行认证，以保障网络的安全性

3.2.4　学校教室场景

教室是学校中较常见、较重要的教学区域之一，其特点是用户密度大、对网络质量要求高。在平时上课、自习等高峰时间段，教室中的无线网络接入用户数为 30～60 人。学校教室场景承载 VR 教学互动、上网查阅资料、观看教学视频、即时学术交流等重要的教学业务。建设一张高质量的 Wi-Fi 网络，是提升教学效率的有效手段。

（1）业务需求

从空间特征方面考虑，主要有以下关键特征。

- 空间：学校教室可以大致分为普通教室和阶梯教室两种类型，其楼层高度基本在 4m 以内（阶梯教室高于 4m），普通教室面积一般为 50m^2 左右，而阶梯教室面积在 100m^2 以上。
- 遮挡：考虑教学互动的特殊需求，所有的教室区域基本不会存在被立柱、砖墙和玻璃墙等隔离的情况，属于视野无遮挡、干扰少的开阔空间。
- 密集：在教室场景，使用教室的人数为 30～60 人，接入终端的密度大。

从业务特征方面考虑，主要有以下关键特征：根据教学的业务特征与功能需求，可以将教室分为普通教室和电教室（VR 教室），其中普通教室主要以教学类业务为主，如普通视频播放、文件共享/下载与教学桌面共享等业务；而电教室（VR 教室）主要有观看教学（VR）视频、进行即时学术交流等重要的教学业务。以上两种不同功能的教室存在一个共同特征，就是接入用户终端数多、业务并发率高。

（2）网络规划

教室场景对教学互动性、美观性、容量和信号覆盖要求高，其网络规划方案如下。

普通教室：普通教室面积一般在 $100m^2$ 以下，建议部署一个 AP，如图 3-13 所示，AP 安装在横梁或天花板下方。

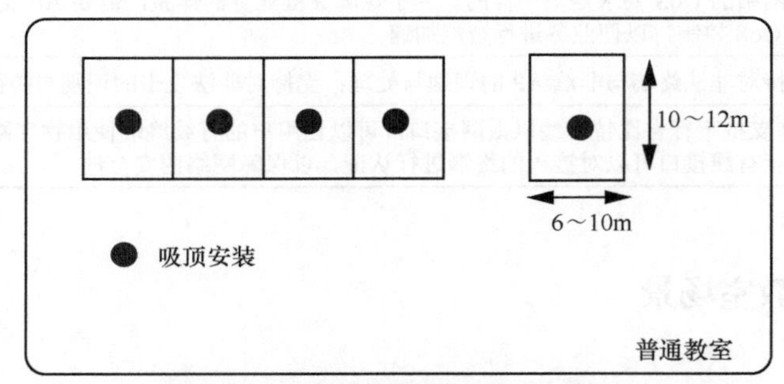

图 3-13 普通教室吸顶式 AP 安装

阶梯教室：阶梯教室面积较大，人数较多，一般需要部署多个 AP，建议按照如图 3-14 所示的 W 型方式进行部署，AP 间距为 15m。

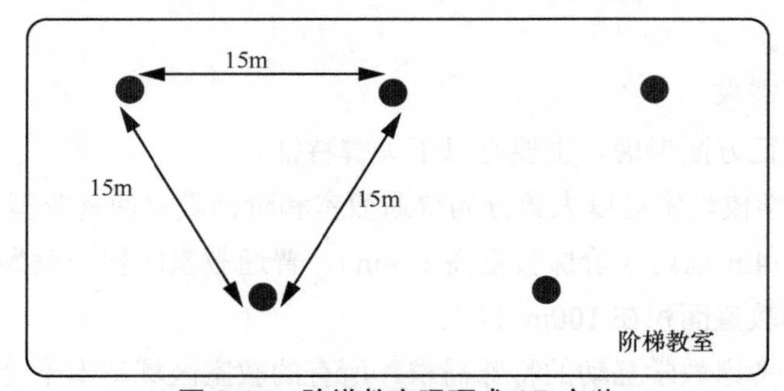

图 3-14 阶梯教室吸顶式 AP 安装

电教室（VR 教室）：假设电教室（VR 教室）面积约为 $80m^2$，建议部署 3 个 AP，安装在横梁或天花板下方，按照如图 3-15 所示的 W 型方式进行部署，AP 间距为 4～5m。

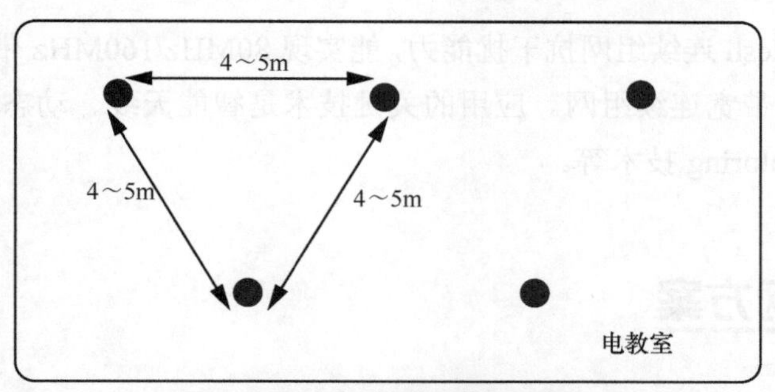

图 3-15　电教室吸顶式 AP 安装

基于教室场景的业务需求和网络规划，既要考虑业务性能，又要考虑经济性。对于教室这类大容量、高并发、多用户接入场景，选择 AP 组建 Wi-Fi 网络的业务特性见表 3-8。

表 3-8　学校教室场景下的业务特性

项目	特性介绍
AP 性能	AP 支持 Wi-Fi 6 或 Wi-Fi 7 标准，支持 4 条以上空间流，多空间流可以满足单用户 100Mbit/s 的大容量要求
OFDMA 技术	OFDMA 技术不能提升物理速率，而是通过在频域上向多个用户并发，允许单次传输在信道内按频率分割，使得寻址到不同用户端设备的不同帧使用不同的子载波组，提升多用户通信时的效率，其并发性能比 Wi-Fi 5 标准提升了 4 倍
MU-MIMO	当终端的空间流数（1 条或 2 条）小于 AP 的空间流数时，单个终端无法利用 AP 的全部性能，必须应用 MU-MIMO 技术使多个终端同时与 AP 进行数据传输。MU-MIMO 增强特性开启后，容量至少可提升 1 倍
DFBS	AP 支持双射频、双射频+扫描、三射频等多种模式，并且能够在几种模式间自动切换，以提升 AP 在多场景覆盖区域内的无线吞吐率
负载均衡	阶梯教室建议部署 3 个 AP，在有大量终端接入的情况下，需要在 AP 之间或同一个 AP 内的 2.4/5GHz 频段进行负载均衡，以避免大量终端进入教室时都自动连接到靠近门口位置的 AP
抗干扰	教室也是密集型场景，教室之间通过墙体进行阻隔，采用动态干扰技术以及 Wi-Fi 6 标准的 BSS Coloring 技术，能够实现大带宽（80MHz/160MHz）连续组网

教室场景是典型的密集型、高并发和多用户接入部署场景，因此无线网络应满足如下要求。

- 具备 100Mbit/s 随时随地的接入能力，即在 95%的无线覆盖区域，基于上述场景业务建设要求，用户接入带宽最高可达 100Mbit/s。普通教室要求 95%区域的信号强度不低于−67dBm；电教室（VR 教室）要求 95%区域的信号强度不低于−55dBm。应用的关键技术是 Wi-Fi 6、智能漫游、多空间流的 MU-MIMO 技术等。

- 具备 Mesh 连续组网抗干扰能力，能实现 80MHz/160MHz 带宽或 160MHz 以上大带宽连续组网。应用的关键技术是智能天线、动态抗干扰技术和 BSS Coloring 技术等。

3.3 组网方案

以家庭 Wi-Fi 组网为例，包括无线局域网（WLAN）、有线局域网和广域网（WAN）3 部分家庭 Wi-Fi 组网示意图，如图 3-16 所示。

无线局域网：是指通过 Wi-Fi 技术接入网络的部分，一般包括手机、计算机和电视机等，通过搜索和连接 Wi-Fi 信号，基于 Wi-Fi 模式接入网络。

有线局域网：是指有线接入部分，包括采用网线接入的各种计算机、IPTV 等设备。

广域网：又称外网、公网，是连接不同地区局域网（LAN）或城域网的远程网。对于家庭而言，广域网就是通过路由器、光猫等网络接入设备与互联网交互的部分，主要提供远程网络认证、网络资源链接以及网络服务供给等。

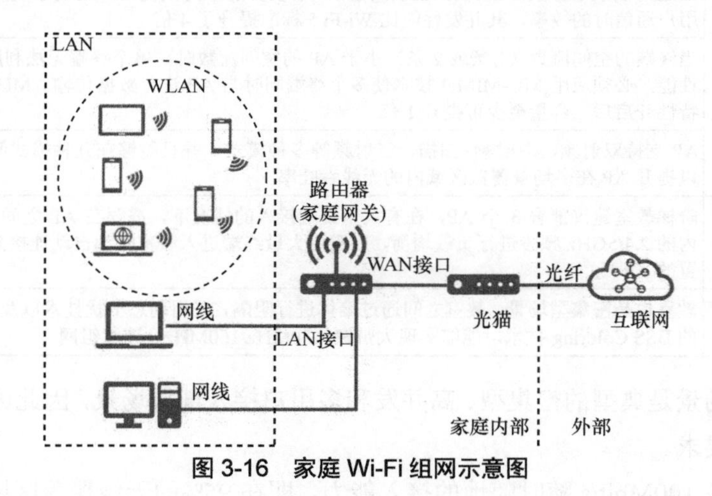

图 3-16　家庭 Wi-Fi 组网示意图

WLAN 部分，即 Wi-Fi 主要包括如下 4 部分。

（1）STA

构建网络的主要目的是在 STA 间传送数据。所谓 STA，是指配备无线网络接口的计算设备。

（2）AP

基于 IEEE 802.11 的网络所使用的帧必须经过转换，方能被传递至其他不同类型的网络。具备无线至有线的桥接功能的设备称为 AP，AP 的功能不仅于此，但其桥接作用是最根本的。

（3）WM

IEEE 802.11 标准通过 WM 在 STA 之间传递帧。WM 是 STA 与 STA 之间、STA 与 AP 之间通信的传输介质，如空气。

（4）DS

当几个 AP 串联以覆盖较大区域时，彼此之间必须相互通信以掌握移动式 STA 的行踪。分布式系统属于 IEEE 802.11 的逻辑组件，负责将帧转送至目的地。

在 Wi-Fi 在组网和应用构成中，还涵盖如下要素。

SSID：每个无线 AP 都应该有一个标识用于用户识别，SSID 就是这个用于用户识别的标识，也就是通常提到的在搜索 Wi-Fi 过程中看到的 Wi-Fi 名称。

BSSID：每一个网络设备都有其用于识别的物理地址，这个地址就叫 MAC 地址，一般情况下出厂时 BSSID 会有一个默认值，也有其固定的命名格式。对于 STA 的设备来说，AP 的 MAC 地址就是 BSSID。

ESSID：它是一个比较抽象的概念，但实际上和 SSID 相同（本质也是一串字符），只是如果有好几个无线路由器的名字相同，那就相当于把这个 SSID 扩大了，这几个无线路由器的名字就叫 ESSID。也就是如果在一台路由器上释放的 Wi-Fi 信号叫"Wi-Fi 2024"，那么"Wi-Fi 2024"就称为 SSID；如果在好几台路由器上都释放了 Wi-Fi 信号（"Wi-Fi 2024C"），那么"Wi-Fi 2024C"就是 ESSID。

采用 Wi-Fi 组建无线局域网的过程中，首先需要进行 IP 网段的规划，之后需要根据实际情况选择适合的组网方式，其具体的过程将在后续章节中进行阐述。

3.3.1 网段规划

局域网内的 STA，包括手机、计算机等，都有一个 IP 地址用于相互通信，IPv4 格式由 32 位 0 或者 1 组成。32 位二进制 IP 地址的格式大致为：11000000101010000000000000000001，整体用起来有点冗余。因此业界将其分为 4 段：1100000.10101000.00000000.00000001，但是以 0、1 展示其位数还是有点长，最终将其转换为十进制：192.168.0.1，这样就简洁多了。

为了方便管理，IP 地址分为两部分：网络前缀和主机地址。网络前缀标识了一个网络，也称为网段；主机地址用来标识该网络内部的每一台设备。对于 IP 地址 192.168.0.123，地址前三段的“192.168.0”为网络前缀，最后一段的“123”为主机地址。主机地址中 8 位二进制数字的范围转换为十进制是 0～255，0 和 255 作为特殊用途，实际可用的范围是 1～254。子网掩码用一连串的 1 来表示 IP 地址中哪些位是网络前缀。IP 地址的前三段 24 位都是网络前缀，掩码标记为 11111111111111111111111100000000，同样分为 4 段再转换为十进制，就是 255.255.255.0，也可以附在 IP 地址的后面，写作 192.168.0.123/24。

同一网段内部的设备可以相互通信，处于不同网段的设备需要通过路由器的路由功能才能相互通信。家庭网络中的设备不多，在组网时建议尽量让所有设备处于同一网段下，以便相互访问，如图 3-17 所示。

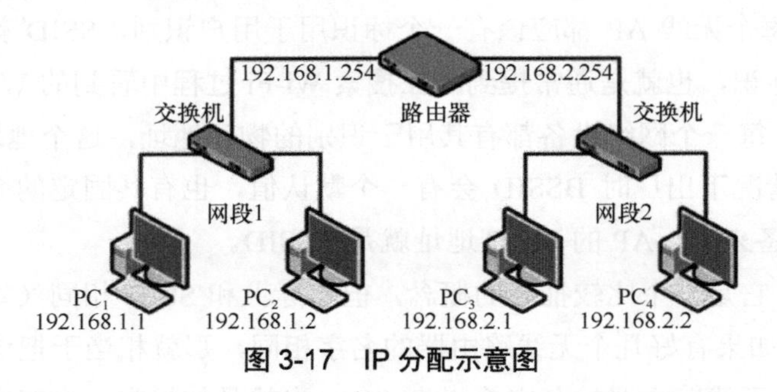

图 3-17　IP 分配示意图

3.3.2　路由组网

无线路由器的组网模式众多，大致可分为路由模式和 AP 模式，如图 3-18 所示。AP 模式又可以细分为胖 AP 模式、AP+AC 模式、中继模式、桥接模式。

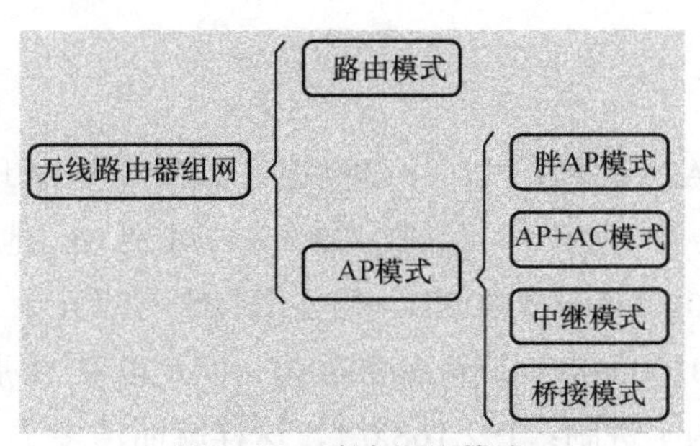

图 3-18　路由组网模式

1. 路由模式

绝大多数无线路由器都工作在这种模式之下，同时使用了路由器的无线接入功能和路由功能。最常见的用法是，路由器 WAN 接口连接入户光猫，设置以太网上的点到点协议（PPPoE）拨号上网并提供各种路由及安全防护功能。该组网方式还可以配置多种上网管控策略，如 IP 地址、网址、应用访问的限制等。对应地，路由器的无线接入功能则负责发射 Wi-Fi 信号组成 WLAN，进行全屋无线信号覆盖。接入 WLAN 和连接有线 LAN 接口的多个设备位于同一个局域网内，拥有相同的网段，可以直接进行内网通信。路由模式如图 3-19 所示。

图 3-19　路由模式

此外，还可以把路由器的 WAN 接口和上级路由器的 LAN 接口连接起来，形成二级路由，这就可以配置两个网段的内网，以及两个不同的 Wi-Fi 名称（配成一样的也行）。这种组网无法实现两个路由器之间的无缝漫游，一个路由器的 Wi-Fi 信号减弱并切换到另一个路由器的过程伴随 IP 地址的变化，网络中断感觉明显。

2. AP 模式

工作在 AP 模式下的路由器只有接入功能，没有路由功能，因此就不提路由二字了，直接叫作接入点。接入点没有路由功能，并不代表路由功能就不存在，只是由另一台路由器来承担而已。也就是说，AP 模式下的路由器无法独立完成上网重任，需要跟另一台路由器协作，多用于覆盖的扩展。

（1）胖 AP 模式

启用 AP 模式的路由器通过网线和上级路由器连接，仅有接入功能且作为无线覆盖扩展（用作主力覆盖也可以），路由和 DHCP 等功能由上级路由器完成。

因此接入 AP 的手机或者计算机和上级路由器处于同一网段，可直接互通。AP 的 SSID 和密码可以独立设置，跟上级路由器的相同或者不同都行。如果 Wi-Fi 名称设置得不同，两个设备之间肯定是无法无缝漫游的，只能在一个信号太弱断开连接之后再连另一个，或者手动连接。就算把这些 AP 设置为相同的 SSID，看似家里只有一个 Wi-Fi 信号，但实际上 AP 和主路由的无线信号缺乏交互，配置和管理比较麻烦，也无法实现无缝漫游。胖 AP 组网如图 3-20 所示。

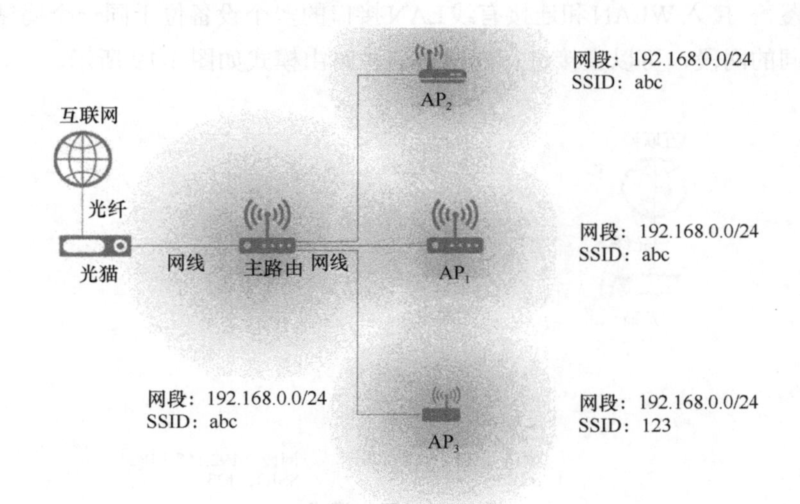

图 3-20　胖 AP 组网

这种组网方式下的 AP 功能完善，每个节点都要分别配置，相互独立工作，因此叫作“胖 AP”（Fat AP）。胖 AP 没有统一的管理，各自的覆盖之间也无法漫游，较为适合家庭等范围较小的空间，如果在商场、机场这些超大空间，所需 AP 数量较大，需要采用其他组网方式。

（2）AP+AC 模式

既然胖 AP 不好管理，我们可以把它拆分，只保留最基本的接入功能，将配置管理功能独立出来，组建为一个全新的设备：接入控制器（Access Controller，AC）。AC+AP 组网如图 3-21 所示。

AC 负责管理所有的 AP，只要在 AC 上进行统一配置，就可以自动同步到所有 AP 节点，并且所有 AP 的工作状态都可以在 AC 上进行实时监控，维护起来也非常方便。只要让 AP 支持 IEEE 802.11k/v/r 协议，就可以实现 AP 间的无缝漫游。

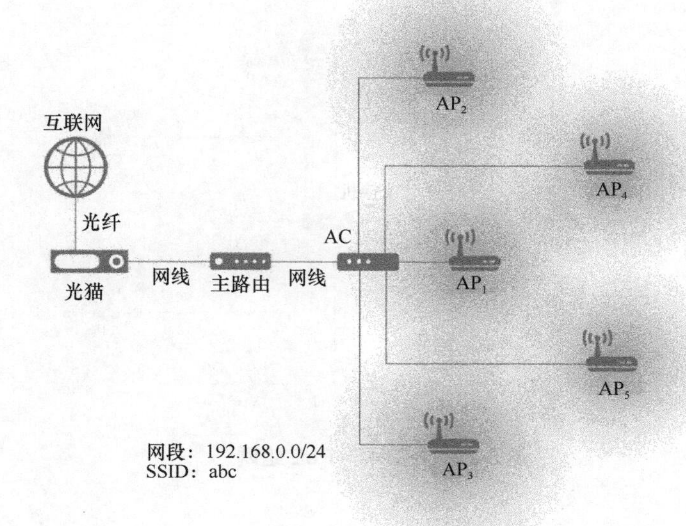

图 3-21　AC+AP 组网

- IEEE 802.11k：无线资源测量协议，可帮助终端快速搜索附近可作为漫游目标的 AP。
- IEEE 802.11v：无线网络管理协议，用来实现 AP 之间的负荷均衡、及终端节电等功能。
- IEEE 802.11r：快速漫游协议，用于加速手机或者计算机在漫游时的认证流程。

上述漫游协议需要路由器和手机同时支持才能正常工作。在各厂家的实际 AP 产品中，大多支持 IEEE 802.11k/v 协议，这对于家庭网络已经足够用了。大量的 AP 要跟 AC 连接，除了要提前铺设大量的网线，还要准备对应的电源给 AP 供电，这需要较大的工作量，如果网线能够在传数据的同时肩负供电任务，就可以简化相关配置。这种供电方式有专门的协议，叫作以太网供电（PoE），需要交换机等连接设备和 AP 双方都支持才能正常供电。AC+AP+PoE 组网如图 3-22 所示。

因此在 AC 的后面接上一个 PoE 交换机，再把所有 AP 换成可以支持 PoE 的型号，就可以实现 PoE，这避免了多处拉电源线的烦恼。当然该方案需要多个设备，也会同步增加成本。因此 AC+AP 方案主要用于面积大的商业场所，不太适合普通住宅组网。AC+AP 简化组网如图 3-23 所示。

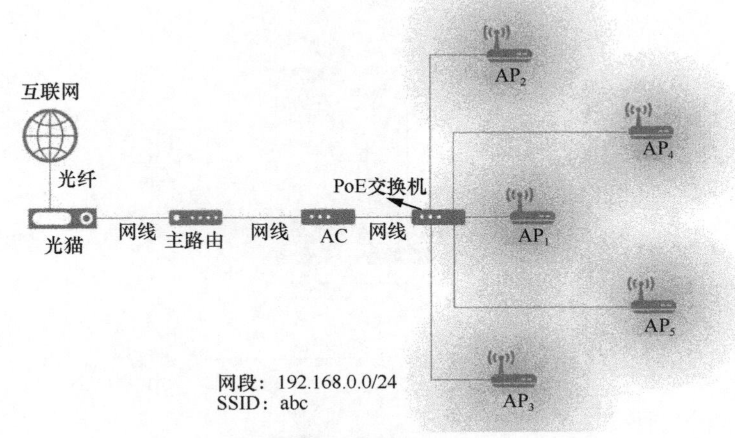

图 3-22 AC+AP+PoE 组网

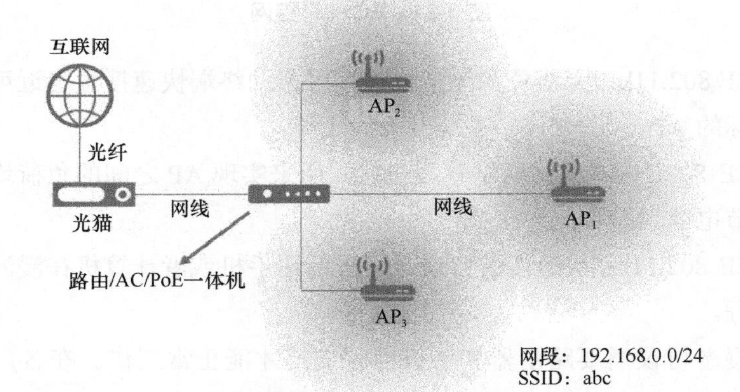

图 3-23 AC+AP 简化组网

不过商家也针对性地开发了精简的方案，把路由器、AC 和 PoE 交换机集于一体，称之为路由/AC/PoE 一体机，它与普通的家用交换机大小相近，但成本大幅降低。与此同时，上述方案也将 AP 集成在传统的 86 型网线插座面板内，完全隐藏于无形，却达成了 Wi-Fi 无缝覆盖、信号强劲的最佳状态。AC+AP 简化房间组网如图 3-24 所示。

AC+AP 组网的优点显著，但也有缺点，所有的 AP 都需要使用网线和 AC 连接，这要求在装修时就考虑好 Wi-Fi 组网，并布好网线。如果没有网线可达，就必须考虑其他方案了。

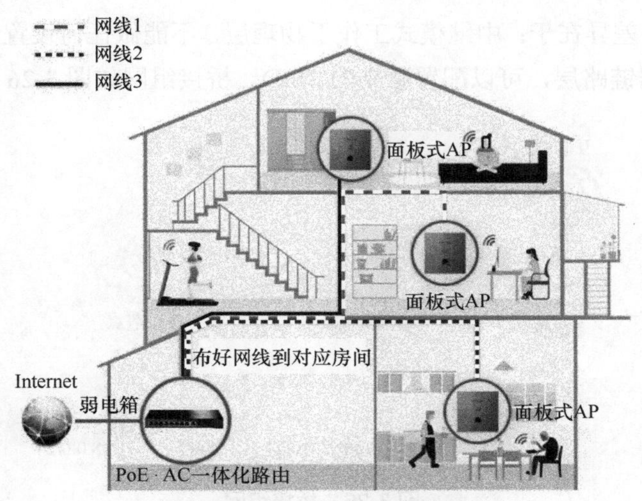

图 3-24　AC+AP 简化房间组网

（3）中继模式

中继模式下 AP 信号的 Wi-Fi 名称和密码跟上级路由是一样的，所有的设备都位于同一网段。对于用户来说，接入中继 AP 和主路由的效果是完全一样的，中继 AP 仅相当于一个扩展覆盖的管道，一切的处理都由主路由进行。相对于上述的 AP 模式，该方式主要的意义在于解决了主路由和 AP 之间连接的网线设置局限，中继节点直接采用无线方式与主路由连接。中继组网如图 3-25 所示。

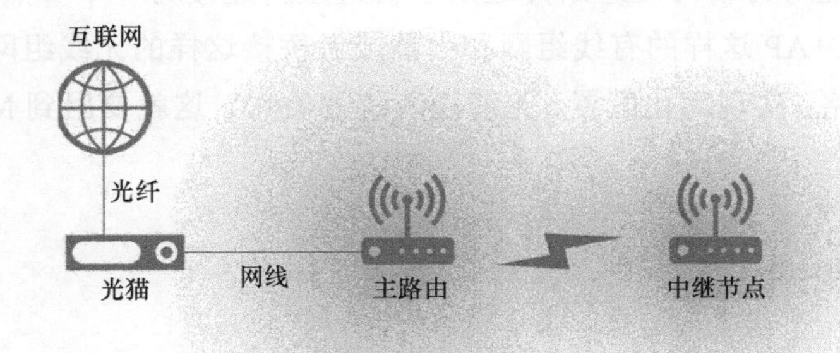

图 3-25　中继组网

（4）桥接模式

桥接模式和中继模式比较类似，也是在没有网线的情况下，无线连接两个路由器。两者的差异在于：中继模式工作于物理层，不能做任何设置；而桥接模式则工作于数据链路层，可以配置独立的 SSID。桥接组网如图 3-26 所示。

图 3-26　桥接组网

虽然 SSID 可以不同（也可以配置成相同的），但处于桥接模式下的路由和主路由的网段是相同的，设备连接之后可以互相访问。工作在中继或者桥接模式下的路由器，必须在主路由的覆盖范围内才能放大信号来进行上网。然而在主路由信号很差的位置，放大信号之后虽然手机上显示的 Wi-Fi 信号是满格的，但是网速依然很慢，甚至可能很不稳定。并且主路由是不知道下级中继或者桥接节点的存在的，它们之间也不存在管理和交互的关系，无法进行漫游，只能等待信号过差断开之后手机再重新连接另一个节点。有没有方法能综合 AC+AP 这样的有线组网和中继或者桥接这样的无线组网，并能智能管理这个网络，实现简化配置、无缝漫游的效果呢？这就要用到 Mesh 组网技术了。

3.3.3　Mesh 组网

Mesh 网络又叫多跳网络，由多个地位相同的节点通过有线或者无线的方式相互连接，组成多条路径，最终连接到跟互联网相连的网关。这样的网络存在一个控制节点来对所有节点进行管理、配置和数据下发。

图 3-27 所示是一个实际组网的案例，主路由作为网关和控制节点，其余节点通过有线或者无线连到主路由，或者通过无线来相互连接。这样一来，不论弱覆盖区域有没有网线，网络都可以灵活地按需扩展。

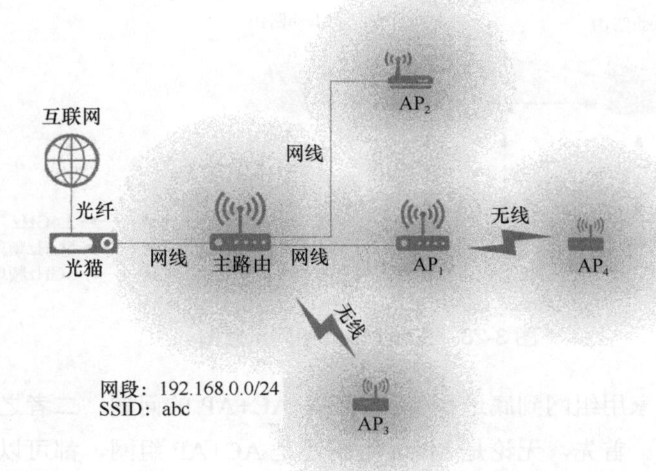

图 3-27 Mesh 组网

路由器之间的有线连接叫作“有线回程”，对应地，无线连接就叫作“无线回程”。Mesh 组网非常适用于家庭 Wi-Fi 覆盖。想象一下这样的场景：第一步，用户买了套房子，起初只有小两口住，就买了个路由器放在客厅，离得近的主卧也覆盖良好，夫妻俩觉得这就够用了。第二步，小孩出生后，老妈和丈母娘来帮忙照顾，但其他房间的 Wi-Fi 信号不佳，于是再买个路由器，通过有线的方式实现 Mesh 组网，无缝漫游效果好。第三步，大家一致反映卫生间上网困难，那就再买个路由器挂在墙上，通过无线方式和前两个路由器实现 Mesh 组网。虽说这些路由器的型号不同，但只要都支持 Mesh 组网就可以配合使用，不像 AC+AP 那样要配置 AC 和 PoE 交换机，还有网线的限制。最主要的是，普通的家用路由器已经普遍支持最新的 Wi-Fi 协议，价格还低。目前各个厂家对于 Mesh 组网的实现各不相同，起的名字自然也不同。一般情况下，不同厂家的路由器之间是不能实现 Mesh 组网的，这可能会限制路由器的购买选择。

为了解决不同厂家的路由器的互联互通问题，Wi-Fi 联盟推出了 EasyMesh 技术，可以让不同厂家的路由器之间也支持 Mesh 组网。然而，EasyMesh 目前的支持率并不高。为了更好地支持 Mesh 组网，让用户获得更高的网速，厂家专门拿出一个 5GHz 频段来做路由器之间的无线回程，这样路由器就需要同时支持一个 2.4GHz 频段和两个 5GHz 频段，这种路由器就叫作“三频路由器”。三频 Mesh 组网示意图如图 3-28 所示。

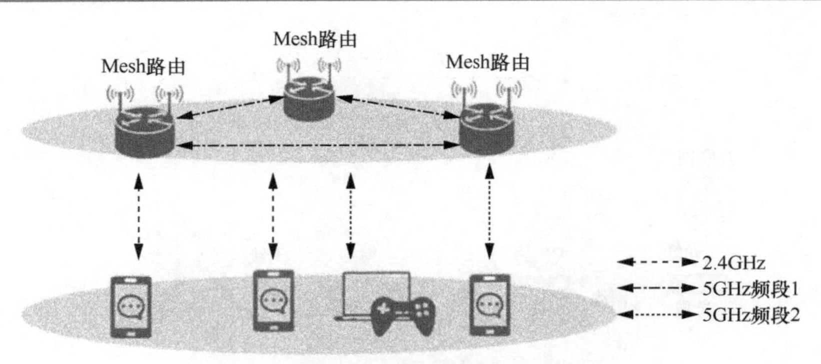

图 3-28　三频 Mesh 组网示意图

网上经常有家用组网到底选择 Mesh 还是 AC+AP 的问题，二者之间还是存在一定差异性的。首先，无论是 Mesh 组网还是 AC+AP 组网，都可以达到全屋覆盖和无线漫游的效果。Mesh 组网在全部使用有线回程的情况下，基本上等同于 AC+AP 组网，但是 Mesh 组网更为灵活，可用无线回程，也可用有线回程，还可以混合使用，而 AC+AP 则只能使用有线连接，需要提前规划布线。

其次，AC+AP 组网方案中的 AC 可以置于弱电箱，AP 使用面板式也不占空间，所有设备没有任何网线和电源线外露，非常清爽美观。而 Mesh 组网方案则需要拉网线和电源线，美观性上要差得多。

最后，AC+AP 组网需要购置至少一台路由/AC/PoE 一体机和两个 AP 才有意义，如果要支持千兆网口和 Wi-Fi 6，这些设备都不便宜。而 Mesh 组网则亲民多了，两台路由的价格远低于 AC+AP。在选择组网方案时，可以根据上述两种方案的特点综合考虑。

第4章

Wi-Fi 7 测试方法

Wi-Fi 7 是正在商用中的最新无线网络标准。它能比 Wi-Fi 6 提供更快的速度、更低的时延和更好的可靠性。为了确保 Wi-Fi 7 设备满足所需标准，使用适当的方法对其进行测试非常重要。

对 Wi-Fi 7 设备的测试主要包括针对 Wi-Fi 7 协议、功能、性能和互通性的测试，这里的 Wi-Fi 7 设备包括 Wi-Fi 7 终端设备（如 Wi-Fi 7 网卡、手机、平板计算机等具备 Wi-Fi 7 连接能力的终端设备）和 Wi-Fi 7 网络设备（如 Wi-Fi 7 路由器、网关等）。

4.1 Wi-Fi 测试概述

Wi-Fi 7 测试内容如图 4-1 所示。

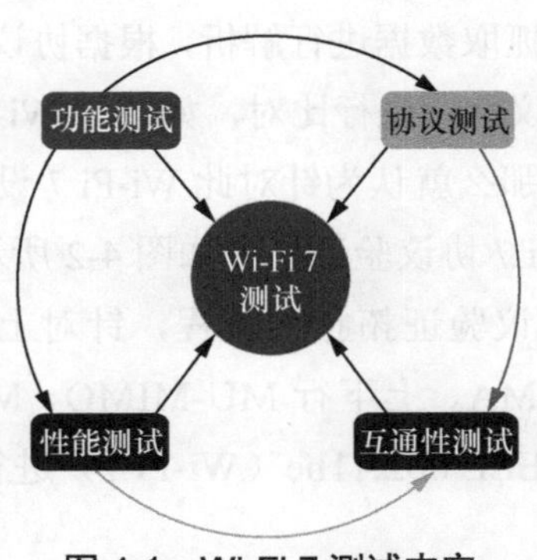

图 4-1 Wi-Fi 7 测试内容

- Wi-Fi 7 协议测试用于验证 Wi-Fi 7 设备是否符合 Wi-Fi 7 标准。Wi-Fi 7 合规性测试方法是通过抓取具备 Wi-Fi 7 能力的设备之间的控制帧、管理帧和数据帧，分析抓取的空口帧内容，根据协议标准进行对比和验证，进而确认 Wi-Fi 7 设备在协议交互层面是否满足 Wi-Fi 7 协议特性要求。
- Wi-Fi 7 功能测试用于验证设备是否满足设计目标的基本功能要求，比如支持频段、频谱效率、峰值速率、低时延、MLO、MRU、覆盖范围、容量以及安全（防攻击、渗透等）等基本能力。
- Wi-Fi 7 性能测试用于验证 Wi-Fi 7 设备是否满足性能要求。主要的测试内容包括针对各种场景的吞吐量、时延、丢包、容量、抗干扰、稳定性等性能进行验证和评估。这里更需要强调实验室性能测试中场景构建的重要性，包括被测 Wi-Fi 7 设备的网络拓扑等，确保测试场景仿真是完全可控、可重复、可定义、可灵活控制的，进而确保测试结果的一致性以及可信性。
- Wi-Fi 7 互通性测试用于验证异构网络环境下 Wi-Fi 7 的向后兼容性以及混合 Wi-Fi 7 芯片之间的兼容性。由于 Wi-Fi 7 具有更加复杂的功能和特性，需要在 Wi-Fi 7 设备所在网络中混合部署 Wi-Fi 4/5/6 等设备，测试 Wi-Fi 7 在异构网络环境下的向后兼容性。针对 Wi-Fi 7 混合芯片的兼容性，需要在模拟不同 Wi-Fi 7 芯片之间的物理布置和距离的条件下进行测试。

4.2 Wi-Fi 7 协议测试

针对 Wi-Fi 7 的协议测试，抓取 Wi-Fi 7 设备的空口交互过程中的管理帧、控制帧和数据帧，然后对抓取数据进行解析，根据协议中定义的消息类型，定位到表示 Wi-Fi 7 特性的协议字段进行比对，如果与 Wi-Fi 7 协议中针对相应特性和交互协议的定义一致，那么就认为针对此 Wi-Fi 7 设备的协议测试通过，满足协议的一致性需求。Wi-Fi 7 协议验证拓扑如图 4-2 所示。

根据以上 Wi-Fi 7 协议验证拓扑和流程，针对上下行 1024QAM、上下行 4096 QAM、上下行 OFDMA、上下行 MU-MIMO、MRU、MLO 以及 TWT 等功能，在协议层面根据 IEEE 802.11be（Wi-Fi 7）进行对比确认，确保与协议的一致性。

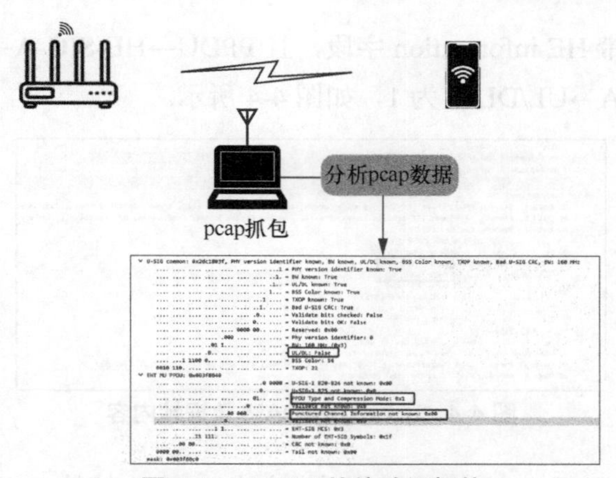

图 4-2 Wi-Fi 7 协议验证拓扑

4.2.1 Wi-Fi 7 上下行 1024QAM 协议特性

Wi-Fi 7 设备后向兼容 Wi-Fi 6（IEEE 802.11 ax）的技术特性，通过抓取 Wi-Fi 7 网络设备和终端设备之间的交互报文来判断设备是否支持上下行 1024QAM。

① 如果支持上行 1024QAM，分析报文中 Beacon 帧的 Rx HE-MCS Map 映射值、数据帧的 HE information、PPDU 的 MCS 和 UL/DL 字段，其中 Beacon 帧的 Rx HE-MCS Map 映射值包含 HE-MCS 0-11，如图 4-3 所示。

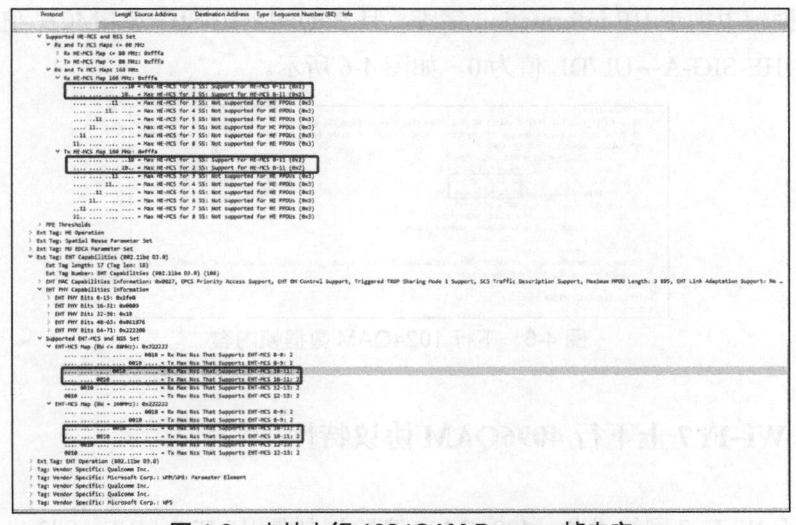

图 4-3 支持上行 1024QAM Beacon 帧内容

数据帧中携带 HE information 字段，且 PPDU→HE-SIG-A→MCS 值为 11，PPDU→HE-SIG-A→UL/DL 值为 1，如图 4-4 所示。

```
No.    Time               Source               Destination           Protocol
13389  85.621600042  04:f6:d8:f9:dc:d5    IntelCor_80:62:a0     802.11
13428  85.628563478  16:f6:d8:d8:dc:d5    10:e2:9f:84:62:a2     802.11

v HE information
  > HE Data 1: 0xc7fc, PPDU Format: HE_SU, BSS Color known, Beam Change known, UL/DL known, data MCS known, data DCM
  > HE Data 2: 0x007e, GI known, LTF symbols known, Pre-FEC Padding Factor known, TxBF known, PE Disambiguity known,
  v HE Data 3: 0x6be5, Coding: LDPC
      .... .... ..10 0101 = BSS Color: 0x25
      .... .... .1.. .... = Beam Change: 0x1
      .... .... 1... .... = UL/DL: 0x1
      .... 1011 .... .... = data MCS: 0xb
      ...0 .... .... .... = data DCM: 0x0
      ..1. .... .... .... = Coding: LDPC (0x1)
      .1.. .... .... .... = LDPC extra symbol segment: 0x1
      0... .... .... .... = STBC: 0x0
  v HE Data 4: 0x0000
      .... .... .... 0000 = Spatial Reuse: 0x0
      0000 0000 0000 .... = Reserved: 0x000
  > HE Data 5: 0x2082, data Bandwidth/RU allocation: 80, GI: 0.8us, LTF symbol size: 2x, LTF symbols: 1x
  > HE Data 6: 0x0c02, NSTS: 2 space-time streams
> L-SIG
```

图 4-4　上行 1024QAM 数据帧内容

② 如果支持下行 1024QAM，分析报文中 Beacon 帧的 Tx HE-MCS Map 映射值、数据帧的 HE information、PPDU 的 MCS 和 UL/DL 字段，其中 Beacon 帧的 Tx HE-MCS Map 的协议映射值包含 HE-MCS 0-11，如图 4-5 所示。

```
   Time          Source              Destination     Protocol  Length  Info
22 1.843182913   ASUSTekC_33:f1:1c   Broadcast       802.11    427     Beacon frame, SN=2397, FN=0, Flags=...

    > HE MAC Capabilities Information: 0x100012080005
    > HE Phy Capabilities Information
    v Supported HE-MCS and NSS Set
      v Rx and Tx MCS Maps <= 80 MHz
        > Rx HE-MCS Map <= 80 MHz: 0xffaa
        v Tx HE-MCS Map <= 80 MHz: 0xffaa
            .... .... .... ..10 = Max HE-MCS for 1 SS: Support for HE-MCS 0-11 (0x2)
            .... .... .... 10.. = Max HE-MCS for 2 SS: Support for HE-MCS 0-11 (0x2)
            .... .... ..10 .... = Max HE-MCS for 3 SS: Support for HE-MCS 0-11 (0x2)
            .... .... 10.. .... = Max HE-MCS for 4 SS: Support for HE-MCS 0-11 (0x2)
            .... ..11 .... .... = Max HE-MCS for 5 SS: Not supported for HE PPDUs (0x3)
            .... 11.. .... .... = Max HE-MCS for 6 SS: Not supported for HE PPDUs (0x3)
            ..11 .... .... .... = Max HE-MCS for 7 SS: Not supported for HE PPDUs (0x3)
            11.. .... .... .... = Max HE-MCS for 8 SS: Not supported for HE PPDUs (0x3)
    > PPE Thresholds
  > Ext Tag: HE Operation (IEEE Std 802.11ax/D3.0)
  > Ext Tag: MU EDCA Parameter Set
  > Tag: Vendor Specific: Epigram, Inc.
  > Tag: Vendor Specific: Broadcom
  > Tag: Vendor Specific: Microsoft Corp.: WMM/WME: Parameter Element
  > Tag: Advertisement Protocol
```

图 4-5　下行 1024QAM Beacon 帧内容

数据帧中携带 HE information 字段，且 PPDU→HE-SIG-A→MCS 值为 11，PPDU→HE-SIG-A→UL/DL 值为 0，如图 4-6 所示。

```
v HE information
  > HE Data 1: 0xc7fc, PPDU Format: HE_SU, BSS Color known, Beam Change known, UL/DL known, data MCS known
  > HE Data 2: 0x007e, GI known, LTF symbols known, Pre-FEC Padding Factor known, TxBF known, PE Disambigu
  v HE Data 3: 0x6b65, Coding: LDPC
      .... .... ..10 0101 = BSS Color: 0x25
      .... .... .1.. .... = Beam Change: 0x1
      .... .... 0... .... = UL/DL: 0x0
      .... 1011 .... .... = data MCS: 0xb
      ...0 .... .... .... = data DCM: 0x0
      ..1. .... .... .... = Coding: LDPC (0x1)
      .1.. .... .... .... = LDPC extra symbol segment: 0x1
      0... .... .... .... = STBC: 0x0
  > HE Data 4: 0x0000
  > HE Data 5: 0x2082, data Bandwidth/RU allocation: 80, GI: 0.8us, LTF symbol size: 2x, LTF symbols: 1x
  > HE Data 6: 0x7f02, NSTS: 2 space-time streams
> L-SIG
  Antenna signal: -25dBm
  Antenna: 0
```

图 4-6　下行 1024QAM 数据帧内容

4.2.2　Wi-Fi 7 上下行 4096QAM 协议特性

对于 Wi-Fi 7 网络设备，4096QAM 高阶调制是 Wi-Fi 7（IEEE 802.11 be）为

了满足相对于 Wi-Fi 6（IEEE 802.11 ax）更高的频谱利用效率和更高的空口数据传输速率而新增的技术特性，包括上行和下行 4096 QAM 方式，通过抓取 Wi-Fi 7 网络设备和终端设备之间的交互报文判断设备是否支持上下行 4096 QAM。

① 如果支持上行 4096 QAM，分析报文中 Beacon 帧的 EHT-MCS Map 映射值、数据帧 PPDU 的 MCS 和 UL/DL 字段，其中 Beacon 帧的 EHT-MCS Map 映射值包含 Rx Max Nss That Supports EHT-MSC 12-13，如图 4-7 所示。

```
No.  Time            Protocol  Length  PHY type             Transmitter address  Receiver address  Frame length on the w  Info
4    0.101370540     802.11    633     802.11a (OFDM)       zte_bf:d6:e7         Broadcast         633 Beacon frame, SN=290, FN=0, Flags=........, BI=100, SSID=Wildcard (Broadcast)
5    0.103060976     802.11    648     802.11a (OFDM)       zte_4a:8c:5f         Broadcast         648 Beacon frame, SN=3259, FN=0, Flags=........, BI=100, SSID="TestAP-5G"
6    0.103066186     802.11    659     802.11g (ERP)        zte_4a:8c:5e         Broadcast         659 Beacon frame, SN=3529, FN=0, Flags=........, BI=100, SSID="TestAP"
7    0.203781885     802.11    633     802.11a (OFDM)       zte bf:d6:e7         Broadcast         633 Beacon frame. SN=291. FN=0. Flags=......... BI=100. SSID=Wildcard (Broadcast)

> Tag: ERP Information
> Tag: Extended Supported Rates 6, 12, 24, 48, [Mbit/sec]
> Tag: RSN Information
> Tag: QBSS Load Element 802.11e CCA Version
> Tag: HT Capabilities (802.11n D1.10)
> Tag: HT Information (802.11n D1.10)
> Tag: Overlapping BSS Scan Parameters
> Tag: VHT Capabilities
> Tag: VHT Operation
> Tag: Extended Capabilities (11 octets)
> Ext Tag: HE Capabilities
> Ext Tag: HE Operation
> Ext Tag: Spatial Reuse Parameter Set
> Ext Tag: MU EDCA Parameter Set
> Ext Tag: Multi-Link (802.11be D3.0)
v Ext Tag: EHT Capabilities (802.11be D3.0)
    Ext Tag length: 14 (Tag len: 15)
    Ext Tag Number: EHT Capabilities (802.11be D3.0) (108)
  > EHT MAC Capabilities Information: 0x0083, EPCS Priority Access Support, EHT OM Control Support, Maximum MPDU Length: 11 454, EHT Link Adaptation Support: No feedback
  > EHT PHY Capabilities Information
  v Supported EHT-MCS and NSS Set
    v EHT-MCS Map (BW <= 80MHz): 0x222222
        .... .... .... .... .... 0010 = Rx Max Nss That Supports EHT-MCS 0-9: 2
        .... .... .... .... 0010 .... = Tx Max Nss That Supports EHT-MCS 0-9: 2
        .... .... .... 0010 .... .... = Rx Max Nss That Supports EHT-MCS 10-11: 2
        .... .... 0010 .... .... .... = Tx Max Nss That Supports EHT-MCS 10-11: 2
        .... 0010 .... .... .... .... = Rx Max Nss That Supports EHT-MCS 12-13: 2
        0010 .... .... .... .... .... = Tx Max Nss That Supports EHT-MCS 12-13: 2
```

图 4-7 上行 4096QAM Beacon 帧内容

数据帧中携带 U-SIG 字段和 EHT 字段，且 PPDU→EHT-SIG→User info→MCS 值为 11，PPDU→U-SIG→UL/DL 值为 1，如图 4-8 所示。

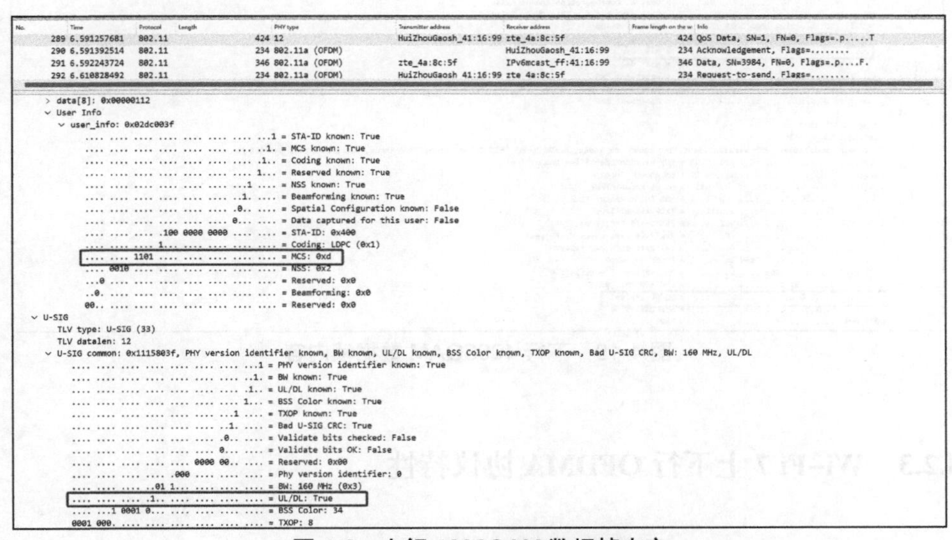

图 4-8 上行 4096QAM 数据帧内容

② 如果支持下行 4096QAM，分析报文中 Beacon 帧的 EHT-MCS Map 映射值、数据帧 PPDU 的 MCS 和 UL/DL 字段，其中 Beacon 帧的 EHT-MCS Map 映射值包含 Tx Max Nss That Supports EHT-MCS 12-13，如图 4-9 所示。

```
No.  Time           Protocol  Length  PHY type            Transmitter address  Receiver address  Frame length on the w  Info
   1 0.000000000    802.11            648 802.11a (OFDM)  zte_4a:8c:5f         Broadcast         648 Beacon frame, SN=755, FN=0, Flags=........, BI=100, SSID="TestAP-5G"
   2 0.000002364    802.11            659 802.11g (ERP)   zte_4a:8c:5e         Broadcast         659 Beacon frame, SN=1075, FN=0, Flags=........, BI=100, SSID="TestAP"
   3 0.000917574    802.11            633 802.11a (OFDM)  5e:46:17:bf:d6:e7    Broadcast         633 Beacon frame, SN=832, FN=0, Flags=........, BI=100, SSID=Wildcard (Broadcast)
   4 0.102343788    802.11            648 802.11a (OFDM)  zte_4a:8c:5f         Broadcast         648 Beacon frame, SN=756, FN=0, Flags=........, BI=100, SSID="TestAP-5G"

 > Tag: Overlapping BSS Scan Parameters
 > Tag: VHT Capabilities
 > Tag: VHT Operation
 > Tag: Extended Capabilities (11 octets)
 > Ext Tag: HE Capabilities
 > Ext Tag: HE Operation
 > Ext Tag: Spatial Reuse Parameter Set
 > Ext Tag: MU EDCA Parameter Set
 > Ext Tag: Multi-Link (802.11be D3.0)
 v Ext Tag: EHT Capabilities (802.11be D3.0)
     Ext Tag length: 14 (Tag len: 15)
     Ext Tag Number: EHT Capabilities (802.11be D3.0) (108)
   > EHT MAC Capabilities Information: 0x0083, EPCS Priority Access Support, EHT OM Control Support, Maximum MPDU Length: 11 454, EHT Link Adaptation Support: No feedback
   > EHT PHY Capabilities Information
   v Supported EHT-MCS and NSS Set
     v EHT-MCS Map (BW <= 80MHz): 0x222222
         .... .... .... .... .... 0010 = Rx Max Nss That Supports EHT-MCS 0-9: 2
         .... .... .... .... 0010 .... = Tx Max Nss That Supports EHT-MCS 0-9: 2
         .... .... .... 0010 .... .... = Rx Max Nss That Supports EHT-MCS 10-11: 2
         .... .... 0010 .... .... .... = Tx Max Nss That Supports EHT-MCS 10-11: 2
         .... 0010 .... .... .... .... = Rx Max Nss That Supports EHT-MCS 12-13: 2
         0010 .... .... .... .... .... = Tx Max Nss That Supports EHT-MCS 12-13: 2
```

图 4-9　下行 4096QAM Beacon 帧内容

数据帧中携带 U-SIG 字段和 EHT 字段，且 PPDU→EHT-SIG→User info→MCS 值为 11，PPDU→U-SIG→UL/DL 值为 0，如图 4-10 所示。

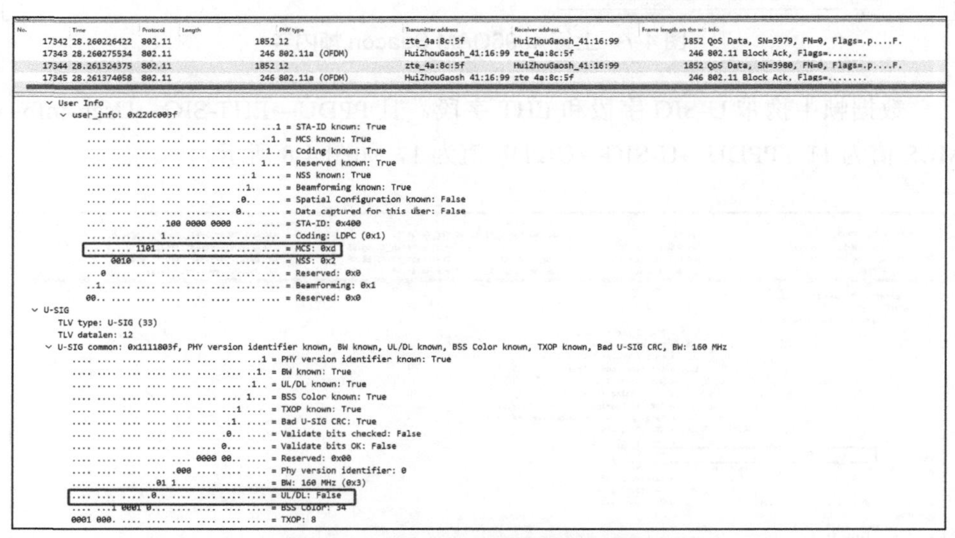

图 4-10　下行 4096QAM 数据帧内容

4.2.3　Wi-Fi 7 上下行 OFDMA 协议特性

容量大规模提升是 Wi-Fi 7 相对于 Wi-Fi 6 的另一个技术演进。随着 Wi-Fi 技术被广泛应用，大量 IoT 设备通过 Wi-Fi 7 网络进行承载，同时，各种时延敏感性很强的业务大量部署，其中包含大量对带宽要求不高但是对时延很敏感的业务。为了解决这个问题，OFDMA 技术被引入 Wi-Fi 网络中，这样可以对大量用户并发低时延业务可以进行更好的承载服务。Wi-Fi 7 设备是否支持并且利用了 OFDMA 的特性，可以通过抓取 Wi-Fi 7 终端设备和网络设备之间的通信报文进行分析和验证，进而确认设备的 OFDMA 特性是否在协议层面符合 IEEE 802.11be 标准。

① 如果 Wi-Fi 设备支持上行 OFDMA 能力，按照规定，可以通过检查 Basic trigger 帧中是否为不同的终端设备分配了不同的 RU allocation 来确认，如图 4-11 所示。

EHT 变体用户信息字段中 PS160 和 RU 分配子域的编码

PS160 子域	RU 分配子域的 B0	RU 分配子域的 B7～B1	带宽/MHz	RU 或 MRU 大小	RU 或者 MRU 索引	PHY RU 或者 MRU 索引
0～3：RU 所在的 80MHz 频率子块（见注释 1）		0～8	20, 40, 80, 160, 320	26	RU1～RU9	37*N* + RU 索引
		9～17	40, 80, 160, 320		RU10～RU18	
		18	80, 160, 320		保留	
		19～36	80, 160, 320		RU20～RU37	
		37～40	20, 40, 80,160, 320	52	RU1～RU4	16*N* + RU 索引
		41～44	40, 80, 160, 320		RU5～RU8	
		45～52	80, 160, 320		RU9～RU16	
		53～54	20, 40, 80,160, 320	106	RU1～RU2	8*N* + RU 索引
		55～56	40, 80, 160, 320		RU3～RU4	
		57～60	80, 160, 320		RU5～RU8	
		61	20, 40, 80,160, 320	242	RU1	4*N* + RU 索引
		62	40, 80, 160, 320		RU2	
		63～64	80, 160, 320		RU3～RU4	
		65	40, 80, 160, 320	484	RU1	2*N* + RU 索引
		66	80, 160, 320		RU2	
		67	80, 160, or320	996	RU1	*N* + RU 索引

图 4-11 Wi-Fi 7 上行 OFDMA Basic trigger 帧数据

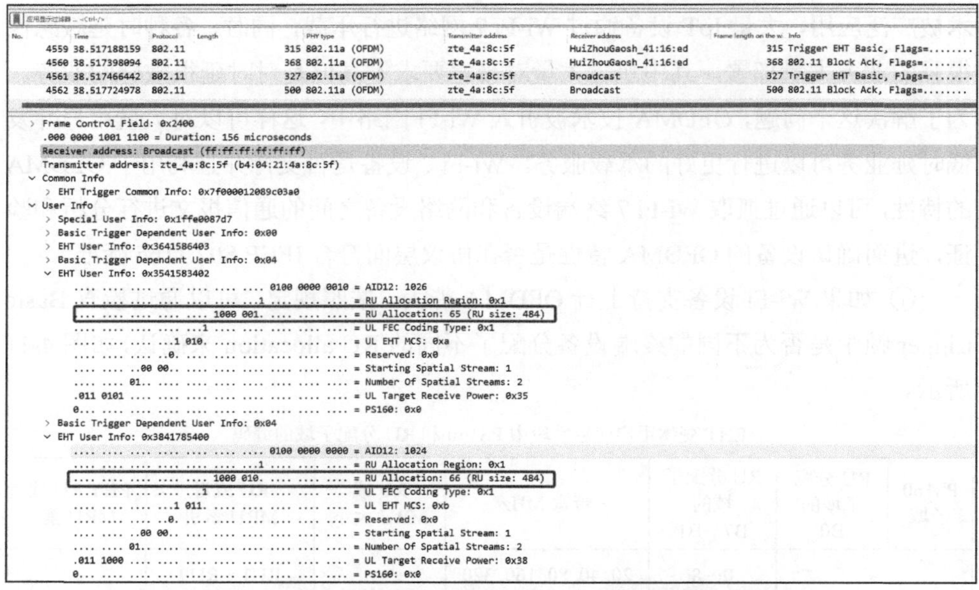

图 4-11　Wi-Fi 7 上行 OFDMA Basic trigger 帧数据（续）

② 如果 Wi-Fi 设备支持下行 OFDMA 能力，按照规定，可以通过分析报文中的 U-SIG→UL/DL 和 PPDU type and compression mode 确认，如图 4-12 所示。

DL 和 PPDU 类型与压缩模式字段的组合

U-SIG 域	描述					
UL/DL	PPDU 类型及压缩模式	EHT PPDU 格式	EHT-SIG 是否存在	RU 分配子域值是否存在	MU PPDU 或 TB PPDU 中传输的用户域总数	备注
0 (DL)	0	EHT MU	是	是	1	DL OFDMA（包括 non-MU-MIMO 和 MU-MIMO）
	1	EHT MU	是	否	1 表示 EHT SU 传输，0 表示 EHT 探测 NDP	EHT SU 传输或 EHT 探测 NDP 未发送到 AP。注意：其中一种情况是从 AP 到非 APSTA 的 DL 传输
	2	EHT MU	是	否	＞1	DL non-OFDMA MU- MIMO
	3	—	—	—	—	验证

图 4-12　Wi-Fi 7 下行 OFDMA Basic trigger 帧数据

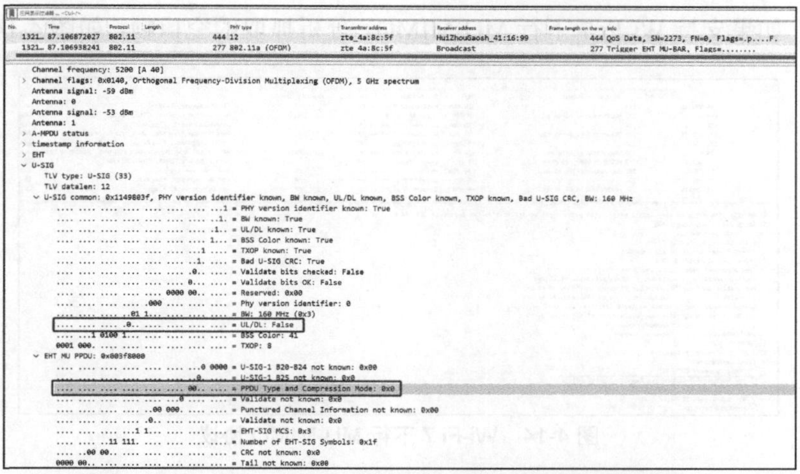

图 4-12 Wi-Fi 7 下行 OFDMA Basic trigger 帧数据（续）

4.2.4 Wi-Fi 7 上下行 MU-MIMO 协议特性

随着 Wi-Fi 用户数量的急剧增加，多个用户在 Wi-Fi 网络下的个体性能是很难保证的。为了解决这个问题，MU-MIMO 技术从 IEEE 802.11ac 开始就被引入 Wi-Fi 网络中，到了 Wi-Fi 7，MU-MIMO 技术得到增强和优化，Wi-Fi 7 设备同样要求支持 IEEE 802.11be 规定的 MU-MIMO 能力。测试过程中，打开 Wi-Fi 7 网络的上下行 MU-MIMO 功能，模拟构建 Wi-Fi 7 网络下的多用户场景，通过对管理帧、控制帧和数据帧进行抓包，从而确认 Wi-Fi 7 设备的上下行 MU-MIMO 特性在协议层面的一致性。

① 如果支持 Wi-Fi 7 上行 MU-MIMO，分析抓取的空口帧，如图 4-13 所示。

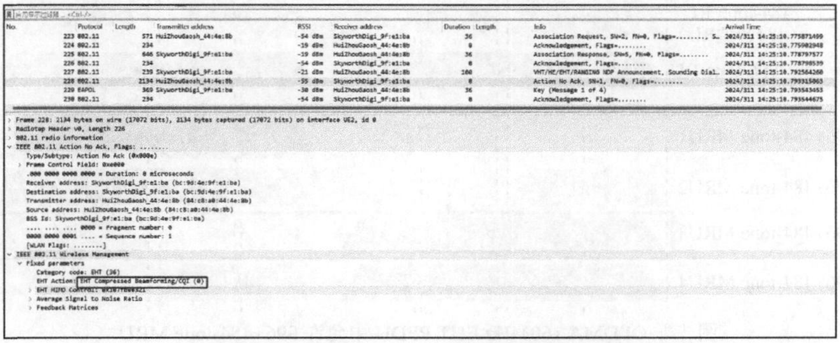

图 4-13 Wi-Fi 7 上行 MU-MIMO 协议

② 如果支持 Wi-Fi 7 下行 MU-MIMO，分析抓取的空口帧，如图 4-14 所示。

```
No.  Protocol  Length  Transmitter address          RSSI     Receiver address             Duration  Length  Info
169 802.11     234                                  -19 dBm  HuiZhouGaosh_44:4e:69        544       Clear-to-send, Flags=........
170 802.11     571 HuiZhouGaosh_44:4e:69            -9 dBm   SkyworthDigi_9f:e1:ba        36        Association Request, SN=2, FN=0, Flags=........, S…
171 802.11     234                                  -19 dBm  HuiZhouGaosh_44:4e:69        0         Acknowledgement, Flags=........
172 802.11     646 SkyworthDigi_9f:e1:ba            -19 dBm  HuiZhouGaosh_44:4e:69        36        Association Response, SN=3, FN=0, Flags=........
173 802.11     234                                  -9 dBm   SkyworthDigi_9f:e1:ba        0         Acknowledgement, Flags=........
174 802.11     239 SkyworthDigi_9f:e1:ba            -22 dBm  HuiZhouGaosh_44:4e:69        100       VHT/HE/EHT/RANGING NDP Announcement, Sounding Dial…
175 802.11     2154 HuiZhouGaosh_44:4e:69           -9 dBm   SkyworthDigi_9f:e1:ba        0         Action No Ack, SN=1, FN=0, Flags=........
176 EAPOL      369 SkyworthDigi_9f:e1:ba            -30 dBm  HuiZhouGaosh_44:4e:69        36        Key (Message 1 of 4)
177 802.11     234                                  -9 dBm   SkyworthDigi_9f:e1:ba        0         Acknowledgement, Flags=........
178 802.11     234 HuiZhouGaosh_44:4e:69            -9 dBm   SkyworthDigi_9f:e1:ba        364       Request-to-send, Flags=........

> Frame 175: 2154 bytes on wire (17232 bits), 2154 bytes captured (17232 bits) on interface UE2, id 0
> Radiotap Header v0, Length 246
> 802.11 radio information
v IEEE 802.11 Action No Ack, Flags: ........
    Type/Subtype: Action No Ack (0x000e)
  > Frame Control Field: 0xe000
    .000 0000 0000 0000 = Duration: 0 microseconds
    Receiver address: SkyworthDigi_9f:e1:ba (bc:9d:4e:9f:e1:ba)
    Destination address: SkyworthDigi_9f:e1:ba (bc:9d:4e:9f:e1:ba)
    Transmitter address: HuiZhouGaosh_44:4e:69 (84:c8:a0:44:4e:69)
    Source address: HuiZhouGaosh_44:4e:69 (84:c8:a0:44:4e:69)
    BSS Id: SkyworthDigi_9f:e1:ba (bc:9d:4e:9f:e1:ba)
    .... .... .... 0000 = Fragment number: 0
    0000 0000 0001 .... = Sequence number: 1
    [WLAN Flags: ........]
v IEEE 802.11 Wireless Management
  v Fixed parameters
      Category code: EHT (36)
      EHT Action: EHT Compressed Beamforming/CQI (0)
    > EHT MIMO Control: 0x103fd00321
    > Average Signal to Noise Ratio
    > Feedback Matrices
```

图 4-14　Wi-Fi 7 下行 MU-MIMO 协议

4.2.5　Wi–Fi 7 MRU 协议特性

MRU 是 IEEE 802.11be 引入的提高频谱资源利用率的一种技术。

Wi-Fi 5 只允许一个用户占用一个单位时间的所有空口资源，不管这个用户的信息是否能占满整条信道，因而存在资源浪费。

Wi-Fi 6 的 OFDMA 引入了 RU 的概念，它把一条信道在一个时域单位上划分成多个 RU，每个 RU 包含一定数目的子载波，每个用户可以按需分配一定数目的 RU，从而提高频谱的利用率，但 Wi-Fi 6 只允许一个用户分配一种 RU，无法最大程度地利用频谱。

Wi-Fi 7 在 Wi-Fi 6 的基础上允许一个用户分配多个种类的 RU（如图 4-15 所示），进一步提高了频谱的利用率，降低了时延。

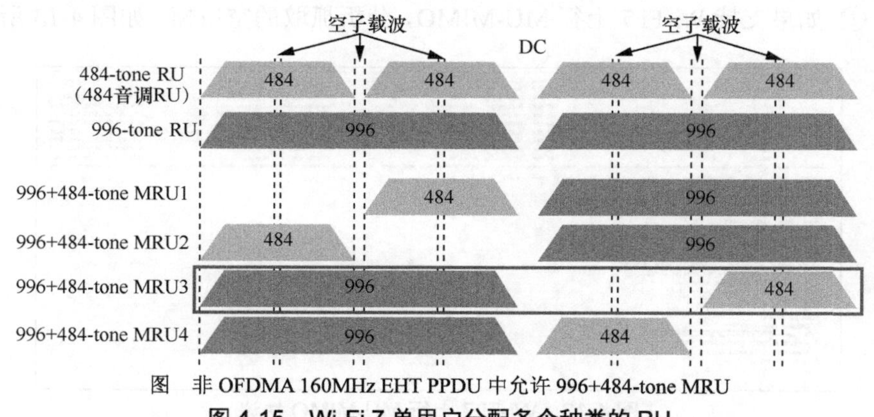

图 4-15　Wi-Fi 7 单用户分配多个种类的 RU

使用非 OFDMA 传输的 EHT MU PPDU 的 U-SIG 中的穿孔信道信息字段的定义

PPDU 带宽	配置场景	打孔模型（RU 或 MRU 索引）	域值
160MHz	无打孔	[1 111 111 1] (2 × 996-tone RU1)	0
	20MHz 打孔	[x 111 111 1] (996 + 484 + 242-tone MRU1)	1
		[1 x11 111 1] (996 + 484 + 242-tone MRU2)	2
		[1 1x1 111 1] (996 + 484 + 242-tone MRU3)	3
		[1 11x 111 1] (996 + 484 + 242-tone MRU4)	4
		[1 111 x11 1] (996 + 484 + 242-tone MRU5)	5
		[1 111 1x1 1] (996 + 484 + 242-tone MRU6)	6
		[1 111 11x 1] (996 + 484 + 242-tone MRU7)	7
		[1 111 111 x] (996 + 484 + 242-tone MRU8)	8
	40MHz 打孔	[x x11 111 1] (996 + 484-tone MRU1)	9
		[1 1xx 111 1] (996 + 484-tone MRU2)	10
		[1 111 xx1 1] (996 + 484-tone MRU3)	11
		[1 111 11x x] (996 + 484-tone MRU4)	12

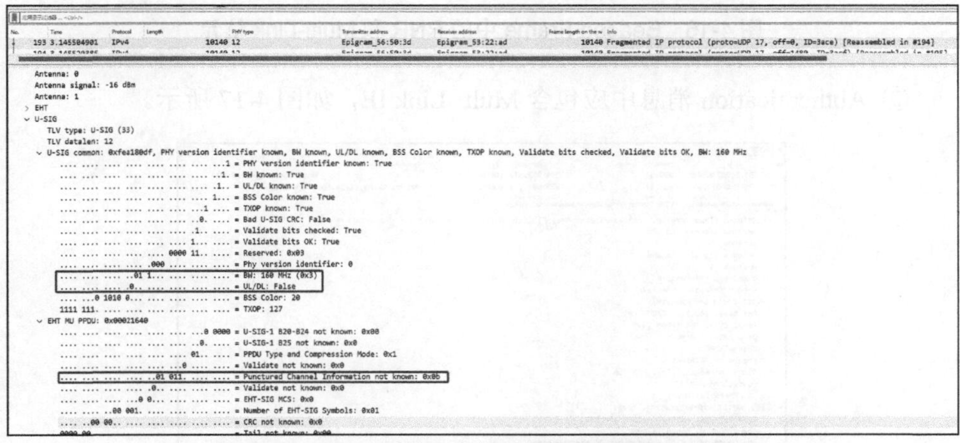

图 4-15 Wi-Fi 7 单用户分配多个种类的 RU（续）

4.2.6 Wi-Fi 7 MLO 2.4GHz+5.2GHz 协议特性

MLO 是 Wi-Fi 7 中的一个重要特性，它允许在同一台设备上同时利用多个频段进行数据传输。通过将数据分割成更小的块并同时在不同频段上传输，MLO 可以实现更高的吞吐量和更稳定的连接。测试过程中，可以通过如下步骤来确认 MLO 是否被成功激活。

① Beacon Frame 中包含 RNR 和 Multi-Link 信元。RNR 中包含一个 Neighbor AP Information，其包含 TBTT information 域和 MLD Parameter 子域，且信道号为非 setup 链路的信道号；Multi-Link 信元中的 Maximum Number of Simultaneous Links（最大同时连接数）为 1，如图 4-16 所示。

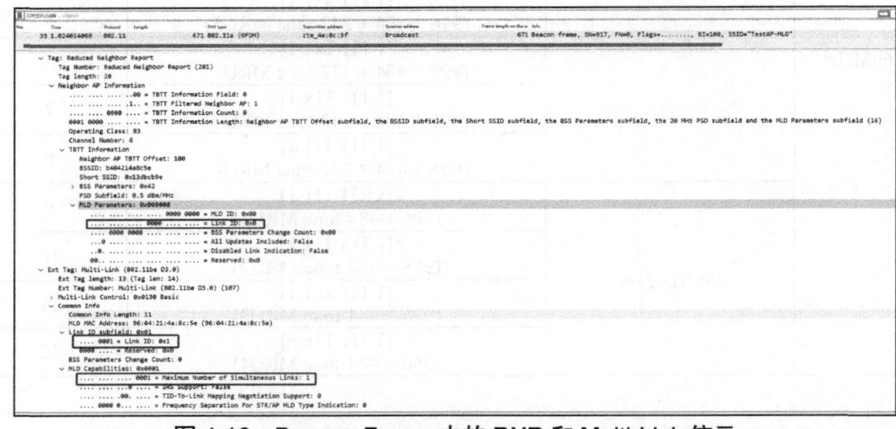

图 4-16　Beacon Frame 中的 RNR 和 Multi-Link 信元

② Authentication 消息中应包含 Multi-Link IE，如图 4-17 所示。

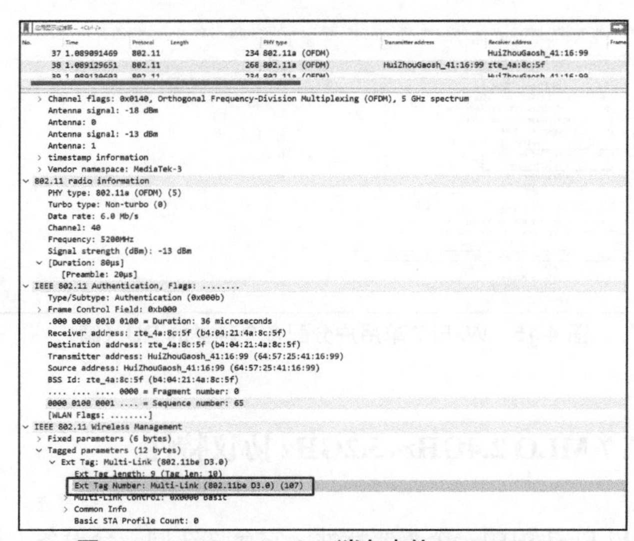

图 4-17　Authentication 消息中的 Multi-Link IE

③ Association Request 消息中应包含 Multi-Link 字段，其中 Maximum Number of Simultaneous Links 为 1，LINK INFO 中包含 1 个 Per-STA Profile，且 Profile 中的 Link ID 与 Beacon 消息 RNR 字段中的 Link ID 相同，如图 4-18 所示。

```
No.  Time  Protocol  Length  PHY type  Transmitter address  Receiver address  Frame length on the w  Info
44 1.092228123  802.11  666 802.11a (OFDM)  HuiZhouGaosh_41:16:99 zte_4a:8c:5f  666 Association Request, SN=66, FN=0, Flags=........, SSID="TestAP-MLO"

> Ext Tag: HE Capabilities
v Ext Tag: Multi-Link (802.11be D3.0)
    Ext Tag length: 105 (Tag len: 106)
    Ext Tag Number: Multi-Link (802.11be D3.0) (107)
  > Multi-Link Control: 0x0100 Basic
  v Common Info
      Common Info Length: 9
      MLD MAC Address: HuiZhouGaosh_41:16:99 (64:57:25:41:16:99)
    v MLD Capabilities: 0x0021
        .... .... .... 0001 = Maximum Number of Simultaneous Links: 1
        .... .... ...0 .... = SRS Support: False
        .... .... .01. .... = TID-To-Link Mapping Negotiation Support: 1
        .... 0000 0... .... = Frequency Separation For STR/AP MLD Type Indication: 0
        ...0 .... .... .... = AAR Support: False
        ..0. .... .... .... = Link Reconfiguration Operation Support: False
        .0.. .... .... .... = Aligned TWT Support: False
        0... .... .... .... = Reserved: 0x0
    Subelement ID: Per-STA Profile (0x00)
    Subelement Length: 92
  v Per-STA Profile 1
    v Per-STA Profile, Link-ID = 0
      v STA Control: 0x0030, Complete Profile, MAC Address Present
          .... .... .... 0000 = Link ID: 0x0
          .... .... ...1 .... = Complete Profile: True
          .... .... ..1. .... = MAC Address Present: True
          .... .... .0.. .... = Beacon Interval Present: False
          .... .... 0... .... = TSF Offset Present: False
          .... ...0 .... .... = DTIM Info Present: False
          .... ..0. .... .... = NSTR Link Pair Present: False
          .... .0.. .... .... = NSTR Bitmap Size: 0
          .... 0... .... .... = BSS Parameters Change Count Present: False
          0000 .... .... .... = Reserved: 0x0
      v STA Info
          STA Info Length: 7
          STA MAC Address: HuiZhouGaosh_41:16:98 (64:57:25:41:16:98)
      > Capabilities Information: 0x1431
      > Tag: Supported Rates 1, 2, 5.5, 11, 6, 9, 12, 18, [Mbit/sec]
      > Tag: Extended Supported Rates 24, 36, 48, 54, [Mbit/sec]
      > Tag: Extended Capabilities (11 octets)
```

图 4-18 Association Request 消息中的 Multi-Link 字段

④ Association Response 消息中的 Status code 为 Successful (0)，如图 4-19 所示。该消息中还包含 Multi-Link 字段，Multi-Link 字段中包含一个 Per-STA Profile，如图 4-20 所示。

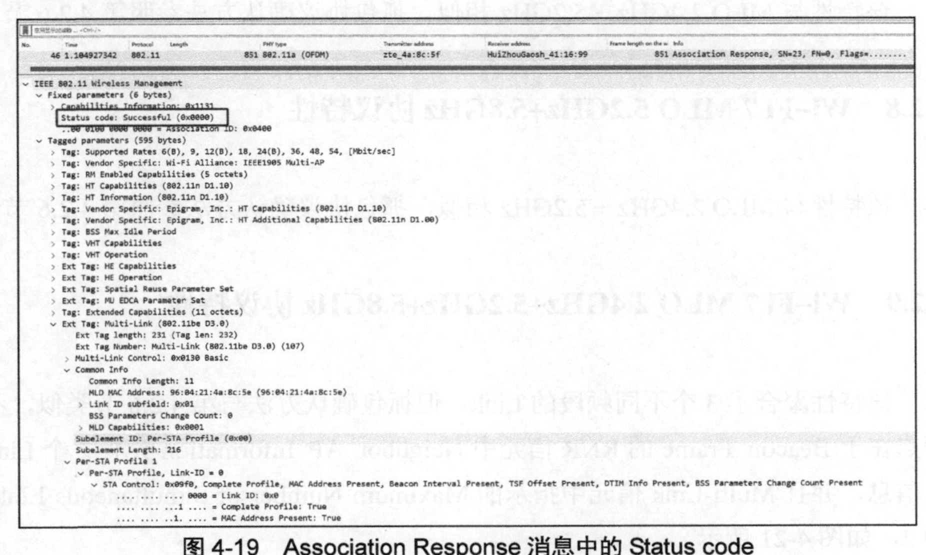

图 4-19 Association Response 消息中的 Status code

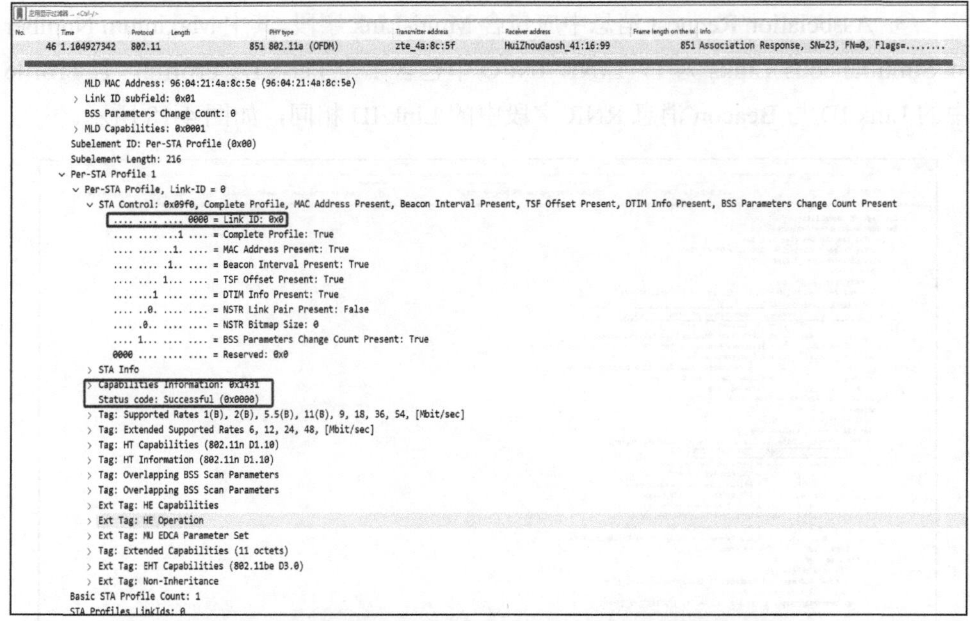
```
No.  Time            Protocol  Length  PHY type          Transmitter address  Receiver address     Info
46 1.104927342  802.11    851 802.11a (OFDM)    zte_4a:8c:5f     HuiZhouGaosh_41:16:99    851 Association Response, SN=23, FN=0, Flags=........
      MLD MAC Address: 96:04:21:4a:8c:5e (96:04:21:4a:8c:5e)
    > Link ID subfield: 0x01
      BSS Parameters Change Count: 0
    > MLD Capabilities: 0x0001
    Subelement ID: Per-STA Profile (0x00)
    Subelement Length: 216
  v Per-STA Profile 1
    v Per-STA Profile, Link-ID = 0
      v STA Control: 0x09f0, Complete Profile, MAC Address Present, Beacon Interval Present, TSF Offset Present, DTIM Info Present, BSS Parameters Change Count Present
          .... .... .... 0000 = Link ID: 0x0
          .... .... ...1 .... = Complete Profile: True
          .... .... ..1. .... = MAC Address Present: True
          .... .... .1.. .... = Beacon Interval Present: True
          .... .... 1... .... = TSF Offset Present: True
          .... ...1 .... .... = DTIM Info Present: True
          .... ..0. .... .... = NSTR Link Pair Present: False
          .... .0.. .... .... = NSTR Bitmap Size: 0
          .... 1... .... .... = BSS Parameters Change Count Present: True
          0000 .... .... .... = Reserved: 0x0
      > STA Info
      > Capabilities Information: 0x1431
        Status code: Successful (0x0000)
      > Tag: Supported Rates 1(B), 2(B), 5.5(B), 11(B), 9, 18, 36, 54, [Mbit/sec]
      > Tag: Extended Supported Rates 6, 12, 24, 48, [Mbit/sec]
      > Tag: HT Capabilities (802.11n D1.10)
      > Tag: HT Information (802.11n D1.10)
      > Tag: Overlapping BSS Scan Parameters
      > Tag: Overlapping BSS Scan Parameters
      > Ext Tag: HE Capabilities
      > Ext Tag: HE Operation
      > Ext Tag: MU EDCA Parameter Set
      > Tag: Extended Capabilities (11 octets)
      > Ext Tag: EHT Capabilities (802.11be D3.0)
      > Ext Tag: Non-Inheritance
    Basic STA Profile Count: 1
    STA Profiles LinkIds: 0
```
图 4-20　Association Response 消息中的 Multi-Link 字段

4.2.7　Wi-Fi 7 MLO 2.4GHz+5.8GHz 协议特性

该特性与 MLO 2.4GHz + 5.2GHz 相似，抓包协议确认方法参照第 4.2.6 节。

4.2.8　Wi-Fi 7 MLO 5.2GHz+5.8GHz 协议特性

该特性与 MLO 2.4GHz + 5.2GHz 相似，抓包协议确认方法参照第 4.2.6 节。

4.2.9　Wi-Fi 7 MLO 2.4GHz+5.2GHz+5.8GHz 协议特性

该特性聚合了 3 个不同频段的 Link，但抓包确认方法与第 4.2.6 节类似，不同点在于 Beacon Frame 的 RNR 信元中 Neighbor AP Information 会有 2 个 Link 的信息，并且 Multi-Link 信元中指示的 Maximum Number of Simultaneous Links 为 2，如图 4-21 所示。

```
No.  Time             Protocol  Length  PHY type  Transmitter address  Receiver address           Frame length on the w  Info
7746 32.585094658     802.11            1852 12   zte_4a:8c:5f         HuiZhouGaosh_41:16:99      1852 QoS Data, SN=880, FN=0, Flags=.p....F.
> timestamp information
> EHT
v U-SIG
    TLV type: U-SIG (33)
    TLV datalen: 12
  v U-SIG common: 0x1111803f, PHY version identifier known, BW known, UL/DL known, BSS Color known, TXOP known, Bad U-SIG CRC, BW: 160 MHz
      = PHY version identifier known: True
      = BW known: True
      = UL/DL known: True
      = BSS Color known: True
      = TXOP known: True
      = Bad U-SIG CRC: True
      = Validate bits checked: False
      = Validate bits OK: False
      = Reserved: 0x00
      = Phy version identifier: 0
      = BW: 160 MHz (0x3)
      = UL/DL: False
      = BSS Color: 34
      = TXOP: 8
  > EHT MU PPDU: 0x003f8040
    mask: 0x003f80c0
> 802.11 radio information
```

图 4-21　Wi-Fi 7 设备的 MLO 2.4GHz+5.2GHz+5.8GHz 协议特性

4.2.10　Wi-Fi 7 非 MLD TWT 协议特性

Wi-Fi 7 中确认 TWT 协商成功的流程如下。

① 确认 Beacon 帧或者 Association Response 中 TWT Responder Support 为 Supported，如图 4-22 所示。

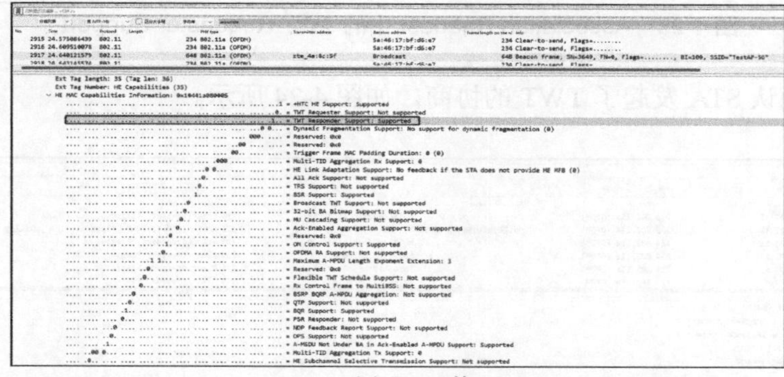

（a）Beacon帧

```
655 6.991097555 802.11 234 802.11a (OFDM)                        zte_4a:8c:5f            234 Acknowledgement, Flags=........
656 6.995946683 802.11 234 802.11a (OFDM) HuiZhouGaosh_41:16:99 zte_4a:8c:5f            234 Request-to-send, Flags=........
657 6.995951081 802.11 234 802.11a (OFDM)                        HuiZhouGaosh_41:16:99   234 Clear-to-send, Flags=........
658 6.996522886 802.11 557 802.11a (OFDM) HuiZhouGaosh_41:16:99 zte_4a:8c:5f            557 Association Request, SN=2, FN=0, Flags=........, SSID="TestAP-5G"
659 6.996524339 802.11 234 802.11a (OFDM)                        HuiZhouGaosh_41:16:99   234 Acknowledgement, Flags=........
660 6.997834383 802.11 234 802.11a (OFDM)                        5a:46:17:bf:d6:e7       234 Clear-to-send, Flags=........
661 6.998585545 802.11 617 802.11a (OFDM) zte_4a:8c:5f          HuiZhouGaosh_41:16:99   617 Association Response, SN=1, FN=0, Flags=........
662 6.998626471 802.11 234 802.11a (OFDM)                        zte_4a:8c:5f            234 Acknowledgement, Flags=........
> Tag: VHT Capabilities
> Tag: VHT Operation
v Ext Tag: HE Capabilities
    Ext Tag length: 35 (Tag len: 36)
    Ext Tag Number: HE Capabilities (35)
  v HE MAC Capabilities Information: 0x10441a080005
      = +HTC HE Support: Supported
      = TWT Requester Support: Not supported
      = TWT Responder Support: Supported
      = Dynamic Fragmentation Support: No support for dynamic fragmentation (0)
      = Reserved: 0x0
      = Reserved: 0x0
      = Trigger Frame MAC Padding Duration: 0 (0)
      = Multi-TID Aggregation Rx Support: 0
      = HE Link Adaptation Support: No feedback if the STA does not provide HE MFB (0)
      = All Ack Support: Not supported
      = TRS Support: Not supported
      = BSR Support: Supported
      = Broadcast TWT Support: Not supported
      = 32-bit BA Bitmap Support: Not supported
      = MU Cascading Support: Not supported
      = Ack-Enabled Aggregation Support: Not supported
      = Reserved: 0x0
      = OM Control Support: Supported
      = OFDMA RA Support: Not supported
      = Maximum A-MPDU Length Exponent Extension: 3
      = Reserved: 0x0
      = Flexible TWT Schedule Support: Not supported
      = Rx Control Frame to MultiBSS: Not supported
      = BSRP BQRP A-MPDU Aggregation: Not supported
      = QTP Support: Not supported
```

（b）Association Response

图 4-22　TWT Responder Support

② 确认 Association Request 中的 TWT Requester Support 为 Supported，如图 4-23 所示。

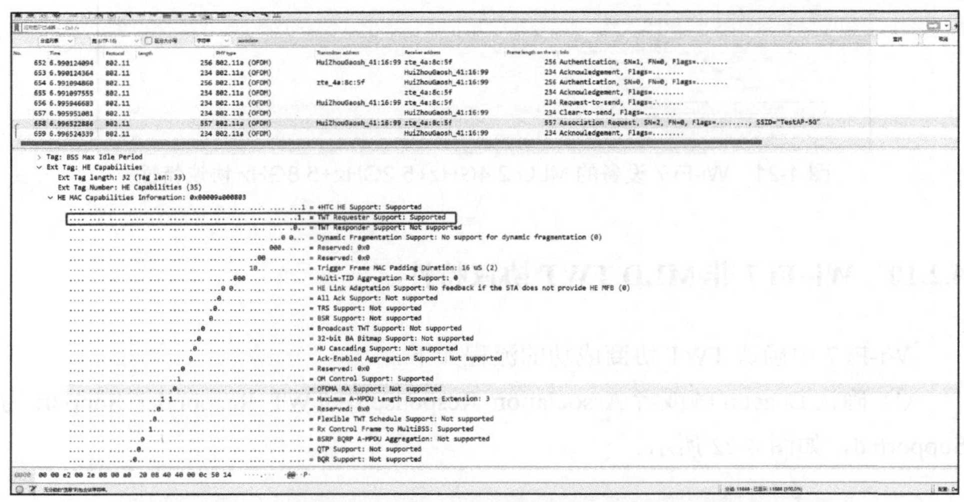

图 4-23　Association Request 中的 TWT Requester Support

③ 确认 STA 发起了 TWT 的协商，如图 4-24 所示。

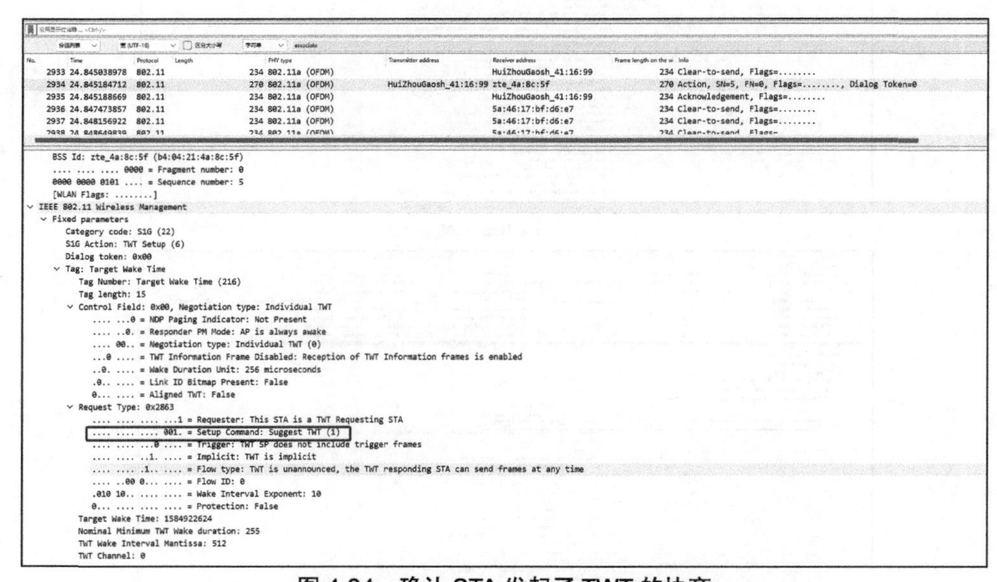

图 4-24　确认 STA 发起了 TWT 的协商

④ 确认非 MLD AP 接受了 TWT，如图 4-25 所示。

```
No.  Time          Protocol  Length  PHY type           Transmitter address   Receiver address      Frame length on the wire  Info
2939 24.859309010  802.11    239 802.11a (OFDM)  zte_4a:8c:5f          HuiZhouGaosh_41:16:99  239 VHT/HE/EHT/RANGING NDP Announcement, Sounding Dialog Token=39, Flags=........
2940 24.860061936  802.11    2134 802.11a (OFDM) HuiZhouGaosh_41:16:99 zte_4a:8c:5f          2134 Action No Ack, SN=10, FN=0, Flags=........
2941 24.860150352  802.11    270 802.11a (OFDM)  zte_4a:8c:5f          HuiZhouGaosh_41:16:99  270 Action, SN=29, FN=0, Flags=........, Dialog Token=0
2942 24.860169508  802.11    234 802.11a (OFDM)                        zte_4a:8c:5f          234 Acknowledgement, Flags=........
2943 24.863284076  802.11    234 802.11a (OFDM)                        5a:46:17:bf:d6:e7     234 Clear-to-send, Flags=........

    BSS Id: zte_4a:8c:5f (b4:04:21:4a:8c:5f)
    .... .... .... 0000 = Fragment number: 0
    0000 0001 1101 .... = Sequence number: 29
    [WLAN Flags: ........]
∨ IEEE 802.11 Wireless Management
  ∨ Fixed parameters
      Category code: S1G (22)
      S1G Action: TWT Setup (6)
      Dialog token: 0x00
    ∨ Tag: Target Wake Time
        Tag Number: Target Wake Time (216)
        Tag length: 15
      ∨ Control Field: 0x10, Negotiation type: Individual TWT, TWT Information Frame Disabled: Reception of TWT Information frames is disabled
          .... ...0 = NDP Paging Indicator: Not Present
          .... ..0. = Responder PM Mode: AP is always awake
          .... 00.. = Negotiation type: Individual TWT (0)
          ...1 .... = TWT Information Frame Disabled: Reception of TWT Information frames is disabled
          ..0. .... = Wake Duration Unit: 256 microseconds
          .0.. .... = Link ID Bitmap Present: False
          0... .... = Aligned TWT: False
      ∨ Request Type: 0x2868
          .... .... .... ...0 = Requester: This STA is a TWT Responding STA or a TWT scheduling AP
          .... .... .... 100. = Setup Command: Accept TWT (4)
          .... .... ...0 .... = Trigger: TWT SP does not include trigger frames
          .... .... ..1. .... = Implicit: TWT is implicit
          .... .... .1.. .... = Flow type: TWT is unannounced, the TWT responding STA can send frames at any time
          .... ..00 0... .... = Flow ID: 0
          .010 10.. .... .... = Wake Interval Exponent: 10
          0... .... .... .... = Protection: False
        Target Wake Time: 1584922624
        Nominal Minimum TWT Wake duration: 255
        TWT Wake Interval Mantissa: 512
        TWT Channel: 0
```

图 4-25　确认非 MLD AP 接受了 TWT

4.3　Wi-Fi 7 功能测试

结合 Wi-Fi 7 测试技术规范定义的目标，Wi-Fi 7（IEEE 802.11be）的功能测试可以从如下几个方面进行考察。

4.3.1　Wi-Fi 7 高阶调制（4096QAM）特性

Wi-Fi 7 支持 4096QAM，提高了频谱效率、系统整体容量及最大的峰值速率。通过矢量信号分析仪（VSA）可以针对 Wi-Fi 7 的 4096QAM 能力进行测试。为了验证 Wi-Fi 7 确实调度了 4096QAM，需要构建一个相对理想的测试环境，主要由支持 4096QAM 的 Wi-Fi 7 网络设备和 Wi-Fi 7 终端接入设备、微屏蔽暗室、天线以及矢量信号分析仪（支持 Wi-Fi 7 信号分析）组成。如果测试射频信号采用传导连接方式，为了防止功率过高，需要在每条链路上增加宽频可调衰减器，使得无线链路信道具备最高阶信号调制能力，进而确保在 STA 和 AP 间实现最大吞吐量传输。4096QAM 特性实验室测试环境如图 4-26 所示。

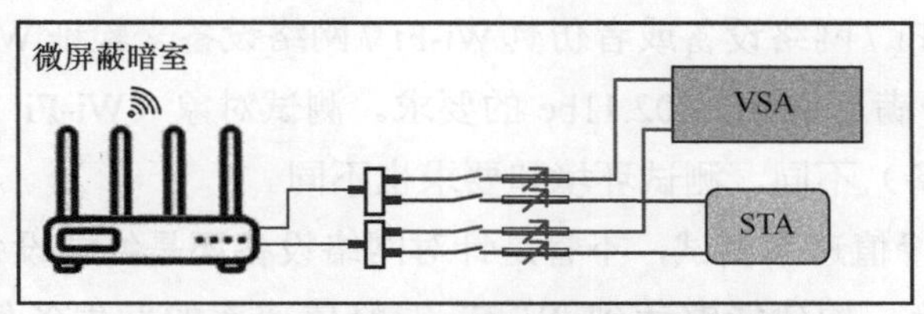

图 4-26　4096QAM 特性实验室测试环境

通过矢量信号分析仪对 AP 和 STA 间的传输信号进行分析，进而可以验证实际使用的调制能力。采用 Keysigh 的 VSA 的 4096QAM 物理层解调信息如图 4-27 所示。

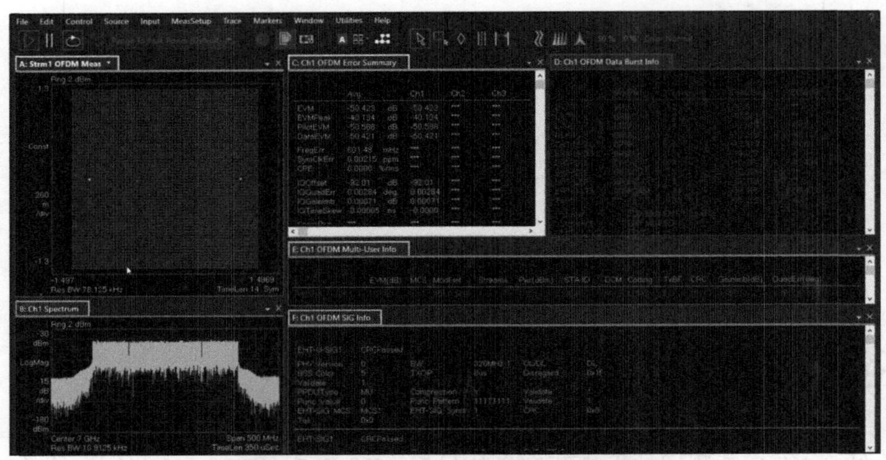

图 4-27 4096QAM 物理层解调信息

4.3.2 Wi-Fi 7 峰值数据速率特性

按照 IEEE 802.11be 定义，由于 4096QAM 和 320MHz 带宽的引入，理想环境下的峰值速率得到很大的提高，Wi-Fi 7 单流在不同带宽下的峰值速率见表 4-1。

表 4-1 Wi-Fi 7 单流在不同带宽下的峰值速率

MCS	调制方式	码率	20MHz 下的峰值速率/(Mbit·s^{-1})	40MHz 下的峰值速率/(Mbit·s^{-1})	80MHz 下的峰值速率/(Mbit·s^{-1})	160MHz 下的峰值速率/(Mbit·s^{-1})	320MHz 下的峰值速率/(Mbit·s^{-1})
12	4096QAM	3/4	154.85	309.71	648.53	1297.06	2594.12
13	4096QAM	5/6	172.06	344.12	720.59	1441.18	2882.35

为了验证以上功能，需要构建单用户的理想测试环境，通过仿真 Wi-Fi 7 终端设备测试 Wi-Fi 7 网络设备或者仿真 Wi-Fi 7 网络设备来验证 Wi-Fi 7 终端设备的峰值速率是否满足 IEEE 802.11be 的要求。测试对象（Wi-Fi 7 网络设备或者 Wi-Fi 7 终端设备）不同，测试环境和要求也不同。

Wi-Fi 7 的峰值速率测试，不管是针对网络设备还是终端设备，都需要一个理想的测试环境，构建能够达到 Wi-Fi 7 峰值速率的发生条件，比如信噪比

（SNR）、接收信号强度指示（RSSI）以及空间天线多流的最低相关性场景。

针对 Wi-Fi 7 网络设备的峰值速率，这里以一个具备 2 × 2 MIMO 的 STA 仿真设备对 Wi-Fi 7 在不同频段不同带宽条件下的峰值速率进行测试为例，对测试环境构建、测试流程设计及测试结果进行阐述。针对 Wi-Fi 7 网络设备峰值速率的验证需要一个微屏蔽暗室（包含转台和升降台）屏蔽外部干扰信号，同时构建一个相对稳定的静区，STA 仿真设备也需要具备屏蔽外部信号的能力，屏蔽性能指标大于 90dB；微屏蔽暗室内部的 STA 仿真天线间距离大于 7cm（这里需要注意的是仿真 STA 天线到被测 Wi-Fi 7 网络设备间的距离大于 10cm；为了最大限度地发挥 MIMO 和波束成形的增益，AP 的所有天线构成的平面和 STA 的天线平面最好能够实现正交或者最优的天线空间分布拓扑）。此外，还需要一个服务器，与被测 Wi-Fi 7 网络设备采用 10Gbit/s 有线端口连接。自动化电脑控制流量发生引擎（如开源的 iperf/iperf3、灿芯技术的 CSTG 2～7 层流量仿真引擎等），针对被测设备进行多角度峰值速率测量，记录测试结果，将取得的最高峰值速率作为 Wi-Fi 7 网络设备的峰值速率。详细的测试环境如图 4-28 所示。

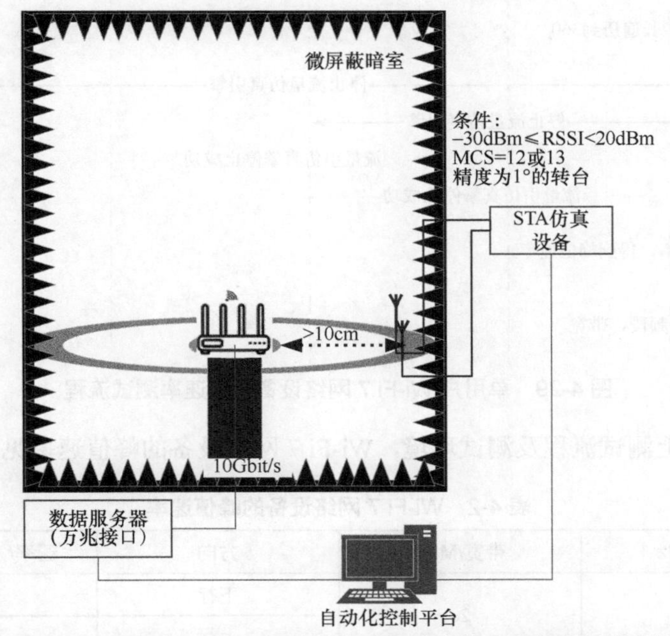

图 4-28　单用户 Wi-Fi 7 网络设备峰值速率实验室仿真测试环境

单用户 Wi-Fi 7 网络设备峰值速率测试流程如图 4-29 所示。

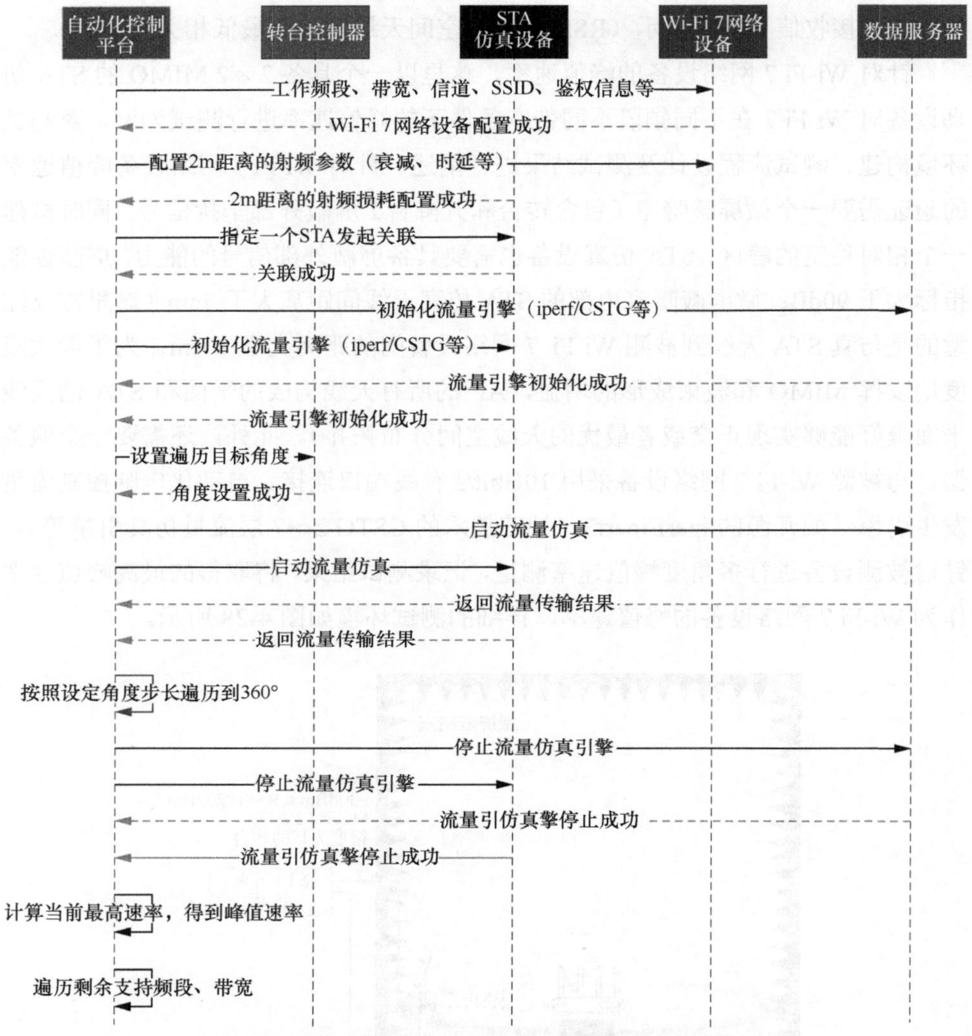

图 4-29　单用户 Wi-Fi 7 网络设备峰值速率测试流程

按照以上测试流程及测试环境，Wi-Fi 7 网络设备的峰值速率见表 4-2。

表 4-2　Wi-Fi 7 网络设备的峰值速率

频段/GHz	带宽/MHz	方向	速率/（$Mbit \cdot s^{-1}$）
2.4	20	下行	340.21
		上行	301.37
	40	下行	667.56
		上行	608.45

续表

频段/GHz	带宽/MHz	方向	速率/（Mbit·s^{-1}）
5	80	下行	1398.62
		上行	1265
	160	下行	2782.34
		上行	2548.86

针对 Wi-Fi 7 终端设备的峰值速率，实验室仿真测试环境与针对网络设备的环境大致相同，区别是为了最大限度地发挥 MIMO 和波束成形的增益，测试时需要对终端设备进行垂直面和水平面的全球的速率扫描，找到最大速率最高的点作为最终峰值速率的测试验证点；自动化电脑控制流量发生引擎（如开源的 iperf/iperf3、灿芯技术的 SmartLabor 测试配合 App 等），针对被测设备的峰值速率进行多角度测量，记录测试结果，将取得的最高峰值速率作为 Wi-Fi 7 网络设备的峰值速率。详细的测试环境如图 4-30 所示。

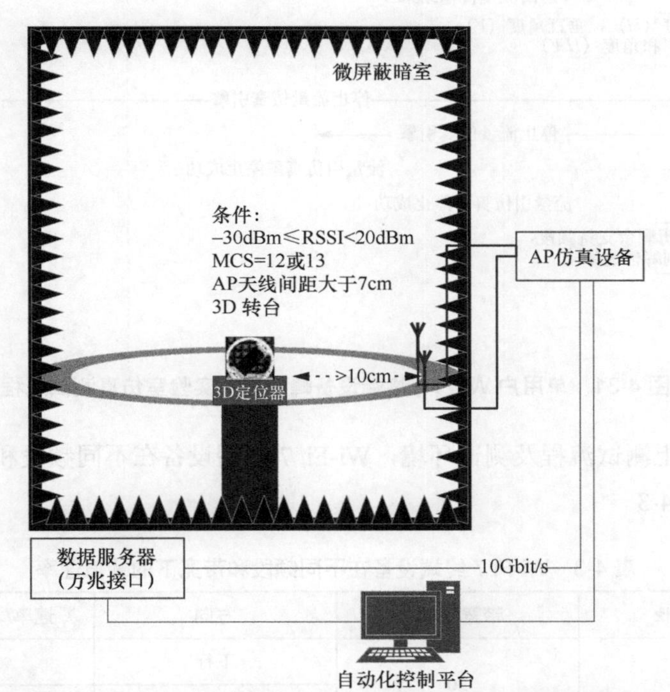

图 4-30 单用户 Wi-Fi 7 终端设备峰值速率实验室仿真测试环境

单用户 Wi-Fi 7 终端设备峰值速率实验室仿真测试流程如图 4-31 所示。

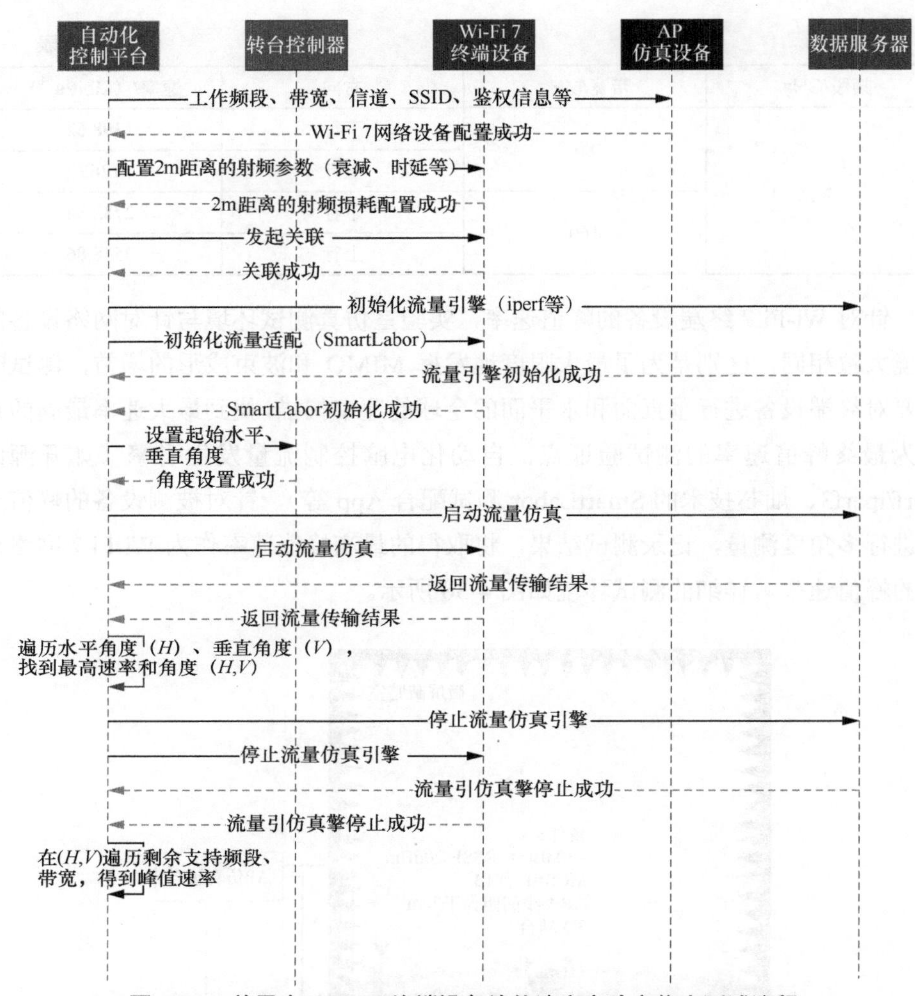

图 4-31　单用户 Wi-Fi 7 终端设备峰值速率实验室仿真测试流程

按照以上测试流程及测试环境，Wi-Fi 7 终端设备在不同频段和带宽下的峰值速率见表 4-3。

表 4-3　Wi-Fi 7 终端设备在不同频段和带宽下的峰值速率

频段/GHz	带宽/MHz	方向	速率/（Mbit·s^{-1}）
2.4	20	下行	336.42
		上行	198.53
	40	下行	640.72
		上行	587.65

续表

频段/GHz	带宽/MHz	方向	速率/（$\mathrm{Mbit \cdot s^{-1}}$）
5	80	下行	1365.42
		上行	1230.21
	160	下行	2709.84
		上行	2501.2

4 流或者 8 流甚至更高并发流数支持的 Wi-Fi 7 设备峰值速率的测试方法，与上述 2 流设备峰值速率的测试方法相同，区别就是采用支持对等能力的 Wi-Fi 7 STA 仿真设备或者 AP 仿真设备搭建相应的测试环境。一般将多次测试取得的最大值作为峰值速率。

4.3.3　Wi-Fi 7 传输时延特性

空口传输时延的缩短是 Wi-Fi 7 技术革新中的一个典型特性。测试 Wi-Fi 7 设备的传输时延是指测量数据包从一个指定地址到达另一个指定地址所需的时间。由于 Wi-Fi 7 承载的应用业务不同，有些应用业务对单向传输时延很敏感，有些应用业务对双向传输时延（环回时延）比较敏感，因此测试单向和双向传输时延至关重要。Wi-Fi 空口传输时延如图 4-32 所示。

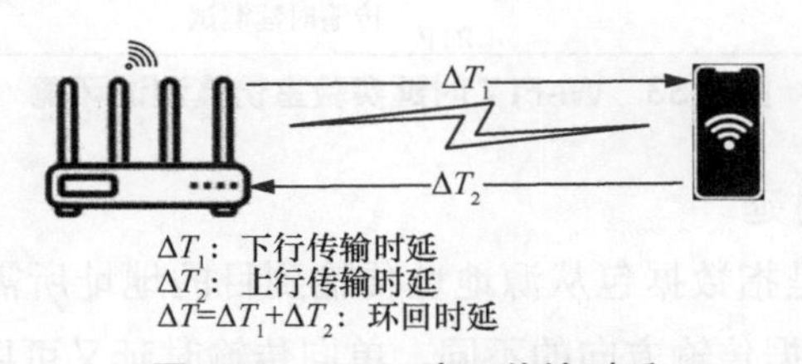

图 4-32　Wi-Fi 空口传输时延

为了验证 Wi-Fi 7 的传输时延特性，无论是单向传输时延还是双向传输时延（环回时延），都需要构建相应的测试环境，针对测试环境的基本要求包括：可扩展的微屏蔽暗室，屏蔽隔离性能大于 90dB；满足远场微屏蔽暗室仿真尺寸要求（长宽大于 1m，高度不低于 2m）；配置转台和升降台，通过程序调整高度和角度；Wi-Fi 7 网络设备天线和 Wi-Fi 7 终端设备天线间的距离至少要大于 30cm；内部采用尖劈形吸波材料；微屏蔽暗室内终端天线分布在 4 个方向，角度和方向可调

（为了更好地测试 OFDMA 场景下的传输时延特性）。

Wi-Fi 7 多用户仿真需要支持至少 48 个 Wi-Fi 7 终端仿真，每个仿真终端配置独立射频和独立衰减（最大为 63dB）；Wi-Fi 7 终端仿真设备还需配置屏蔽壳体，隔离外部信号能力不低于 90dB；支持精确时间协议（PTP）同步等。

测试服务器支持 4 个 10Gbit/s 的有线数据端口和 PTP 同步：根据以上对 Wi-Fi 7 传输时延测试实验室环境的基本要求，构建实验室仿真测试环境，如图 4-33 所示。

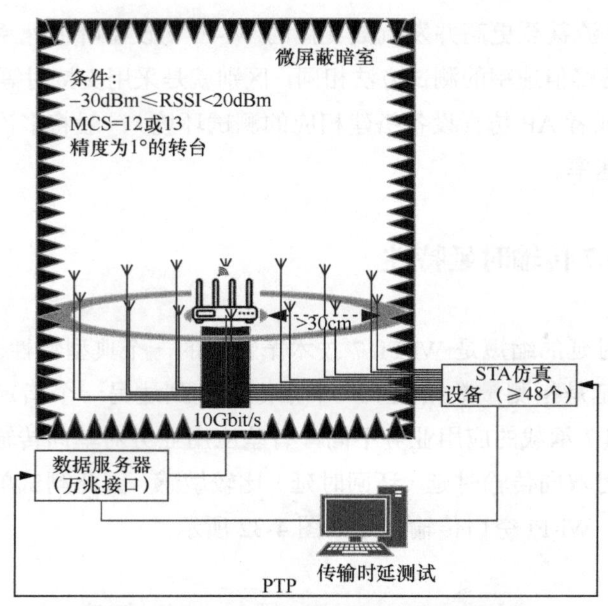

图 4-33　Wi-Fi 7 时延实验室仿真测试环境

（1）单向传输时延

单向传输时延是指数据包从源地址传输到目的地址所需的时间，不考虑回程。根据 Wi-Fi 7 数据传输方向的不同，单向传输时延又可以细分为下行传输时延和上行传输时延。

结合图4-34，上行传输时延指的是STA 仿真设备在规定的时间内通过某个STA 设备发送一定数量、指定大小的数据包到数据服务器（UDP 数据流），如果使用通用的流量发生引擎，同时抓取 STA 仿真设备承载发送的 STA 设备接口的 pcap 数据报文以及数据服务器与 AP 服务器连接的有线接口的 pcap 数据报文，然后对抓取的两个数据报文进行对比分析，计算出每个数据包的传输时延、平均传输时延、传输时延方差等统计指标；下行传输时延指的是数据服务器在规定的时间内发送一定数量、指定大小的数据包到 STA 仿真设备上某个指定的 STA 设备（UDP 数据流），如果使用通用的流量发生引擎，同时抓取 STA 仿真设备承载发送的 STA 设备接口的 pcap 数据报文以及数据服务器与 AP 服务器连接的有线接口的 pcap 数据报文，然后对抓取的两个数据报文进行对比分析，计算出每个数据包的传输时延、平均传输时延、传输时延方差等统计指标。针对某些商业流量发生引擎，还有一个折中方法，就是在数据包中增加发送时的时间戳，计算接收时间与发送时间的差值，获取每个数据包的传输时延，这样大大降低了系统实现的复杂度。

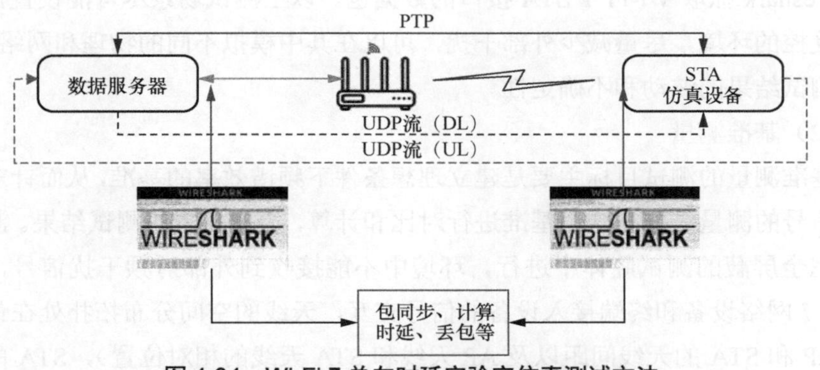

图 4-34　Wi-Fi 7 单向时延实验室仿真测试方法

（2）双向传输时延（环回时延）

双向传输时延也称往返路程时间（RTT），是数据包从源地址发送到目的地址并返回所需的时间。典型的双向传输时延测试方法就是利用互联网控制报文协议（ICMP）通过 ping 工具从源地址发送不同大小的数据包到目的地址，然后统计每个数据包的环回时延。ping 方法测试双向传输时延在大部分网络通信场景都被采用，这里不赘述。

针对单向传输时延和双向传输时延最终结果的确认，一般将多次测试取得的最小值作为最好时延的极限值。

4.3.4　Wi-Fi 7 频谱效率特性

频谱效率（Spectrum Efficiency）也可以称作系统容量或者频谱利用率，定义为系统传输的有效信息速率与系统通信带宽之比，表明了单位传输带宽上每秒最大可传输的比特数。换个角度看，频谱效率也代表了系统对频谱资源的利用效率，所以也称为频谱利用率，这个值越高，表明指定带宽的数据传输能力越高，系统容量也就越高。

测试 Wi-Fi 7 频谱效率，重点需要评估 Wi-Fi 7 技术在各种条件下利用可用频谱的效率。测试 Wi-Fi 7 频谱效率的基本方法和测试步骤如下。

（1）搭建 Wi-Fi 7 频谱效率测试环境

测试 Wi-Fi 7 频谱效率主要通过频谱分析仪来测试 Wi-Fi 7 设备的频率使用情况。测试环境只需要能够支持 Wi-Fi 7 的空口抓包能力，例如使用支持 Wi-Fi 7 的 Wireshark 抓取 Wi-Fi 7 STA 接口的数据包。以上测试场景尽可能设置在一个理想受控的环境，尽量减少外部干扰，可以在其中模拟不同的物理和网络条件，降低测试结果的波动和不确定性。

（2）基准测量

基准测量的测试目标主要是建立理想条件下频谱效率的基准，从而针对实际调制信号的测量结果与这个基准进行对比和计算，得出期望的测试结果。测试需要在完全屏蔽的测试腔体中进行，环境中不能接收到外部射频干扰信号，只有 Wi-Fi 7 网络设备和终端接入设备的信号交互，天线的空间分布拓扑处在最优选择（AP 和 STA 的天线间距以及 AP 天线和 STA 天线的相对位置），STA 的接收信号水平为−30～−20dBm（满足最好的 SNR 值），配置 AP 工作在特定的频段和带宽，STA 接入 AP。使用频谱分析仪测量基准频谱效率指标，如每赫兹位数。

4.3.5 Wi-Fi 7 多链路操作特性

多链路操作（MLO）是 Wi-Fi 7 新引入的一种功能，允许设备将不同频段的多个通道聚合到一个连接中，并对其进行有效管理，以提供卓越的用户体验。MLO 带来的部署灵活性提供了一种解决下一代用户应用程序的多个 KPI 的方法。通过多链路操作可以获取很多增益。第一，可以获取更高的吞吐量，同时启用传输/接收的多通道聚合以提高数据速率，换句话就是跨多个不同频段的通道同时传输/接收特定的数据流，从而满足视频会议、OTT 流媒体等对数据要求较高的实时应用的需求。第二，可以提供一个能保证确定性时延、流量优先级的技术手段，多个通道的使用提供了为高优先级数据保留至少一个通道可用及维持性能的能力，从而确保沉浸式现实、游戏应用、汽车机器人等敏感应用的可预测时延。在这之下，Wi-Fi 标准必须执行优先级排序流分类、数据包标记、带宽分配等技术，以确保多链路操作的有效性。第三，多链路并发大大增强了传输的可靠性，通过多条链路传输相同的数据，确保接收时错误最小或没有错误。第四，随着 Wi-Fi 7 承载的应用急速膨胀，承载的数据传输流量大规模提高，多链路操作的引入大大减少了 Wi-Fi 7 空口信道拥塞，在网络拥塞或共存问题期间，特别是在蓝牙或雷达等技术的 2.4GHz 和 5GHz 频段中，多个链路的可用性可以实现实时通道切换，从而增加传输机会并优先进行数据传输。

当然，从技术上讲，建立多链路信道通信需要接入点和客户端设备（如智能手机、物联网设备等）上都有多个无线收发信机。然而，这不仅增加了硬件复杂性，还增加了支持通信的额外天线和无线电的成本。对于网关、接入点、客户端设备等产品来说，这种增加的成本和复杂性可能是合理的，这些产品的设计目的是功能丰富、面向未来，但不适用于移动电话或智能家居设备等外形尺寸较小的设备，其中硬件尺寸和价格是影响购买决策的关键因素。

验证 Wi-Fi 7 多链路操作的特性可以从 IP 层面和信号层面来实现，后续在第 4.4 节从 IP 层面针对多链路操作的测试方法进行叙述，这里从信号层面验证 Wi-Fi 7 设备支持多链路操作。即使从信号层面验证 Wi-Fi 7 的多链路操作的功能特性，其前提条件也是必须激发多链路操作的输出传输，再通过矢量信号分析仪对 Wi-Fi 7 信号进行分析。为了验证 Wi-Fi 7 的多链路操作，需要构建一个相对理想的测试环境，主要由支持多链路操作的 Wi-Fi 7 设备、微屏蔽暗室、矢量信号分析仪（支持 Wi-Fi 7 信号分析）组成。测试信号采用传导连接方式，为了防止功率过高，需要在每条链路上增加宽频分频可调衰减器，配置 AP 支持多链路操作的工作模式，让 STA 接入 AP 建立连接并承载尽可能高的吞吐量传输，如图 4-35 所示。

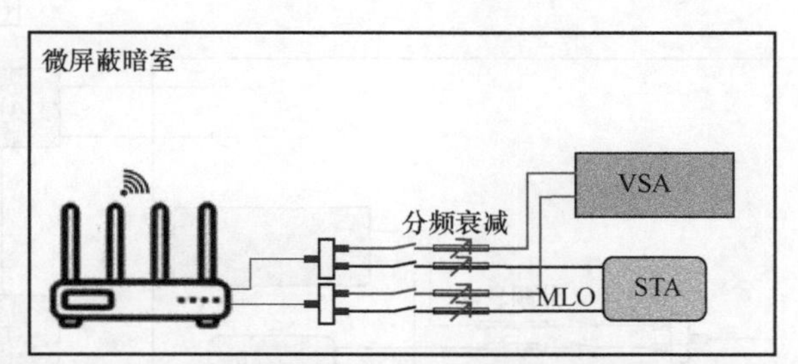

图 4-35　Wi-Fi 7 理想无干扰环境下多链路操作物理层特性验证环境

从信号层面验证 Wi-Fi 7 多链路操作的步骤如下。

① 按照图 4-35 在 STA 和 AP 间建立多链路操作连接，发送最大下行承载能力的数据流量。

② 配置 VSA：将 VSA 配置为 Wi-Fi 7 MLO 链路的预期频率和带宽。Wi-Fi 7 可以在 2.4GHz、5GHz 和 6GHz 频段运行，具有很大的带宽。在 VSA 上为 Wi-Fi 7 信号选择适当的分析模式。不同型号的 VSA 的配置方法可能有所不同。

③ 捕获信号：当 Wi-Fi 7 设备在启用 MLO 的情况下进行传输时，在 VSA 上启动捕获。确保捕获足够的数据进行分析，包括多个帧。

④ 分析信号：如果 MLO 被调动起来，那么应该在 VSA 上看到调动起来的频段频谱，如 2.4GHz＋5GHz 或者 2.4GHz＋6GHz 或者 2.4GHz＋5GHz＋6GHz，这取决于 STA 的能力，一般 AP 都支持 2.4GHz＋5GHz＋6GHz 的 MLO。检查所有 MLO 链路上的信号完整性，如相位噪声、EVM（误差矢量幅度）和频率误差。MLO 细节分析主要聚焦 MLO 链路之间的协调。检查时序对齐、功率电平一致性以及设备在不同条件下如何切换或组合链路。同时可以针对 MLO 的性能指标进行分析，包括评估各种信号条件下的关键性能指标，如吞吐量、时延和链路自适应行为。

⑤ 此外，还可以利用当前的测试环境，通过改变信号水平、增加干扰等进行一些多场景的多链路操作测试与分析，例如当有外部干扰介入时，Wi-Fi 7 多链路操作的行为变化等。当然，这时候需要注入一些外部的干扰信号，测试环境也发生了变化，如图 4-36 所示。

通过信号分析测试 Wi-Fi 7 的 MLO 功能非常复杂，需要对技术和测试设备都有透彻的了解。不断学习和适应不断发展的标准和测试方法对于测试至关重要。

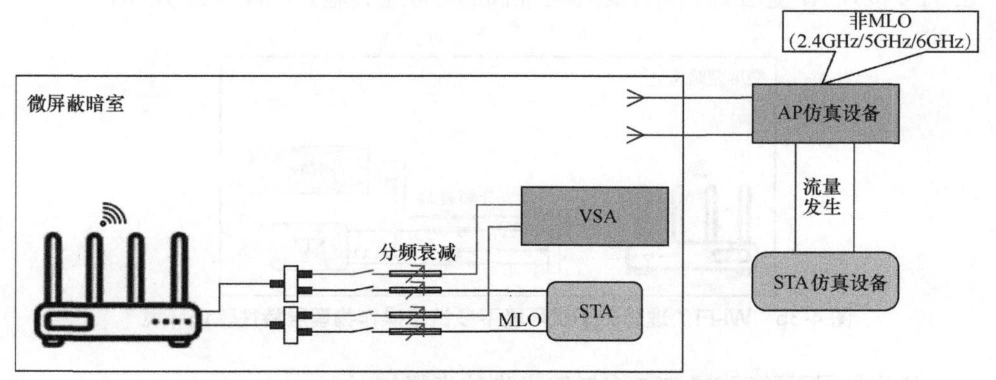

图 4-36　Wi-Fi 7 干扰环境下多链路操作物理层特性验证环境

4.3.6　Wi–Fi 7 多资源单元特性

在 Wi-Fi 6 中，AP 仅为每个 STA（用户）分配一个资源单元（RU）。在 Wi-Fi 7 中，采用了新的资源单元分配机制，Wi-Fi 7 将允许单个 STA 设置多资源单元（MRU）。这种无线资源调动算法带来了很多好处，其中包括提高频谱利用率、按需控制带宽的额外灵活性，进而减少干扰和改善与占用相同频段或信道的其他设备的共存。

在 Wi-Fi 7 中，MRU 机制支持使用 OFDMA 和/或非 OFDMA 模式，以实现更强的多功能性。OFDMA 模式为小规模和大规模 MRU 提供了更高的灵活性来分配 RU/MRU，而不会使 MAC 和调度器设计复杂化；而非 OFDMA 模式则在子信道的前导码打孔方面提供了更多选项。Wi-Fi 7 具有 MRU 和前导码打孔功能的卓越灵活性，支持 OFDMA 和非 OFDMA（MU-MIMO）模式下所有可能的子信道和高分辨率打孔模式，可显著增强干扰抑制，并具有出色的 QoS 跨多种服务类型。

MRU 的特性可以通过协议进行测试，但是 MRU 的特性带来的增益需要搭建一个特殊的场景环境进行测试，基本思路是首先开启 MRU，测量在特定带宽（如 160MHz）无干扰理想条件下的吞吐量（记为 T_1），然后在特定带宽范围内给一个指定带宽（小于承载带宽）的 BE 流量干扰（如针对 160MHz 的带宽配置，干扰带宽设置为 20MHz、40MHz 或者 80MHz，两边留出干扰非重叠的带宽），记录此时 160MHz 带宽的吞吐量 T_2 和干扰带宽最大承载的吞吐量 T_3。计算理论承载带宽（如 160MHz）的最大吞吐量 T_0 和干扰带宽的理论最大吞吐量 T_j。如果 MRU 被调度并且产生了增益，那么干扰场景下的吞吐量 T_2 应该接近 T_0-T_j 的值，或者 T_1-T_2 的值接近 T_j。关闭 MRU 特性，重复以上测试步骤，记录干扰条件下实际承载的吞吐量 T_4。通过以上测试，MRU 的增益 MRUgain 的计算式如下。

$$\text{MRUgain}=\frac{T_2}{T_4} \tag{4-1}$$

4.3.7　Wi–Fi 7 覆盖范围特性

覆盖范围主要针对 Wi-Fi 7 网络设备（AP），对于被测设备标定的最大覆盖范围，验证其接入正常并且能够维持基本的数据传输。AP 覆盖范围测试环境主要包括测试微屏蔽暗室、STA 仿真设备、多频段射频衰减矩阵、数据服务器以及自动化控制平台，如图 4-37 所示。

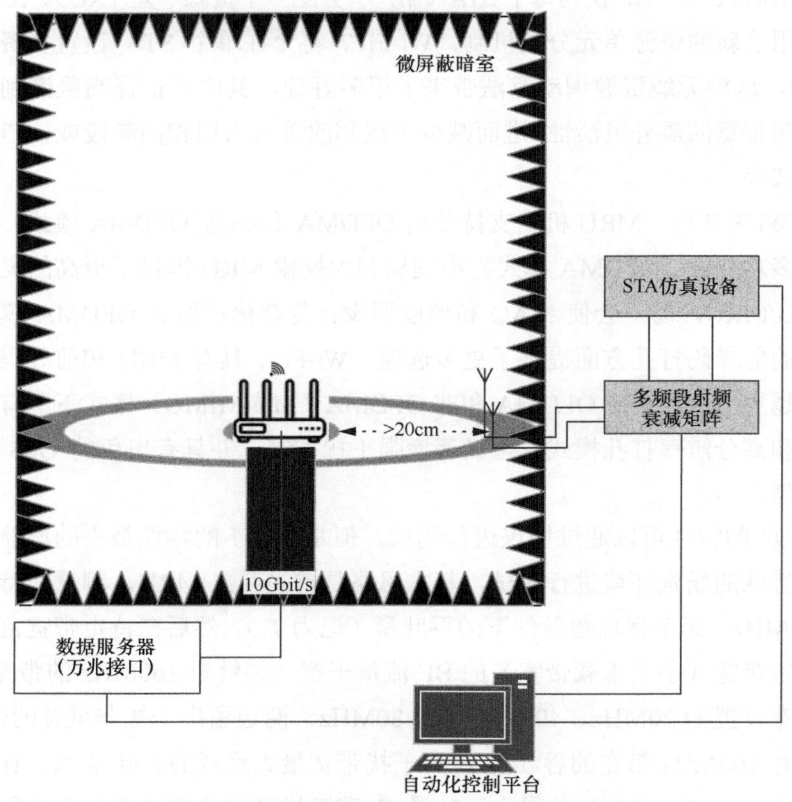

图 4-37　Wi-Fi 7 网络设备覆盖范围验证环境

按照 Wi-Fi 7 AP 标定的最大覆盖范围 D（单位为 m）和不同频率 F（单位为 MHz），根据式（4-2）计算最大覆盖范围下的信号衰减值 L（单位为 dB）。

$$L = 32.5 + 20\lg D + 20\lg F \tag{4-2}$$

设置射频衰减矩阵的衰减值为 A，验证 STA 仿真设备可以正常接入 AP，同时能保持稳定传输带宽大于 1Mbit/s 的 TCP/UDP 传输速率。

这里的覆盖范围测试仅对 Wi-Fi 7 网络设备标定的覆盖能力进行验证，不同品牌的 Wi-Fi 7 网络设备的覆盖能力是有差异的，对于 Wi-Fi 7 网络设备的极限覆盖性能的测试，后续在性能测试部分进行详细的介绍。

4.3.8　Wi–Fi 7 容量特性

容量测试是指针对 Wi-Fi 7 网络设备（AP）的标称承载容量进行功能性检测，通过仿真 AP 支持的最大容量的 STA 仿真设备数量，验证所有 STA 仿真设备可以正常上下线以及保证基本的输出承载服务能力。容量测试需要专业的大规模 STA 仿真设备，支持最小 256 个 STA 仿真设备，所有 STA 仿真设备都具备完全独立的射频链路，而非虚拟 STA 共用同一条射频链路。当前的 AP 容量在有线侧已经不是瓶颈，每一代 Wi-Fi 技术的演进基本上都在优化 Wi-Fi 空口技术，解决空口瓶颈问题，因此，AP 的容量其实也代表了其空口容量。测试环境主要包括微屏蔽暗室、STA 仿真设备（支持最少 256 个独立射频，每个 STA 天线配置独立射频衰减控制，同时支持多台设备级联）、数据服务器以及自动化控制平台，如图 4-38 所示。

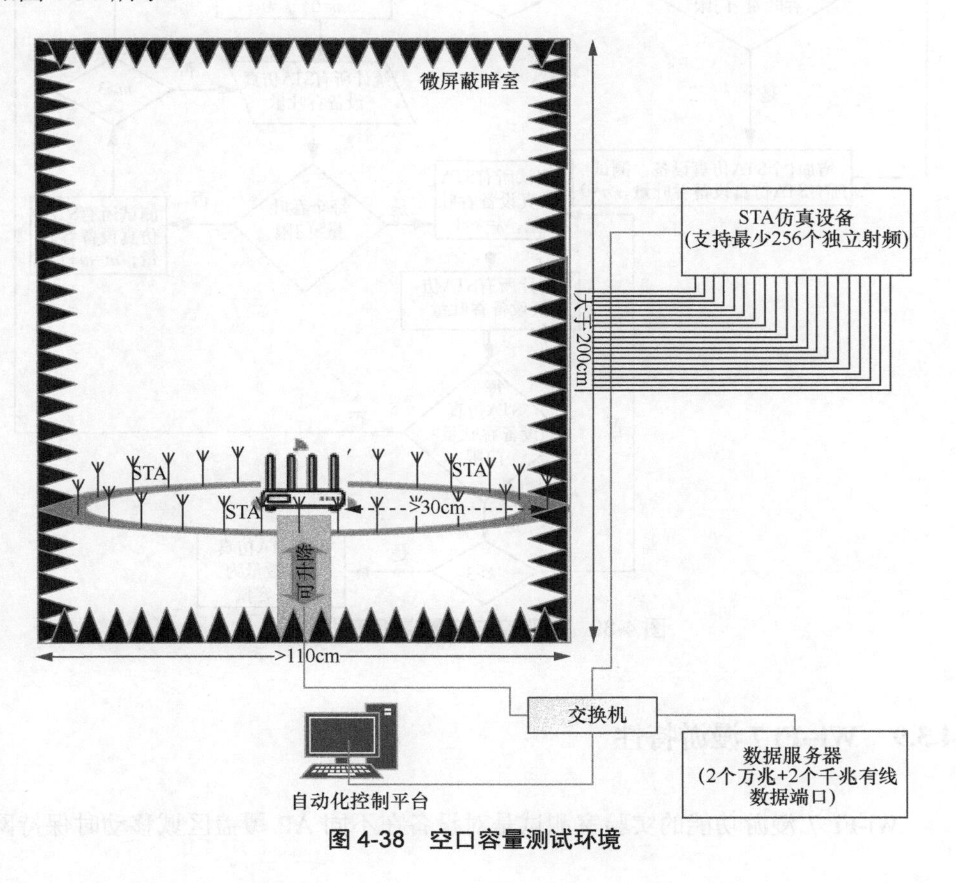

图 4-38　空口容量测试环境

以 Wi-Fi 7 网络设备支持的容量 N 为目标，逐步激活 STA 仿真设备，并且每个 STA 仿真设备的接收信号功率高于−55dBm，接入 Wi-Fi 7 网络设备中，然后发起 1Mbit/s 带宽的 TCP 数据传输，如果接入的仿真 STA 数量达到 N，并且所有 STA 仿真设备承载的 TCP 业务的传输带宽不低于 1Mbit/s，那么容量满足要求；否则，容量不满足产品设计要求。极限空口容量逼近算法流程如图 4-39 所示，与 Wi-Fi 6 的空口容量测试方法基本一致，可以作为参考。

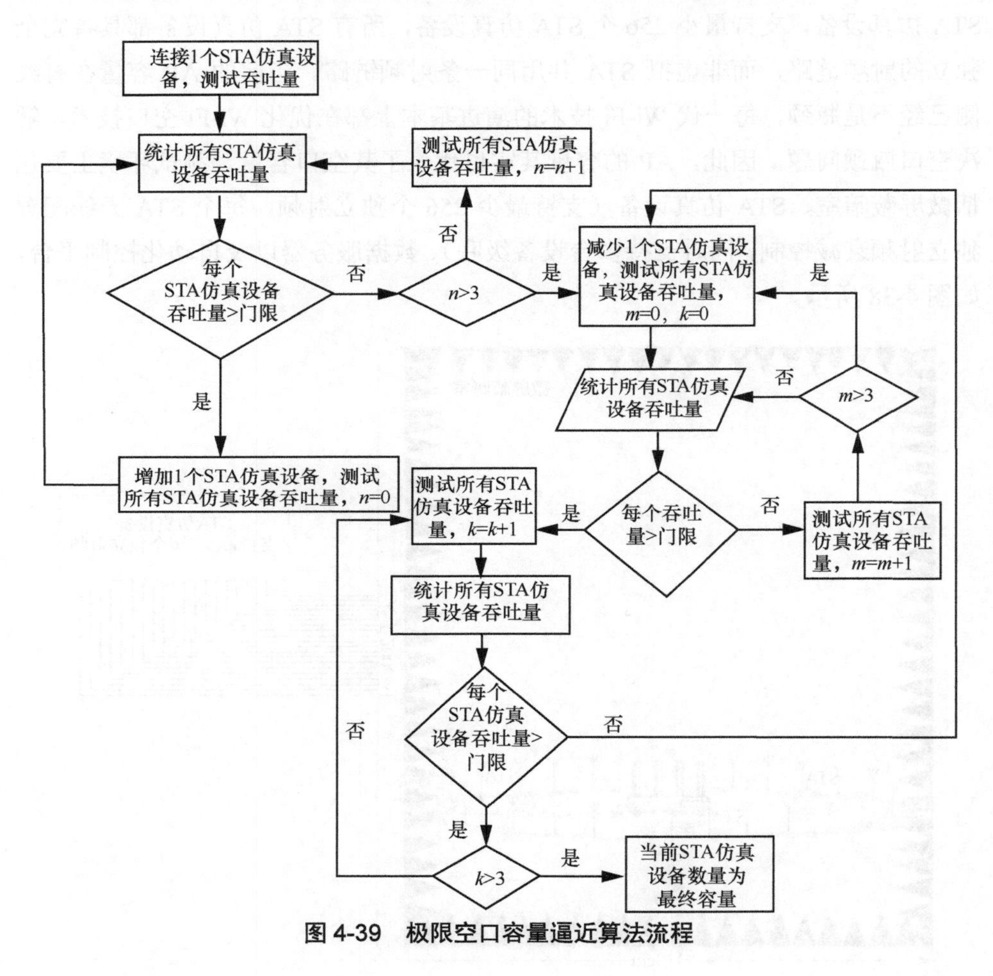

图 4-39　极限空口容量逼近算法流程

4.3.9　Wi-Fi 7 漫游特性

Wi-Fi 7 漫游功能的实验室测试是对设备在不同 AP 覆盖区域移动时保持网

络连接和性能的综合评估。该测试对于确保 Wi-Fi 7 设备即使在高速移动的环境中也能为用户提供无缝、不间断的连接体验至关重要。在实验室环境中测试 Wi-Fi 7 设备的漫游功能涉及一系列测试环境准备，主要目的是评估设备在不同 AP 之间无缝切换的能力，而不会对其连接或性能造成重大影响。这一过程对于真实使用 Wi-Fi 7 作为无线接入技术的用户频繁移动的环境至关重要，因为要保证用户将设备从一个接入点转接到另一个接入点时不会出现明显的时延或降低数据传输质量。

评估 Wi-Fi 7 漫游能力的第一步是在实验室仿真 Wi-Fi 7 用户真实发生的漫游场景。这需要在测试场景中放置多个具有 Wi-Fi 7 能力的网络接入设备（AP），确保它们的覆盖区域重叠。这种重叠对于模拟设备移出一个接入点的范围并进入另一个接入点的范围的现实场景至关重要。AP 具有相同的网络设置（SSID、安全协议），但运行在不同的频段或者信道，以最大限度地减少干扰。整个仿真模型的参数基于 Wi-Fi 7 漫游网络进行配置。

然后将启用 Wi-Fi 7 的仿真客户端设备（STA）引入此环境。STA 配置为连接到该网络，并且其初始连接是与多个 Wi-Fi 7 网络接入设备（AP）中的其中一个建立的。为了测量和分析漫游行为及其对连接和数据传输的影响，还在网络内设置了网络分析工具和测试服务器。这些工具的任务是捕获关键性能指标，如切换时延、吞吐量和数据包丢失，作为功能测试，我们只检测被测 Wi-Fi 设备是否具备漫游切换能力，而不对具体的性能指标做分析。

以上 Wi-Fi 7 漫游实验室仿真环境设置完毕后，首先在 STA 和测试服务器之间启动连续的数据交换。这种连续的数据流对于评估漫游对数据传输的影响至关重要。当 STA 穿过不同 AP 的覆盖区域，或者人为改变信号强度以模拟移动时，设备应自动与当前 AP 断开连接并连接到网络内的另一个 AP。这种转换或漫游事件是测试的核心所在，可证明 AP 是否具备支持漫游的能力。当然，如果针对漫游性能测试，那么还需要网络分析仪监控并记录 STA 在 AP 之间切换连接所需的时间（切换时延）、数据吞吐量的变化以及在此过程中是否丢失任何数据包。这些指标提供了漫游性能的定量测量。

Wi-Fi 7 漫游测试成功的关键在于对收集到的数据进行分析。针对漫游性能测试，切换时延是一个关键指标，因为时延过长可能会中断互联网电话（VoIP）或流媒体等实时应用程序。吞吐量和数据包丢失指标表明漫游期间和漫游后的连接质量和可靠性情况，后续 Wi-Fi 7 性能测试章节会进行详细的介绍。

Wi-Fi 7 漫游功能实验室仿真测试如图 4-40 所示。

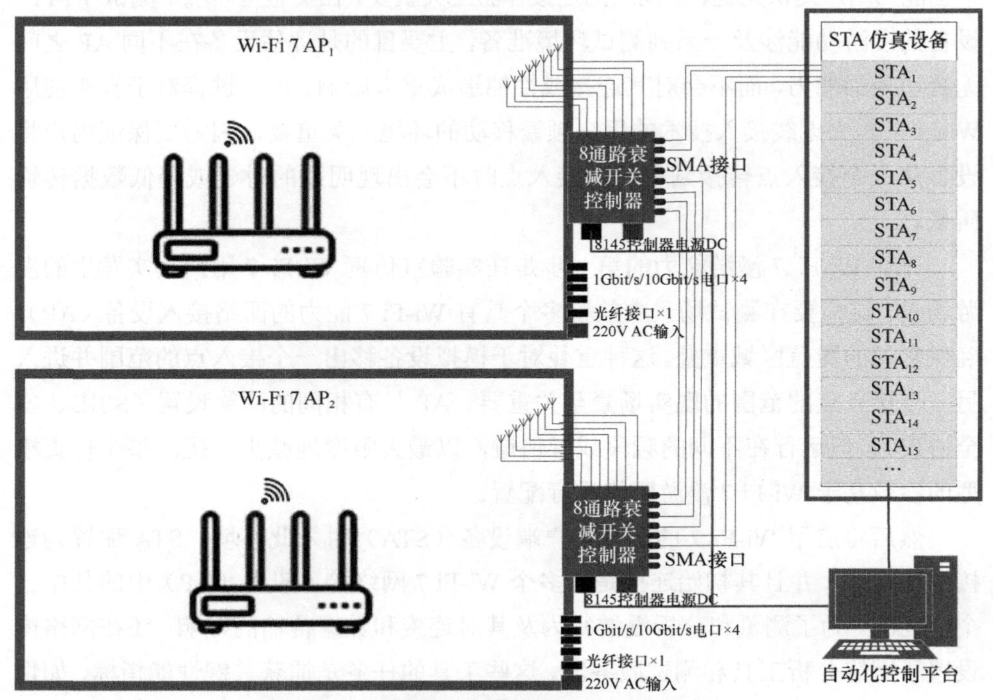

图 4-40　Wi-Fi 7 漫游功能实验室仿真测试

通过自动化控制平台针对两个 AP 宿主的屏蔽腔体的动态衰减控制，模拟真实 STA 设备远离 AP_1 接近 AP_2 的过程，同时监视 STA_1 的状态（包括连续 ping 以及 RSSI 水平）以验证 AP 设备是否支持漫游能力。

4.3.10　Wi–Fi 7 安全特性

Wi-Fi 7 在安全性方面基本保持了 Wi-Fi 6 在该方面的能力，在原有的 WPA/WPA2 的加密协议基础上支持 WPA3 加密协议。通过对 Wi-Fi 网络设备进行抓包分析，可以确定 Wi-Fi 网络设备支持的加密协议的种类和协议的完整性。

例如，如果 Wi-Fi 网络设备支持 WPA 加密协议，通过发起 WPA 加密协议请求，就可以发现 RSN 消息的 Pairwise Cipher Suite List 字段为 AES 和 TKIP，Auth Key Management（AKM）List 字段携带 PSK，如图 4-41 所示。

```
∨ Tag: RSN Information
    Tag Number: RSN Information (48)
    Tag length: 24
    RSN Version: 1
  > Group Cipher Suite: 00:0f:ac (Ieee 802.11) TKIP
    Pairwise Cipher Suite Count: 2
  > Pairwise Cipher Suite List 00:0f:ac (Ieee 802.11) AES (CCM) 00:0f:ac (Ieee 802.11) TKIP
    Auth Key Management (AKM) Suite Count: 1
  > Auth Key Management (AKM) List 00:0f:ac (Ieee 802.11) PSK
  > RSN Capabilities: 0x000c
```

图 4-41　WPA 加密协议 RSN 消息

如果 Wi-Fi 网络设备支持 WPA2 加密协议，通过发起 WPA2 加密协议请求，就可以发现 RSN 消息的 Pairwise Cipher Suite List 字段为 AES，Auth Key Management（AKM）List 字段携带 PSK，如图 4-42 所示。

```
∨ WPA Key Data: 301a0100000fac040100000fac040100000fac0280000000…
  ∨ Tag: RSN Information
      Tag Number: RSN Information (48)
      Tag length: 26
      RSN Version: 1
    ∨ Group Cipher Suite: 00:0f:ac (Ieee 802.11) AES (CCM)
        Group Cipher Suite OUI: 00:0f:ac (Ieee 802.11)
        Group Cipher Suite type: AES (CCM) (4)
      Pairwise Cipher Suite Count: 1
    > Pairwise Cipher Suite List 00:0f:ac (Ieee 802.11) AES (CCM)
      Auth Key Management (AKM) Suite Count: 1
    > Auth Key Management (AKM) List 00:0f:ac (Ieee 802.11) PSK
    > RSN Capabilities: 0x0080
      PMKID Count: 0
      PMKID List
    > Group Management Cipher Suite: 00:0f:ac (Ieee 802.11) BIP (128)
```

图 4-42　WPA2 加密协议 RSN 消息

如果 Wi-Fi 网络设备支持 WPA3 加密协议，通过发起 WPA3 加密协议请求，就可以发现 RSN 消息的 Auth Key Management(AKM)List 字段为 SAE(为 WAP3 加密)，如图 4-43 所示。

```
    Tag length: 26
    RSN Version: 1
  > Group Cipher Suite: 00:0f:ac (Ieee 802.11) AES (CCM)
    Pairwise Cipher Suite Count: 1
  > Pairwise Cipher Suite List 00:0f:ac (Ieee 802.11) AES (CCM)
    Auth Key Management (AKM) Suite Count: 1
  ∨ Auth Key Management (AKM) List 00:0f:ac (Ieee 802.11) SAE (SHA256)
    ∨ Auth Key Management (AKM) Suite: 00:0f:ac (Ieee 802.11) SAE (SHA256)
        Auth Key Management (AKM) OUI: 00:0f:ac (Ieee 802.11)
        Auth Key Management (AKM) type: SAE (SHA256) (8)
```

图 4-43　WPA3 加密协议 RSN 消息

除此之外，在 WPA3 加密协议中，Wi-Fi 7 网络设备和终端设备之间还要进行基于局域网的扩展认证协议（EAPOL）的 4 次握手过程，如图 4-44 所示。

```
1674 149.034377009 IntelCor_68:57:4a    ASUSTekC_8a:c1:00    802.11   259 Association Request, SN=8, FN=0, Flags=.....
1675 149.037357989 ASUSTekC_8a:c1:00    IntelCor_68:57:4a    802.11   311 Association Response, SN=451, FN=0, Flags=..
1676 149.060161741 ASUSTekC_8a:c1:00    IntelCor_68:57:4a    EAPOL    193 Key (Message 1 of 4)
1677 149.062594371 IntelCor_68:57:4a    ASUSTekC_8a:c1:00    EAPOL    221 Key (Message 2 of 4)
1678 149.069076248 ASUSTekC_8a:c1:00    IntelCor_68:57:4a    EAPOL    281 Key (Message 3 of 4)
1679 149.071186000 IntelCor_68:57:4a    ASUSTekC_8a:c1:00    EAPOL    193 Key (Message 4 of 4)
```

图 4-44　WPA3 EAPOL 4 次握手

WPA3 加密过程中，同步身份验证（SAE）的鉴权交互过程如图 4-45 所示。

```
> 802.11 radio information
> IEEE 802.11 Authentication, Flags: ........C
v IEEE 802.11 Wireless Management
  v Fixed parameters (104 bytes)
      Authentication Algorithm: Simultaneous Authentication of Equals (SAE) (3)
      Authentication SEQ: 0x0001
      Status code: Successful (0x0000)
      SAE Message Type: Commit (1)
      Group Id: 256-bit random ECP group (19)
      Scalar: 911c6575058e474ee6d73405b6aa4d6bf1445827659e2e62…
      Finite Field Element: 31ca199d1d331e09b8f781b3631a0db7e7d7542da5f97333…
```

（a）SAT Commit消息

```
> 802.11 radio information
> IEEE 802.11 Authentication, Flags: ........C
v IEEE 802.11 Wireless Management
  v Fixed parameters (40 bytes)
      Authentication Algorithm: Simultaneous Authentication of Equals (SAE) (3)
      Authentication SEQ: 0x0002
      Status code: Successful (0x0000)
      SAE Message Type: Confirm (2)
      Send-Confirm: 0
      Confirm: 2877d0612f590319e9a0b5ca6f7e4276c55795aea08af2ca…
```

（b） SAE Confirm消息

```
v WPA Key Data: 301a0100000fac040100000fac040100000fac0880000000…
  v Tag: RSN Information
      Tag Number: RSN Information (48)
      Tag length: 26
      RSN Version: 1
    > Group Cipher Suite: 00:0f:ac (Ieee 802.11) AES (CCM)
      Pairwise Cipher Suite Count: 1
    > Pairwise Cipher Suite List 00:0f:ac (Ieee 802.11) AES (CCM)
      Auth Key Management (AKM) Suite Count: 1
    v Auth Key Management (AKM) List 00:0f:ac (Ieee 802.11) SAE (SHA256)
      v Auth Key Management (AKM) Suite: 00:0f:ac (Ieee 802.11) SAE (SHA256)
          Auth Key Management (AKM) OUI: 00:0f:ac (Ieee 802.11)
          Auth Key Management (AKM) type: SAE (SHA256) (8)
    > RSN Capabilities: 0x0080
      PMKID Count: 0
      PMKID List
    > Group Management Cipher Suite: 00:0f:ac (Ieee 802.11) BIP (128)
```

（c）SAE AKM设置

图 4-45　SAE 的鉴权交互过程

除了 WPA3，针对 Wi-Fi 7 网络设备还建议考虑验证其他几个与安全相关的功能，例如，针对机会性无线加密（OWE）在开放 Wi-Fi 网络中提供加密通信，增强用户隐私。通过设置并启用增强开放的 AP，将仿真 STA 连接到 AP，无需任何预共享密钥，检查 STA 或 AP 日志上的加密状态，验证是否使用 OWE 建立了连接，同时使用网络分析工具拦截或嗅探流量，以确保数据已加密；SAE 在 Wi-Fi 7

中通过哈希到元素（H2E）得到了进一步加强，从而减少旁道攻击，通过配置 AP 和 STA 将 WPA3-SAE 与 H2E 结合使用，在 STA 和 AP 之间建立连接，执行已知的旁道攻击模拟（如果可能）以验证 H2E 机制是否能有效缓解这些攻击，同时监视 SAE 过程中是否存在任何回退或错误；WPA3-企业 192 位安全机制为企业网络提供 192 位安全模式，旨在满足对安全性敏感的组织的要求，通过使用 WPA3-Enterprise 192 位模式配置 AP，设置 RADIUS 服务器以使用 192 位加密强度对客户端进行身份验证，使用满足 192 位安全要求的凭据连接 STA，在此过程中使用网络分析仪检查握手过程并确保协商 192 位加密。

除了以上的安全特性，还有其他与安全相关的功能被引入 Wi-Fi 7，这里不再阐述，基本测试方法与以上安全特性测试方法类似。

4.4 Wi-Fi 7 性能测试

Wi-Fi 7（IEEE 802.11be）是无线局域网技术发展的一个重要里程碑。当我们站在数字通信新时代的边缘时，Wi-Fi 7 有望彻底改变我们与周围世界的连接、通信和互动方式。本节旨在深入研究 Wi-Fi 7 的性能测试。

Wi-Fi 7 是 Wi-Fi 标准发展的一次巨大的飞跃，旨在满足更快、更可靠、更高效的无线通信需求。凭借多链路操作、多资源单元、320MHz 通道带宽和对 4096 QAM 的支持等功能，Wi-Fi 7 有望提供前所未有的数据速率，减少时延并提高网络效率。在数字视频内容变得越来越高清、应用程序无线承载需要占用更大的带宽资源以及物联网（IoT）变得无处不在的时代，这些进步至关重要。

Wi-Fi 7 的重要性超出了其技术目标定义的要求。Wi-Fi 7 代表了追求真正互联世界的关键发展，其中无缝且可靠的无线连接是基本目标。从流媒体传输超高清视频到实现实时游戏等应用场景，Wi-Fi 7 有能力满足数字生活的各个方面对于无线网络承载的需求。此外，在工业领域，Wi-Fi 7 技术可以支持更高密度的设备，尤其是工业 4.0 时代带来的高密度工业物联网设备的无线承载需求，同时 Wi-Fi 7 具备严格的可靠性和时延要求，使其成为未来丰富的无线承载应用、智慧城市和工业物联网的关键支柱。

总的来说，Wi-Fi 技术经过不断地演进和发展，其通信性能不断地丰富和优化，其在无线通信技术中扮演的角色越来越重要。Wi-Fi 协议部署演进如图 4-46 所示。

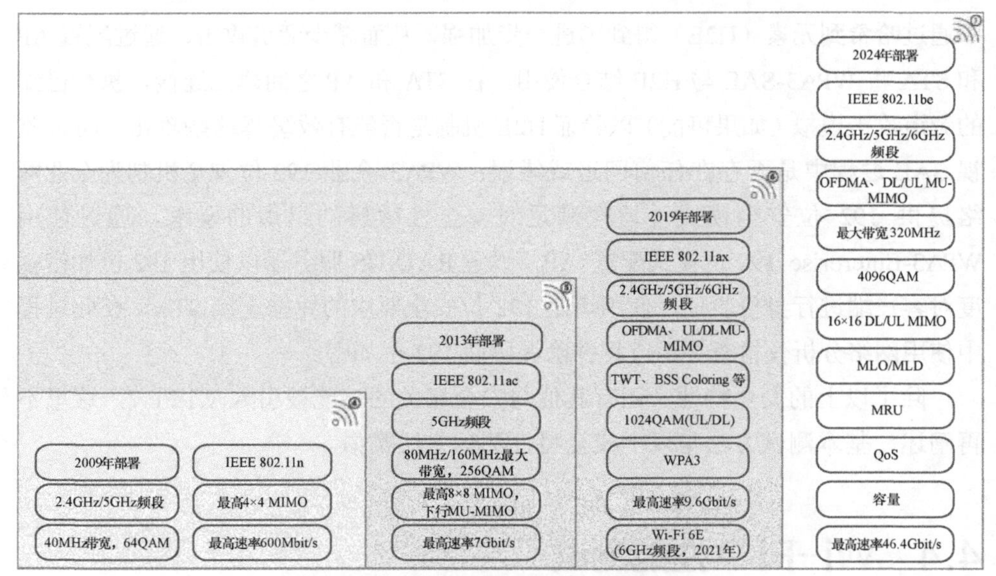

图 4-46　Wi-Fi 协议部署演进

然而，Wi-Fi 设备向 Wi-Fi 7 的过渡并非没有挑战。新技术的引入通常会带来复杂性，除了针对 Wi-Fi 7 引入的新特性在 Wi-Fi 模拟环境中进行性能评估，还需要特别关注如何真实地反馈用户体验，以及确保与现有设备和网络的兼容性。此外，要充分发挥 Wi-Fi 7 的潜力，需要设备和网络在各种仿真条件下保持最佳性能。这里，需要强调 Wi-Fi 设备进行 Wi-Fi 部署和典型应用场景实验室仿真的全面性能测试的重要性。针对具有 Wi-Fi 7 能力的设备通过严格评估 Wi-Fi 7 的吞吐量（单用户/多用户（拓扑建模）/干扰）、速率与距离的关系（RVR）（单用户/多用户）、时延、容量、覆盖范围、可靠性和能效等，尽可能覆盖大部分典型的 Wi-Fi 部署和应用场景，同时也需要考虑各种干扰模型，尤其是应用特性流量驱动的 Wi-Fi 有状态干扰模型的建模。

Wi-Fi 7 系统的全面性能测试是一项涉及多方面的工作。它不仅涉及评估该技术在受控实验室环境中的仿真测试能力，还涉及了解该技术在现实世界中的表现及其不可预测性和多样性。本节将指导您完成设置测试环境、选择正确的性能评估指标和方法以及分析实验结果以做出明智决策的复杂过程。

当我们踏上 Wi-Fi 7 性能测试之旅时，我们会体会到这项技术的复杂性和潜力。本节的目的不仅在于传播知识，还在于推动人们更深入地理解和认识 Wi-Fi 7 对无线通信的意义。

4.4.1　Wi-Fi 7 性能测试环境构建

创建有效的测试环境对于准确评估 Wi-Fi 7 的性能至关重要。本节概述了建立综合测试实验室的步骤和注意事项，重点关注测试的目标、硬件配置、软件配置和环境配置。

在实验室环境中设置真实的 Wi-Fi 使用场景来测试 Wi-Fi 7，涉及模拟影响 Wi-Fi 性能的各种元素，包括场景特性、用户数量及分布、用户承载的流量特性、背景干扰、干扰的流量模型等。为了能够满足 Wi-Fi 7 性能实验室仿真测试目标，测试环境搭建主要从部署场景仿真建模、无线信道仿真建模、干扰建模、多用户仿真及分布拓扑建模、应用业务流量建模、漫游场景建模等方面考虑，具备以上 Wi-Fi 7 实验室仿真建模能力，结合一个强大的系统软件协调控制，就能实现对 Wi-Fi 7 性能的实验室仿真测试的客观评估和验证。

1. Wi-Fi 7 部署场景仿真建模

在构建 Wi-Fi（尤其是 Wi-Fi 7）实验室性能测试平台时，仿真系统平台能够模拟不同的 Wi-Fi 部署场景的地理特性对于确保该技术在各种实际场景中的稳健性和性能至关重要。典型 Wi-Fi 部署场景的地理环境模拟可以从如下几个因素去考虑。

首先需要一个 Wi-Fi 业务交互的射频（RF）仿真环境，一般通过 RF 微屏蔽暗室环境腔室创建隔离的测试环境。通过控制这个微屏蔽暗室配置的设备（如转台、升降台、天线阵列等）附属物理位置和射频器件的特性参数，模拟不同 Wi-Fi 部署场景的地理条件特性。下面介绍一般小区住宅或者公寓的家庭 Wi-Fi 应用场景的实验室仿真。地理因素对于准确模拟现实条件至关重要，需要考虑的关键地理因素如下。

典型的家庭 Wi-Fi 部署应用场景如图 4-47 所示。

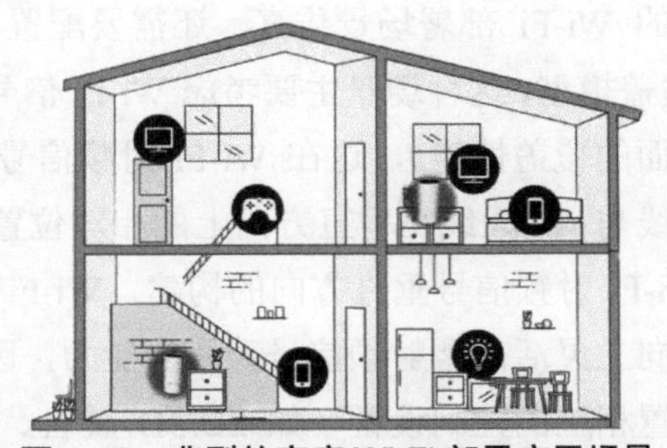

图 4-47　典型的家庭 Wi-Fi 部署应用场景

小区住宅内不同的建筑材料障碍物（如墙）对不同频率射频信号的穿透损耗不同，Wi-Fi 不同频率的射频信号的穿透损耗见表 4-4。

表 4-4　Wi-Fi 不同频率的射频信号的穿透损耗

典型障碍物	厚度/mm	2.4GHz 信号穿透损耗/dB	5GHz 信号穿透损耗/dB	6GHz 信号穿透损耗/dB
普通砖墙	120	10	15	20
加厚砖墙	240	15	25	30
混凝土	240	25	30	35
石膏板	8	3	4	9
泡沫板	8	3	4	9
空心木	20	2	3	8
普通木门	40	3	4	9
实木门	40	10	15	20
普通玻璃	8	4	7	12
加厚玻璃	12	8	10	15
防弹玻璃	30	25	35	40
承重柱	500	25	30	35
卷帘门	10	15	20	25
钢板	80	30	35	40
电梯	80	30	35	40
绝缘边界	1000	100	100	100

通过对典型的家庭 Wi-Fi 部署应用场景的建筑结构特性进行建模分析，根据不同建筑材料及厚度的穿透损耗，设置相应的信号衰减。

除了上述水平面的 Wi-Fi 部署场景仿真，还需要配置 Wi-Fi 网络接入设备（AP）在垂直面上的覆盖模型，这种场景主要考虑 Wi-Fi 信号在楼层间的能力（也就是 AP 天线在垂直面的覆盖性能），这在 Wi-Fi 射频信号交互混合腔室中可以通过调整仿真用户天线与 AP 天线在垂直方向上的相对位置来实现。

为了完成以上 Wi-Fi 射频信号垂直方向的构建，Wi-Fi 射频信号交互混合腔室需要具备在各个方向上灵活部署射频信号天线的能力，因此，Wi-Fi 射频信号交互混合腔室需要配置相应的控制设备（如 2D/3D 转台、升降台、仿真天线方向高度控制设备等），同时，为了构建一个可控的射频信号发生环境，还需要配置 20dB 以上的尖劈形吸波棉。目前，Wi-Fi 性能仿真测试解决方案中，灿芯技术的射频信号发生腔室与以上 Wi-Fi 信号交互场景构建要求比较匹配。下面以图 4-48 所示腔室为例进一步说明。

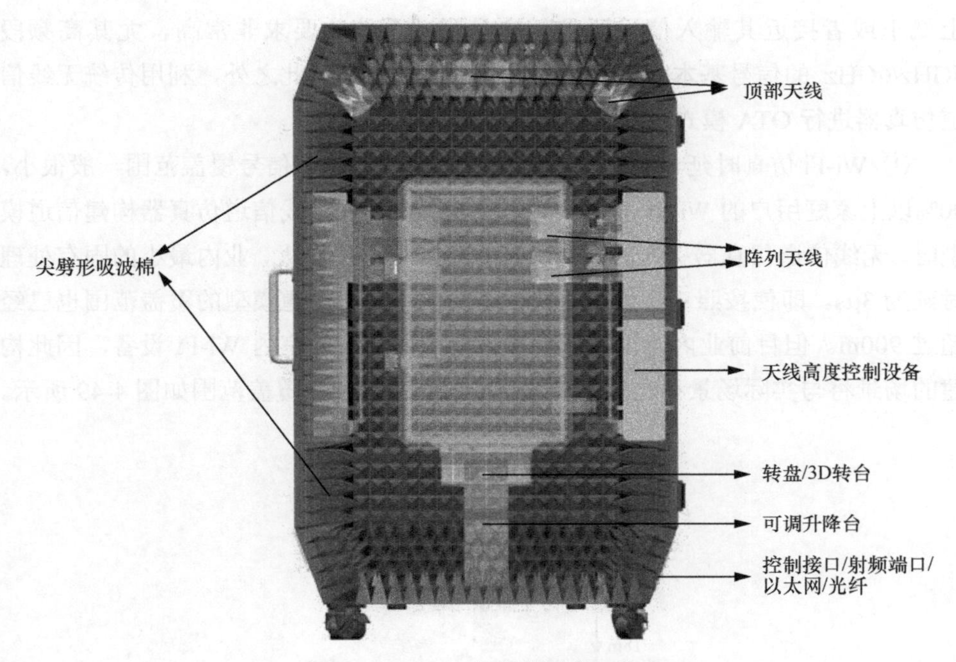

图 4-48 Wi-Fi 射频信号交互腔室

参考图 4-48 所示 Wi-Fi 射频信号交互腔室，可以在实验室灵活仿真 Wi-Fi 部署场景。例如，可以利用顶部和侧部 4 个方向的天线从天线角度、天线高度等方面，结合每个仿真用户的距离（通过控制射频信号衰减器获得），可以针对任意一个 Wi-Fi 应用场景的用户分布进行实验室仿真。此外，升降台和转台又可以针对这种空间相对位置的拓扑分布进行灵活的补充。顶部天线和侧部天线也可以承载真实 Wi-Fi 应用场景中背景 Wi-Fi 干扰信号的注入，从不同方位注入干扰信号源。

底部的控制接口、射频端口、以太网、光纤可以让上述腔室成为一个完全可控制、可重复场景仿真的模型实现载体。

2. Wi-Fi 7 无线信道仿真建模

目前，传统的无线信道仿真器已被应用到 Wi-Fi 的实验室场景仿真测试中，下面分析无线信道仿真在 Wi-Fi 无线性能实验室测试中可能存在的问题。

传统的无线信道仿真器存在的一个共同问题就是对信号的输入功率要求比较苛刻，不能过高或者过低，因此更为适用的场景是射频线缆直连的传导测试场景。然而，Wi-Fi 实验室场景仿真基本是空中激活（OTA）测试，这样，从 Wi-Fi 设备发出的信号必然有空口传输衰落，到达传统无线信道仿真器的输入功率基本上低于或者接近其输入信号要求，这对测试系统的要求非常高，尤其高频段 5GHz/6GHz 的信号基本难以满足其输入信号要求。除此之外，利用传统无线信道仿真器进行 OTA 模式的信道仿真还有以下的问题。

① Wi-Fi 仿真时延与实际情况存在较大偏差。Wi-Fi 信号覆盖范围一般很小，90%以上家庭用户的 Wi-Fi 接入距离小于 15m。引入无线信道仿真器构建信道模型时，无线信道仿真器引入的固有处理时延一般会比较大，业内最小的固有处理时延为 3μs。即使按照 3μs 进行折算，仿真的 Wi-Fi 信道模型的覆盖范围也已经超过 900m。但目前业内还很少看到覆盖范围如此大的室内 Wi-Fi 设备，因此构建的场景将与实际场景存在较大差异。一般真实 Wi-Fi 覆盖范围如图 4-49 所示。

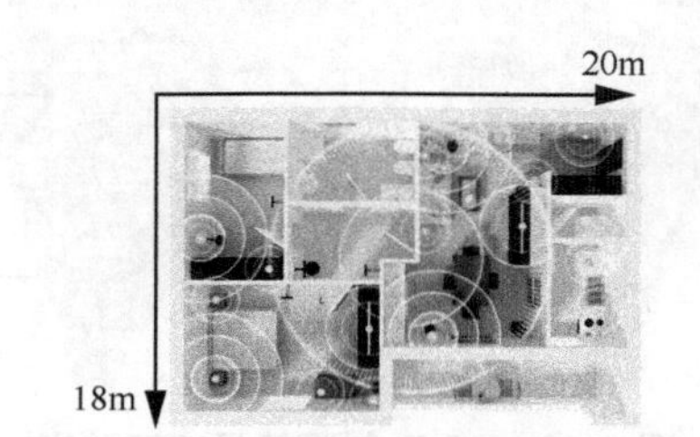

图 4-49　一般真实 Wi-Fi 覆盖范围

无线信道仿真器进行 Wi-Fi 无线信道仿真如图 4-50 所示。

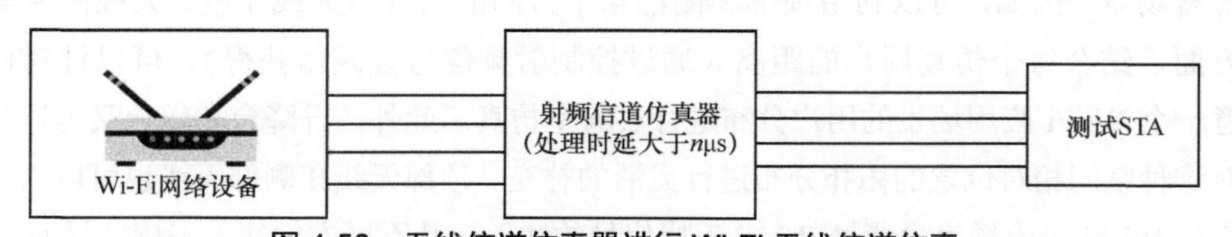

图 4-50　无线信道仿真器进行 Wi-Fi 无线信道仿真

经过无线信道仿真器处理后，从传输时延角度看，相当于 STA 与 Wi-Fi 网络设备之间额外增加了 $300n$（单位为 m）的距离。

如果无线信道仿真器的信道处理时延为 4μs，那么 Wi-Fi 网络设备发出的信号通过无线信道仿真器后，从时域上看已经是 1200m 以外的距离。对比一般 Wi-Fi

网络设备的实际覆盖范围，这种无线信道仿真器引入的误差还是非常大的。

② 路由器与无线信道仿真器的连接方式以及无线信道仿真器的工作模式与实际情况存在偏差。无线信道仿真器可以工作在 MIMO 模式或者直通模式。工作在何种模式取决于路由器和无线信道仿真器的连接模式。不同的信道模型会直接影响测试结果的一致性。例如，如果路由器采用传导连接的方式（一般大规模集采测试或者评测中很难实现），那么无线信道仿真器的输入功率范围可以完全满足技术要求，此时的信道模型应该采用 MIMO 工作模式，相关性矩阵由无线信道仿真器来决定；如果路由器采用 OTA 方式与无线信道仿真器的输入输出端口进行耦合连接，假设距离为最小 20cm，根据电磁波在自由空间空气中传播时的能量损耗，得到的空间损耗计算式如下。

$$\text{空间损耗} = 20\lg F + 20\lg D + 32.4 \tag{4-3}$$

其中，F 为频率，单位为 MHz；D 为距离，单位为 km。

距离为 20cm 时，2.4GHz 信道的空间损耗大概为 26dB，5GHz 信道的空间损耗大概为 33dB，考虑到天线的辐射和接收效率，以全向天线大概为 30%计算，假设两根天线的最小损耗为 12dB 左右，那么 2.4GHz 信道和 5GHz 信道的最小损耗分别为 38dB 和 45dB。一般假设路由器的 2.4GHz 信道发射功率为 20dBm，5GHz 信道发射功率为 15dBm，那么 2.4GHz 信道输入无线信道仿真器的最大功率为−18dBm，5GHz 信道为−30dBm。假设无线信道仿真器的输入和输出的衰减最小为 15dB，那么实际上，无线信道仿真器输出后，2.4GHz 信道和 5GHz 信道最大功率分别为−33dBm 和−45dBm，换算为 2.4GHz 信道和 5GHz 信道的衰减分别为 53dB 和 60dB。根据空间损耗计算式可知，其一，路由器的最小覆盖距离为 5m，5m 以上的场景很难覆盖；其二，如果是 OTA 方式，那么 MIMO 相关性矩阵基本取决于路由器天线和无线信道仿真器外接天线布局，这种方式下，无线信道仿真器不能再进行 MIMO 信道设置，否则会产生二次 MIMO 的信道处理，只能进行 SISO 信道模型配置，大大浪费了无线信道仿真器的实际能力。

如果采用上述仿真方案，AP 和天线间会形成一个 MIMO 信道，而在无线信道仿真器中，如果继续加载信道仿真，就做了两次 MIMO（如图 4-51 所示），这在测试方案中是绝对不能允许的。为了解决以上二次 MIMO 的问题，可以先测量出 AP 路由器和天线间的空间信道的 MIMO 相关性，针对相关性矩阵计算出相应的逆矩阵，在信道仿真计算中，把这个逆矩阵考虑进去，抵消掉 AP 路由器和天线间形成的 MIMO 信道，然后才能由无线信道仿真器仿真任意基于 Wi-Fi 真实场景的各种信道模型，这样的无线信道才是具备参考性的。图 4-51 中，h_{ij} 表示 MIMO 相关性矩阵中不同逻辑通道的相关性系数，T 指发射端口，R 指接收端口。

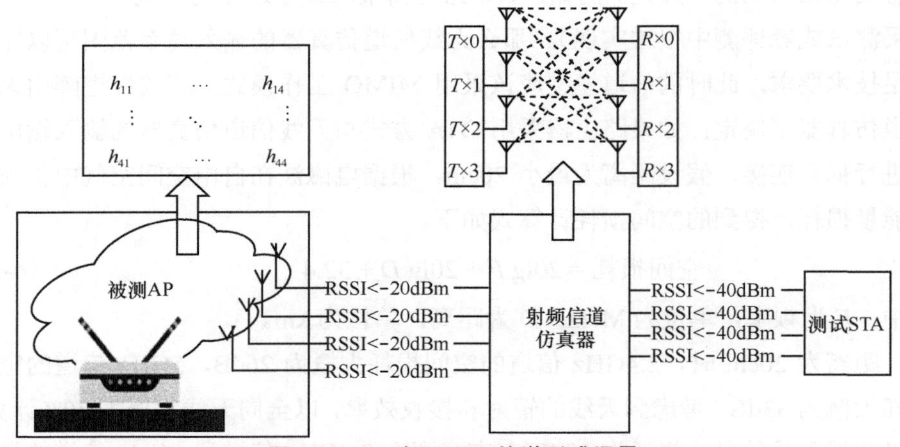

图 4-51　二次 MIMO 信道形成场景

虽然上述方案能解决二次 MIMO 问题，但是还存在一些无法解决的问题。首先，当 AP 路由器位置发生变化的时候，比如转一个角度，那么就需要重新计算这个 MIMO 信道的相关性矩阵，然后进行逆矩阵计算、抵消等操作。也就是说，在测试任何一个 Wi-Fi 网络设备前，要先把设备放到同一个腔体里，然后计算各个角度的 MIMO 相关性矩阵，最后放到无线信道仿真器的信道仿真中抵消，这在现实操作中基本是不可行的。其次，经过信道仿真处理后，输出功率基本上已经低于某个值，这个对于进行 RVR 测试也是一个限制。最后，由于蜂窝通信为室外大尺寸覆盖，受到三维地理环境影响，实际的多径效应影响非常大，时延分布比较分散，多径距离差异甚至会达到几百米，相对多径损耗也会达到 20dB。典型蜂窝通信室外覆盖的多径分布如图 4-52 所示。

Wi-Fi 技术主要解决室内覆盖问题，信道模型仿真的距离为 15m 左右，那么 Wi-Fi 的信道模型更多受到穿墙等影响，多径数目一般不会很多，多径时延非常低，基本在 10ns 以下（传输距离为 3m 时），因此即使使用功能强大的信道仿真器，建立接近真实的信道模型也是一个挑战。即使可以建立，模型也不会很多。典型室内 Wi-Fi 覆盖多径分布如图 4-53 所示。

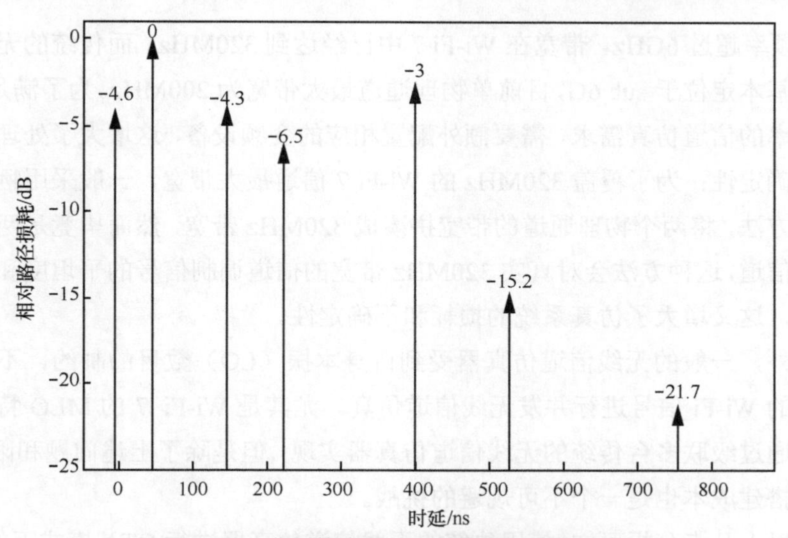

图 4-52　典型蜂窝通信室外覆盖的多径分布

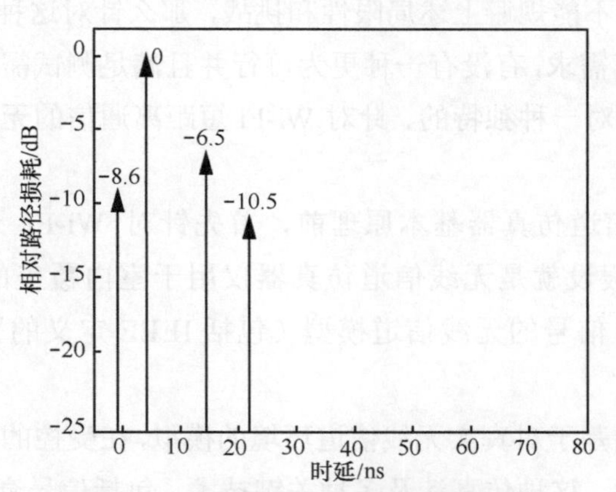

图 4-53　典型室内 Wi-Fi 覆盖多径分布

Wi-Fi 主要应用于室内覆盖，并且大部分是家庭覆盖，这时大部分 Wi-Fi 网络的覆盖范围和三维环境特性（包括建筑结构）都比较相似，由于 Wi-Fi 的使用场景多为静态，因此无线传输中基本没有多普勒效应，也没有太多动态变化的信道模型。多径信号中，信号能量基本集中在主径上，其他路径的能量占比一般不会太高；同时，多径信号间的相对时延也不会太大。针对企业 Wi-Fi 覆盖场景，可能会有类似蜂窝通信的模型出现，但是由于 Wi-Fi 设备功率基本很低，超过 100m 距离的覆盖场景很少。

随着 Wi-Fi 技术的发展，无线频谱在频率和信道带宽方面做了非常大的技术革新，频率超过 6GHz，带宽在 Wi-Fi 7 中已经达到 320MHz。而传统的无线信道仿真器基本定位于 sub 6G，目前单物理通道最大带宽为 200MHz。为了满足 6GHz 以上频率的信道仿真需求，需要额外配置相应的变频设备，这增大了处理损耗和系统不确定性；为了覆盖 320MHz 的 Wi-Fi 7 信道最大带宽，一般采用牺牲物理通道的方法，将两个物理通道的带宽拼凑成 320MHz 带宽，然而毕竟是两个独立的物理信道，这种方法会对真实 320MHz 带宽的信道调制信号的平坦度和质量产生影响，这又增大了仿真系统的损耗和不确定性。

此外，一般的无线信道仿真器受到自身本振（LO）数目的制约，不能对多个频段的 Wi-Fi 信号进行并发无线信道仿真。尤其是 Wi-Fi 7 的 MLO 特性，即使可以通过级联多台传统的无线信道仿真器实现，但是除了上述问题和限制，测试环境搭建成本也是一个不可规避的挑战。

由以上几点分析可知，使用传统的无线信道仿真器进行 OTA 模式下的 Wi-Fi 信道仿真时，确实不能规避上述局限性和挑战，那么针对这种实验室 Wi-Fi 场景仿真中的信道仿真需求，有没有一种更为可行并且满足测试需求的测试方案呢？答案是有的，下面对一种独特的、针对 Wi-Fi 短距离通信的无线信道仿真技术进行阐述。

在描述无线信道仿真器基本原理前，首先针对 Wi-Fi 无线信道模型提出一个假设，这个假设就是无线信道仿真器仅用于室内覆盖的信道模型仿真。另外，目前 Wi-Fi 信号的无线信道模型（包括 IEEE 定义的）也仅仅针对室内覆盖。

信道仿真是指基于对真实无线信道环境的模拟，在受控的实验条件下评估无线通信系统的性能。这种仿真涉及多种关键技术，包括信号衰减、多径效应、时延控制等。下面针对这些技术进行细致的阐述。

- 信号衰减：信号在传播过程中会遇到各种障碍物（如墙壁等），导致信号强度衰减。信道仿真通过衰减器来模拟这种衰减效应。衰减器的值可以是固定的，也可以是可变的，后者允许通过软件来精确调整衰减量，以模拟不同的传播距离和环境条件。
- 多径效应：在真实环境中，信号从发射源到接收器的路径不一定是直线路径。信号会反射、折射或者散射，通过多条路径到达接收器，这就是所谓的多径效应。这些不同的路径会导致信号的相位和幅度发生变化，从而影响接收信号的质量。信道仿真设备通过信号分路来模拟这种多径效应。每条分路可以模拟一条特定的路径，通过调整每条路径的衰减和时延，可以模拟不同的多径环境。

- 时延控制：信号在不同路径上的传播时间可能不同，这导致了时延的差异。信道仿真设备通过物理延迟或数字信号处理器（DSP）来模拟这种时延效应。物理延迟通过增加信号传输路径的长度来增加时延，而数字信号处理器则在数字域内模拟时延效应，可以更灵活地调整时延。
- 复杂环境的模拟：为了更真实地模拟复杂的无线信道环境，仿真设备需要综合考虑上述各种效应，并且能够调整各种参数来适应不同的测试需求。例如，通过调整衰减和时延，可以模拟信号在城市环境中的传播，或者在室内环境中穿越多堵墙壁的情况。

为了实现无线信道仿真，需要设计并且制造专用的无线信道仿真设备，这里称作无线信道仿真器。无线信道仿真器的核心在于能够精确控制信号的衰减和时延，以模拟不同环境下的信道条件。该设备通常包括信号分路、衰减器、时延单元等关键组件。

- 信号分路：信号分路是通过射频分路器实现的，它将输入的 Wi-Fi 信号等分为多路，每路信号可以独立地进行衰减和时延处理，以模拟多径效应。
- 衰减器：衰减器用于控制信号的衰减，模拟信号在传播过程中的能量损失。通过精确控制衰减器的衰减值，可以实现对信号衰减特性的模拟。数字可控衰减器（DSA）因其高精度和灵活性，被广泛应用于信道仿真设备中。
- 时延单元：传输时延是信号从发射点到接收点所需的时间。在信道仿真设备中，通过物理延迟或 DSP 来模拟这一时延效应。

无线信道仿真器通过精确控制信号的衰减和时延，成为 Wi-Fi 技术研发和测试的重要工具。通过理解和应用 IEEE Model.B 信道模型，可以更好地评估和优化 Wi-Fi 产品在实际环境中的性能。

IEEE Model.B 信道模型是一种针对室内环境设计的信道模型，它考虑了多径传播和信号衰减等因素。通过上述信道仿真设备的配置和调整，可以满足 Model.B 模型的需求。具体而言，需要通过调整衰减器的衰减值和设置合适的传输时延，来模拟室内环境下的信道特性。

以上内容介绍了无线信道仿真设备的原理和关键技术。当前市场上灿芯技术的 Prism 系列信道仿真器是业内首创的专用于短距离无线信道仿真的设备，Prism 系列信道仿真器针对短距离超低时延、衰减、多径特性设计，无限贴近短距离通信的实际仿真。由于支持超大带宽、高频段范围以及多频段混合仿真，这种无线信道仿真已经在 Wi-Fi 测试领域得到广泛的应用。

针对无线信道仿真技术的应用和优化策略，可以从如下几个方面考虑。

- 信号分路的优化：为了更精确地模拟多径效应，信号分路的设计需要考虑分路数量和分路信号的相位差。通过优化分路方案，可以更真实地模拟信号在复杂环境中的传播。
- 衰减器精度的提升：衰减器的精度直接影响信道仿真的真实性。使用高精度的数字可控衰减器，可以更细致地模拟信号在不同环境下的衰减特性。
- 传输时延的精确控制：传输时延需要根据不同的信道模型进行调整。使用高性能的 DSP 或物理延迟，可以实现更加精确和灵活的时延控制。

由于无线信道仿真器本身受制于固定硬件配置，后续实际环境仿真中的挑战主要包括如下几个方面。

- 环境复杂性：实际环境中的信道特性受到多种因素的影响，如墙壁的材质、空间的布局等。这些因素增大了信道仿真的难度，需要通过不断地测试和调整来优化仿真设备的设置。
- 技术更新迭代：随着无线通信技术的快速发展，新的信道模型和通信标准不断出现。仿真设备需要不断更新，以支持最新的技术标准和模型。
- 性能与成本的平衡：高精度的仿真设备往往伴随着高昂的成本。如何在保证仿真精度的同时控制成本，是设备开发过程中需要考虑的。

无线信道仿真设备是无线通信领域不可或缺的工具，它使得在产品设计和测试阶段就能预测和评估产品在实际环境中的性能。通过不断优化仿真技术和设备，可以更好地满足日益增长的通信需求，推动无线通信技术的发展。未来，随着仿真技术的进步和新标准的制定，信道仿真将面临新的挑战和机遇，需要业界共同努力，不断探索和创新。

3. Wi-Fi 7 场景的干扰建模

Wi-Fi 本身的技术特性决定了影响其空口性能的最大因素是其周围的同类 Wi-Fi 通信共享相同的空口资源而带来的干扰。因此，Wi-Fi 实验室场景仿真中不可避免的一个挑战就是如何建立一个客观的、可溯源的 Wi-Fi 背景干扰模型。

那么如何设定干扰模型和精准控制干扰？当前，业内更多的是通过模拟 OFDM 信号或者加性白高斯噪声（AWGN），提高 Wi-Fi 信号的噪声水平，从而达到降低信噪比（SNR）、MCS 以及 Wi-Fi 调制方式（4096QAM→1024QAM→256QAM→64QAM→16QAM→QPSK→BIT/SK）的目的，激活 Wi-Fi 应对干扰的算法。但是，这种方式一般会给测试系统一个持续的干扰流，干扰变化比较单一，并且与被测试的 Wi-Fi 设备没有任何业务交互，无法模拟 Wi-Fi 通信抢夺空口资源的整个流程，因此与真实 Wi-Fi 的实际干扰环境差距很大。更理想的干扰环境应该是被测网络设备周边有几个真实的干扰 AP 和 STA。我们应该都有过这样的体验，当在 Wi-Fi 覆盖环境下用 STA 进行可用 Wi-Fi 信号扫描时，不仅能够看到目标 AP 的信号，还能够看到多个可用 AP。周围这些 AP 的信号水平有强有弱，并且都和我们现有连接的 AP 一样，承载着一定数量的 STA 连接和业务。

在多 STA 和多 AP 环境中无法发现周围 STA 和 AP 的信号，可能是因为我们的 STA 和 AP 受限，也有可能是因为我们的 STA 和 AP 没有直接与周围的 STA 和 AP 进行通信。周围的 STA 和 AP 都承载着数据传输业务，它们的 Wi-Fi 信号都存在于当前 STA 和 AP 所处的无线空间环境中，大家共同占用着特定频率、特定带宽的频谱资源，进行基于特定规则的空口资源的轮询占用。

那么如何评估和验证 Wi-Fi 设备对干扰信号的处理能力呢？最基本的原则就是先获得模拟 Wi-Fi 环境中突发的不同业务类型的干扰信号，再进行建模和实验室仿真。这样才能模拟真实环境，让 Wi-Fi 设备在资源占用问题上进行反复协商和共享，实现干扰的最大影响。换句话说，Wi-Fi 的干扰模型实际上是由多个承载业务的仿真 AP 决定的，并不是持续稳定的大流量的干扰信号。持续稳定的干扰信号产生的干扰最恶劣，在现实情况中很少见。大部分真实 Wi-Fi 环境中的场景如上所述，干扰源是多个承载了不同业务的 AP，也就是说，来自 AP 的干扰源的模型是由业务驱动的，而不是简单的一个干扰信号。干扰模型示例如图 4-54 所示。这时候，干扰模型的建模就转移到业务模型的建模，变成一个可控、可重复的建模方式。当前业务模型中，STA 承载的很多业务并不是持续型的（直播是典型的持续型业务），大部分是脉冲型业务，比如点播、超文本传送协议（HTTP）浏览、即时通信、IPTV 等，而这种业务随着 AP/STA 数量的增加，对当前 AP 的干扰增大。AP 要反复应对不同干扰源的影响，中间还有间隙可以独占整个频谱等。这样的实验室测试环境才能够真实地反映 Wi-Fi 环境的干扰场景。通过这样的验证，就可以解释为什么很多用户抱怨实际 Wi-Fi 吞吐量和速率波动性很大，并且跟 Wi-Fi 设备宣称的性能差距很大。

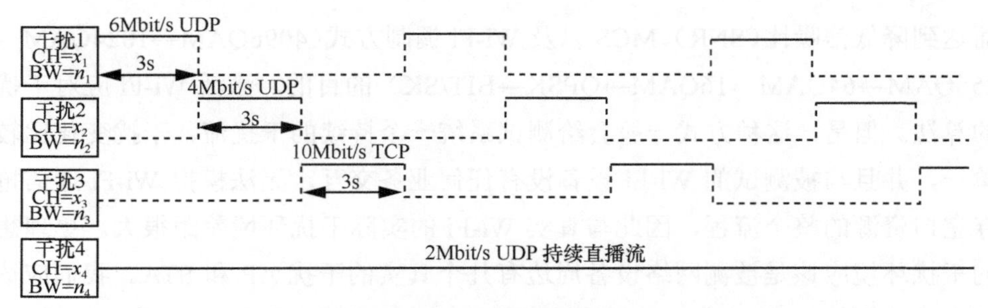

图 4-54 干扰模型示例

对 Wi-Fi 热点间的相互干扰进行建模，主要涉及理解和模拟不同 Wi-Fi 网络在共享频段内的相互作用，以及这些相互作用如何影响网络性能。这个过程需要考虑到不同 Wi-Fi 网络承载的业务的动态变化特性，因为不同的应用（如视频流、文件传输、在线游戏等）对带宽、时延和丢包率的要求各不相同。Wi-Fi 场景干扰建模主要步骤如下。

（1）真实 Wi-Fi 网络现状调查

采用 Wi-Fi 空口抓包技术可以进行更深入的网络分析，尤其是在识别和解决网络问题、优化网络性能方面。空口抓包技术能够捕获 Wi-Fi 网络中传输的数据包，包括管理帧、控制帧和数据帧，从而分析帧的详细信息，包括源地址、目的地址、信道、信号强度等。这些信息对于深入理解网络行为、性能瓶颈和干扰源非常有价值。

（2）Wi-Fi 空口抓包

Wi-Fi 空口抓包主要关注的特性如下。

- 信道利用率：通过分析特定信道上的流量，可以评估该信道的拥挤程度，从而帮助选择最佳信道以减少干扰。
- 干扰源识别：捕获和分析 Wi-Fi 信号干扰的数量、动态业务特性。
- 网络拥塞：分析数据包的重传率和时延，从而帮助识别网络拥塞的位置和原因。
- 设备性能：通过观察不同设备的通信效率，包括数据包大小、传输速率和信号强度，可以评估设备性能和兼容性。

通过以上 Wi-Fi 网络的精准抓包，可以为 Wi-Fi 信号干扰模型计算提供准确的参考，主要涉及如下几个方面。

- 精确的网络负载模型：通过分析抓包数据，可以准确地建立网络的负载模型，包括流量高峰时段、数据包类型分布等，这对于模拟真实网络条件非常重要。

- 干扰模型的精细化：空口抓包可以揭示干扰源引起的信号质量变化，这有助于构建更精确的干扰模型，特别是在复杂环境中。
- 设备行为的深入理解：通过分析不同设备的通信模式，可以更好地理解设备行为，这对于模拟网络中的多设备交互非常有用。

Wi-Fi 空口抓包技术提供了一种深入分析和理解 Wi-Fi 网络行为的方法，为网络建模和仿真提供了宝贵的输入数据。通过详细分析抓包数据，可以更准确地模拟和预测网络性能，从而为网络设计和优化提供科学依据。

当前比较成熟的 Wi-Fi 空口抓包产品有灿芯技术的 FlexDog 嗅探器，这个产品支持最多 16 个通道（信道）并行抓包，可以最大限度地把 Wi-Fi 工作频段的所有信道的空口数据同时抓取下来进行处理分析、建模，最后将模型提供给 Wi-Fi 测试系统进行实验室仿真还原。

（3）干扰模型的验证和优化

在干扰环境下测试 Wi-Fi 网络的性能，包括测量带宽、时延、丢包率等关键指标。这些测试可以帮助验证仿真模型的准确性，并评估不同 Wi-Fi 热点间干扰的实际影响。

- 动态调整：在测试过程中，根据需要动态调整业务流量的特性和干扰信号的强度，以模拟不同的使用场景和干扰条件。这有助于理解在实际部署中 Wi-Fi 网络可能遇到的各种挑战。
- 结果对比：将实验室测试结果与仿真模型的预测结果进行对比，分析产生偏差的原因。这可能涉及模型的调整。
- 优化策略：基于测试结果，优化策略以降低干扰，如调整信道分配、改变功率设置、采用先进的干扰管理技术（DFS、自动功率控制（APC）等）。

通过上述过程，可以在实验室环境中有效地还原和测试 Wi-Fi 热点间的相互干扰，为实际部署中的网络优化和干扰管理提供实验依据和策略建议。这种方法不仅有助于提高 Wi-Fi 网络的性能和可靠性，还可以改善用户体验。

4. Wi-Fi 7 多用户仿真及分布拓扑建模

一般在 Wi-Fi 测试中，Wi-Fi 多用户的仿真分为虚拟 Wi-Fi 用户（vSTA）和真实独立物理射频的 Wi-Fi 用户（STA）仿真。针对早期 Wi-Fi 技术，vSTA 具备一定的适用条件。Wi-Fi 技术的更新基本集中在空口技术上（如波束成形、MU-MIMO、OFDMA、MLO、MRU 等），不断地提高空口的带宽、速率、用户容量等，降低传输时延，这导致 vSTA 仿真技术已经不能真实地反馈 Wi-Fi 空口技术的革新带来的增益。因此，目前更多地采用 STA 仿真技术针对各种新增的技术特性模拟真实的 Wi-Fi 用户分布，以及对承载的业务特性进行实验室场景仿真测试。

（1）vSTA

Wi-Fi 多用户仿真中的虚拟多用户基本原理如图 4-55 所示。

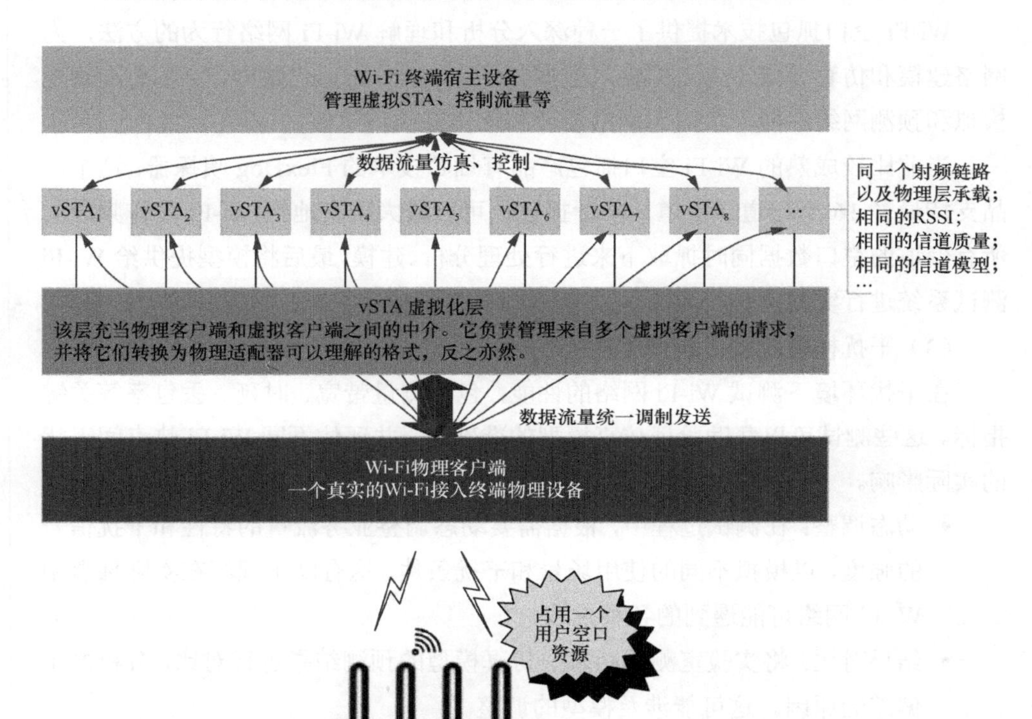

图 4-55　Wi-Fi 多用户仿真中的虚拟多用户基本原理

从图 4-55 可以看出，vSTA 通过利用可以从虚拟客户端生成流量的网络仿真工具，模拟网络上多个用户的行为。这些用户共享同一个物理射频空口。那么选择使用 vSTA 主要涉及以下几个方面。

① 关注 Wi-Fi 设备控制器的多用户处理能力：这里忽略了 Wi-Fi 空口技术特性，尤其是波束成形、MU-MIMO、OFDMA、MLO 等技术特性，因为这些特性都跟 Wi-Fi 用户的射频、位置、功率、能力强相关，所以只验证 Wi-Fi 设备控制器的多用户处理能力，包括有线路由转发能力。

② 超高密度场景：受获取和管理数百或数千个真实Wi-Fi设备限制，模拟具有非常高密度设备的环境（如体育场、大型办公室等）可能具有挑战性。而虚拟Wi-Fi STA仿真设备提供了针对大规模Wi-Fi用户仿真测试的可扩展性，能够提供满足大量Wi-Fi用户设备的测试需求，同时不需要实际部署大量的Wi-Fi设备。

③ 成本效益：采购大量物理设备进行测试的相关成本可能高到令人望而却步。虚拟客户端提供了一种经济高效的解决方案来模拟许多设备，从而无须对硬件进行大量投资。

④ 受控测试条件：需要精确控制和配置虚拟客户端，以生成一致且可重复的流量模式和网络条件。这种控制水平对于进行性能分析和基准测试至关重要，其中需要最大限度地减少测试条件的变化。

⑤ 补充测试：虚拟客户端模拟高密度环境的"背景噪声"并使用真实设备执行特定任务或应用程序的混合方法可以提供对Wi-Fi 7性能的更全面的了解。这种方法允许在现实条件下测试Wi-Fi 7功能，同时评估高密度场景对性能的影响。

⑥ 场景模拟的灵活性：虚拟客户端提供了快速、轻松地调整测试参数和场景的灵活性。例如，只需对设置进行最小的更改即可模拟大量设备突然到达某个区域或不同类型流量的影响。

⑦ 解决射频链路限制：虚拟客户端共享相同的物理RF接口，这可能无法完全复制真实设备所具有的独立RF条件，但可以通过以下方式缓解此限制。

- 相同的物理特性以及空口链路：所有虚拟用户实际承载在一个真实的Wi-Fi客户端上，这意味着所有物理特性、空口特性都是相同，无法真实仿真Wi-Fi网络中的Wi-Fi客户分布而进行实验室Wi-Fi多用户仿真建模。然而，我们可以利用虚拟用户仿真这一特性，根据实际用户分布模型，采用多个虚拟客户端，将每个客户端作为一个Cluster（簇）的概念承载，把离散的用户分布拓扑模型抽象到几个Cluster的模型中，让每个Cluster的虚拟用户共用相同的射频天线，进而解决当需要大规模用户仿真时具有真实独立射频的Wi-Fi客户端带来的部署和控制问题。
- 合并真实设备：使用真实设备的组合进行关键路径测试，特别是严重依赖RF特性的功能，如MLO、波束成形、MU-MIMO、OFDMA、MRU和自适应功能。
- 环境变化：使用射频衰减器、信号发生器和物理障碍物来模拟不同的信号条件，从而引入射频环境的变化。

因此，虚拟 Wi-Fi 客户端与真实设备可以融合使用，旨在实现实际限制和测试需求之间的平衡。这种方法具有广泛的场景模拟和可扩展性，同时证明真实设备测试对于捕捉 Wi-Fi 7 空口性能细微差别的重要性。

（2）STA

用具备真实独立物理射频的 Wi-Fi 客户端进行 Wi-Fi 多用户性能测试可以大大增加测试的真实性。

图 4-56 是一个典型的 16 真实 STA 的仿真板卡示意图，如果采用板卡式机箱架构，很容易构建高密度的 Wi-Fi 用户仿真设备。每个 STA 可以独立地控制承载业务类型以及通过控制可调衰减实现 STA 与 AP 间距离的灵活控制。

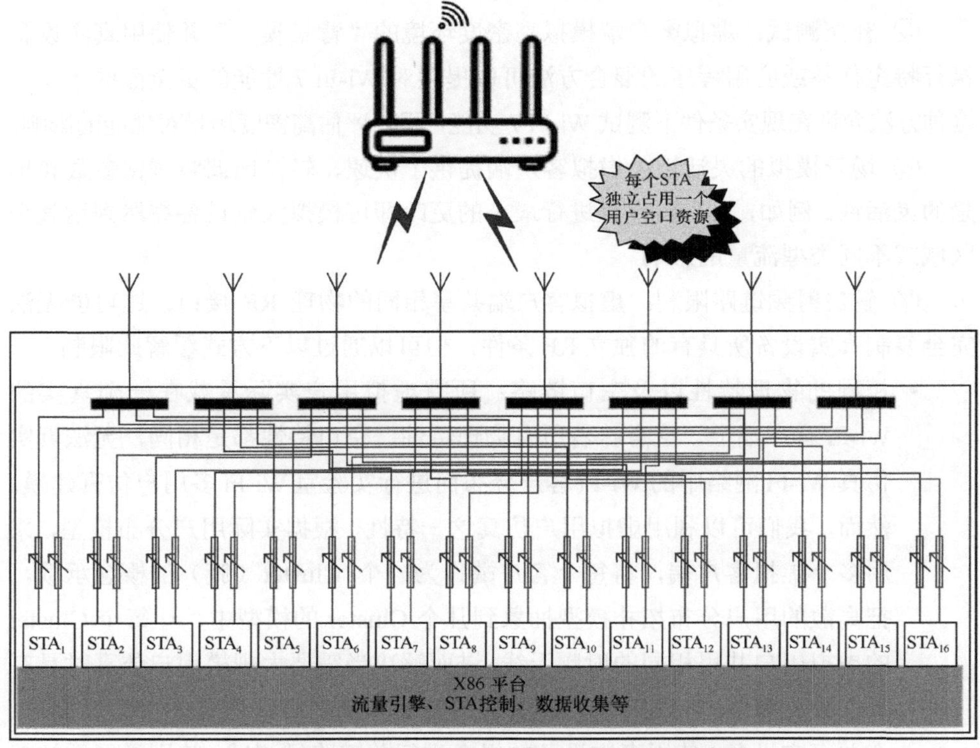

图 4-56 典型的 16 真实 STA 的仿真板卡示意图

针对高密度的具备真实独立物理射频的多 Wi-Fi 用户仿真设备的架构，可以考虑将图 4-56 所示板卡进行机箱式集成，形成一个整体高密度多真实 STA 仿真仪表设备，如图 4-57 所示。

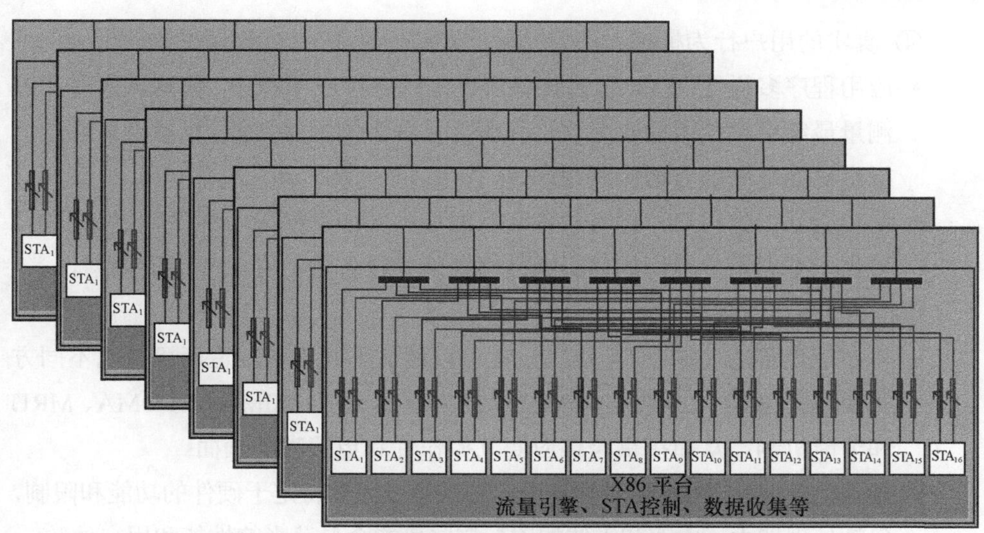

图 4-57 整体高密度多真实 STA 仿真仪表设备形态

目前业内按照以上架构实现的比较成熟的具备真实独立物理射频的高密度 Wi-Fi 7 客户端仿真设备主要有灿芯技术的 FlexWall 机箱式系列和 FlexSig-11/12 的独立 Wi-Fi 7 STA 仿真仪表。

在性能测试中采用大规模高密度 STA 仿真设备模拟多个 Wi-Fi 用户具有多种优势，具体如下。

① 真实的射频条件

大规模高密度 STA 仿真设备中的每个真实设备都通过其独特的 RF 签名与 Wi-Fi 网络交互，包括天线设计、发射功率和接收器灵敏度的变化。这种多样性可以更准确地表示现实世界的网络状况和设备互操作性挑战。

② 真实的空口动态

STA 仿真设备可以准确模拟 Wi-Fi 空口的动态，包括信号衰减、干扰和多路径效应，从而深入了解真实操作条件下的网络性能。

③ 真实的用户分布拓扑仿真

STA 仿真设备可以定义仿真目标环境的平均用户密度（如每平方米的用户数）。这种密度在不同环境（如家庭、办公室、体育场等）之间可能会有很大差异。此外，还可以定义常见的用户分布模式。例如，用户可能聚集在某些区域（如会议室或休息室）或均匀分布在开放式办公室中。因此，只有 STA 仿真设备才能满足 Wi-Fi 用户分布拓扑仿真模型真实性要求。

④ 真实的用户行为模拟

- 应用程序多样性：STA 仿真设备可以运行各种应用程序，使测试人员能够测量最终用户使用的实际软件和服务负载下的网络性能，包括不易通过虚拟客户端复制的专用应用程序。
- 用户交互：像用户一样与设备交互的能力（如切换应用程序、更改设置）提供了有关用户行为如何影响网络性能和设备电池寿命的宝贵数据。

⑤ 全面的功能测试

- 特定于设备的功能：STA 仿真设备可以测试不同设备制造商可能以不同方式实现的 Wi-Fi 7 功能，如 MLO、波束成形、MU-MIMO、OFDMA、MRU 和节能机制，从而提供跨供应商互操作性和更清晰的画面。
- 硬件功能：使用 STA 仿真设备进行测试可以评估特定于硬件的功能和限制，包括处理能力、内存和天线配置，这些可能会显著影响性能和用户体验。

⑥ 网络安全与管理测试

- 安全协议：STA 仿真设备可以测试 Wi-Fi 7 安全协议在实际使用条件下的有效性和影响，包括身份验证时间和加密/解密过程的性能影响。
- 管理和控制：使用 STA 仿真设备有助于评估网络管理和控制访问、确定流量优先级以及根据真实用户需求和行为动态调整设置的能力。

⑦ QoE 验证

- 主观评估：STA 仿真设备允许对 QoE（如视频质量、音频清晰度和应用程序响应能力）进行主观评估，从而提供对用户主观感知的客观数据表达，如语音的平均意见得分（MOS）等。但是，这些用户的主观感知很难仅通过虚拟客户端进行量化，需要结合真实的用户感知结果进行分析。
- 客观测量：STA 仿真设备还可以在不同的网络条件和使用场景下承载不同的应用，进而实现针对不同应用的客观 QoE 测量，如视频分辨率、语音通话质量指标等。

⑧ 环境和背景因素

- 移动性和位置：使用 STA 仿真设备进行测试可以准确模拟用户移动性和设备位置对网络性能的影响，包括接入点之间的切换和物理障碍物的影响。
- 干扰场景：可以使用 STA 仿真设备来创建、还原日常环境的干扰场景，如同时使用蓝牙、ZigBee 和其他射频发射设备，从而提供网络弹性的全面视图。

将 STA 仿真设备纳入 Wi-Fi 7 性能测试可以深入了解网络行为、设备互操作性和用户体验，这对于理解和优化 Wi-Fi 7 部署至关重要。虽然虚拟客户端提供了可扩展性和控制性，但真实设备的使用为测试带来了宝贵的现实性和特异性，确保 Wi-Fi 网络可以满足现实世界用户的多样化和动态需求。

上面分析了 Wi-Fi 7 多用户性能测试中多用户仿真的技术分类。从传输层面来讲，Wi-Fi 技术的瓶颈在空口部分，那么在 Wi-Fi 技术的革新换代演进和创新过程中，大部分的创新技术特性集中在空口部分，包括空口吞吐量、容量、时延等与应用体验强相关的性能。因此，在 Wi-Fi 7 网络设备的多用户评估方面，实验室评估测试方案（尤其是性能测试方案）必须考虑 Wi-Fi 7 的空口部分。多用户性能仿真测试中，前文阐述了两种方案，一种是 vSTA 多用户仿真技术，另一种是 STA 多用户仿真技术。在 Wi-Fi 技术演进和创新过程中，更多的是提高空口处理性能，尤其到了 Wi-Fi 7，除了针对原有 Wi-Fi 6 的波束成形、MU-MIMO、OFDMA 等多用户空口技术进行优化，还增加了 MLO、MRU、320MHz 大频谱带宽等新特性。针对这些技术，采用 vSTA 技术来仿真多用户场景已经远远不能满足 Wi-Fi 7 多用户性能测试需求，vSTA 的多用户仿真更适用于 Wi-Fi 5 以前的技术以及针对多用户路由转发能力的场景。因此，这里更提倡采用 STA 仿真技术进行 Wi-Fi 7 的多用户性能仿真测试。

下面针对典型场景的 Wi-Fi 7 多用户性能仿真测试的建模思路和方法进行一些初步的分析和讨论。Wi-Fi 7 多用户性能测试模型需要考虑用户的分布特性以及用户承载的业务。

考虑大部分的真实 Wi-Fi 用户分布，一般 STA 设备都以 Wi-Fi 网络接入设备（AP）为中心离散分布，这些设备包括承载各种应用的手机、计算机以及监控设备、物联网设备等，如图 4-58 所示。

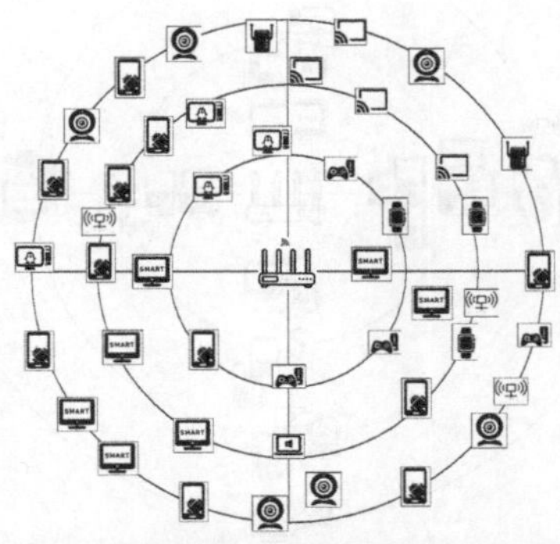

图 4-58　以 Wi-Fi 网络接入设备（AP）为中心离散分布

实验室仿真测试的原则就是仿真场景应该是一个完全可控制的可重复实现的场景。这里，我们的思路就是把这些离散分布的 STA 设备按照距离和方向以一定的规律进行部署，从而建立模型，如图 4-59 所示。

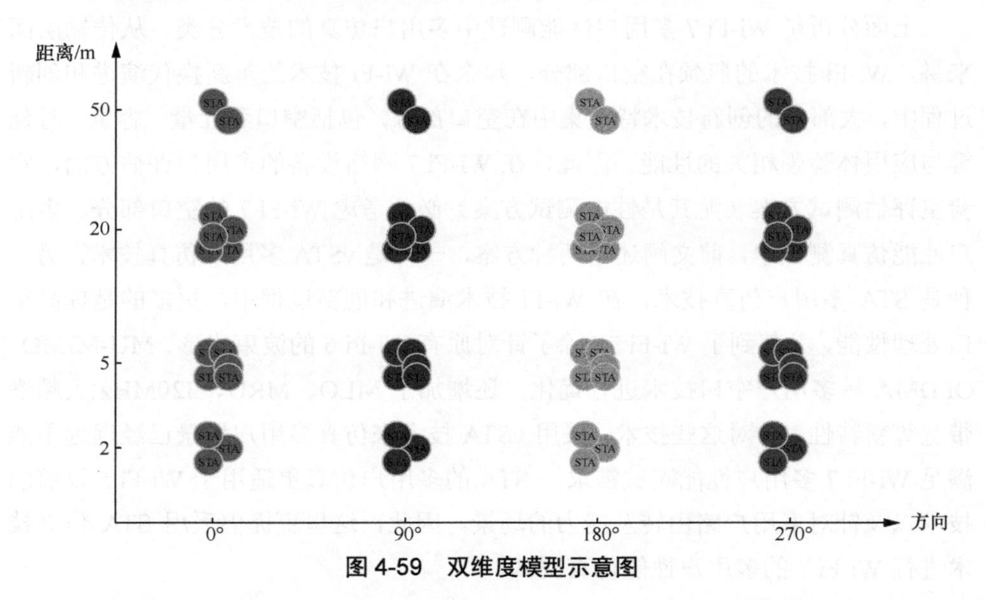

图 4-59　双维度模型示意图

这里的距离可以动态设置，穿墙的衰减也可以通过距离表现出来，方向为相对于 Wi-Fi 网络接入设备（AP）的方向，通过上述拓扑，可以将离散的 STA 分布在实验室通过模型构建出来，如图 4-60 所示。

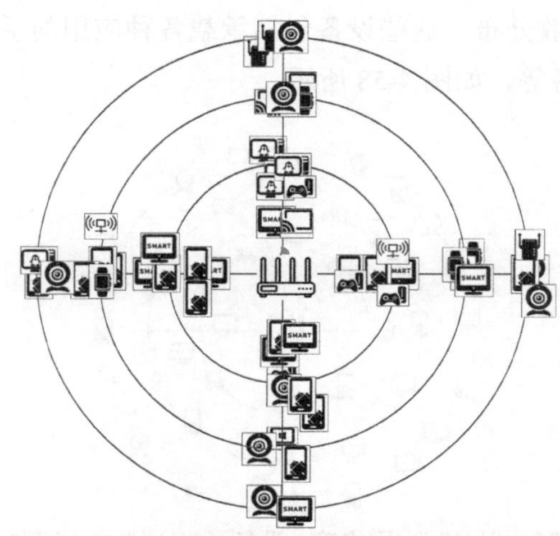

图 4-60　离散 STA 分布的实验室构建

将一个离散的 STA 分布模型尽可能地收敛为每个 STA 都有距离和方向特性的 STA 分布模型，进而构建任何数量的 STA 分布模型。当然，构建这个模型的前提是 STA 的天线具备方向性（配置定向天线），以及吸波方案采用尖劈形吸波棉以实现较高的信号吸收能力，这样才能彻底区分出 AP 在不同方向的性能表现。那么在实际中，就可以通过如下的逻辑拓扑结构来实现一个灵活的、可控制的 STA 分布拓扑仿真平台，如图 4-61 所示。

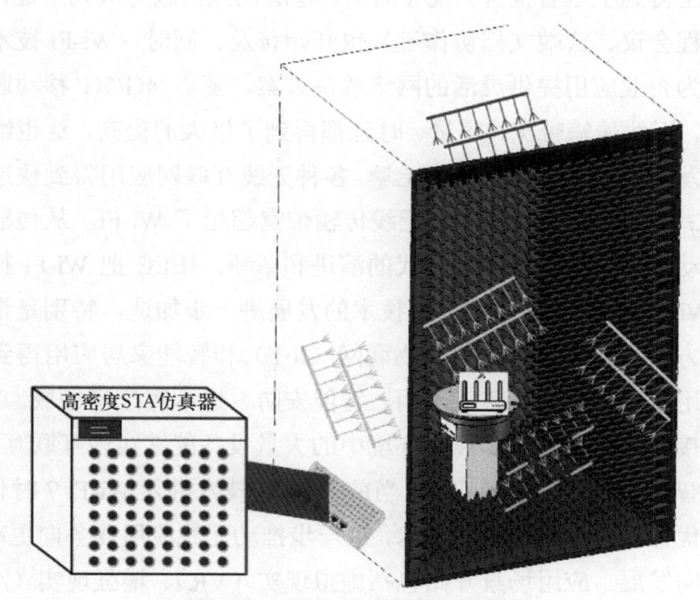

图 4-61　STA 分布拓扑仿真平台

图 4-61 所示平台需要一个高密度 STA 仿真器，每个 STA 的射频链路配置至少 60dB 的独立分频衰减（用于 Wi-Fi 7 MLO 性能测试），然后通过合路部署到测试微屏蔽暗室的 4 个可调高度和天线俯仰角度的天线阵列上，通过控制转台的转动角度和升降台的高度，可以得出三维的 AP 和多个 STA 的相对方位，建立分布在各个 AP 方向的多个 STA 的分布模型，进而满足真实多用户的性能测试要求。

5. *Wi-Fi 7 应用业务流量建模*

Wi-Fi 承载的业务经历了一个由简单到复杂、由单一到多样化的发展过程。Wi-Fi 技术自 1997 年诞生以来，已经成为无线网络通信的重要组成部分，极大地推动了无线应用业务的多样化和高质量发展。

在 Wi-Fi 技术发展初期，Wi-Fi 只作为最基础接入与简单应用的承载方式，主要解决的是无线接入互联网的基本需求。那时的应用业务主要集中在简单的网页浏览、电子邮件等基础网络服务上。由于早期 Wi-Fi 技术的带宽和稳定性有限，那一阶段的无线应用业务发展相对缓慢，主要局限于个人和家庭使用。互联网应用的快速发展以及有线传输技术的迭代更新，直接推动了 Wi-Fi 技术的演进和迭代。尤其是随着互联网多媒体内容传输和移动办公需求的增长，Wi-Fi 技术的速度和覆盖范围得到了显著提升。视频通话、超清视频播放等成为可能，移动办公应用（如远程会议、云端文档协作等）也开始普及。同时，Wi-Fi 技术开始进入商业领域，为企业应用提供灵活的网络解决方案。随着 4G/5G 移动通信网络的部署和应用，无线传输带宽、容量、时延都得到了极大的提高，这也给无线互联网应用的爆发式增长提供了适宜的土壤，各种无线互联网应用得到快速的部署和应用。而 5G 的无线用户容量以及无线传输带宽超越了 Wi-Fi，从传输速率、容量等方面推动 Wi-Fi 技术进入下一代的演进和革新。IEEE 把 Wi-Fi 技术推进到 802.11ax（Wi-Fi 6）时代后，Wi-Fi 技术的发展进一步加速，特别是带宽、连接数、时延等方面的大幅提升，使得物联网（IoT）和智能家居应用得到了快速发展。无线应用业务扩展到了智能照明、智能安防、远程医疗等领域。Wi-Fi 技术的高密度连接能力使得家庭和商业环境中的大量设备能够实现互联互通，为用户提供了更加智能和便捷的生活方式。当前，Wi-Fi 技术进入 Wi-Fi 7 时代，Wi-Fi 7 提供了更为优秀的无线网络传输技术，进一步推动无线应用业务向更高速度、更低时延的方向发展。应用场景开始包括虚拟现实（VR）、增强现实（AR）、超高清视频会议、实时云游戏等带宽密集型和低时延要求的应用。此外，Wi-Fi 7 还将被大规模应用在工业物联网（IIoT）领域，为自动化生产、智能物流等提供更加可靠的无线通信解决方案。

不同应用场景下的 Wi-Fi 7 数据传输特性也不同，如图 4-62 所示。

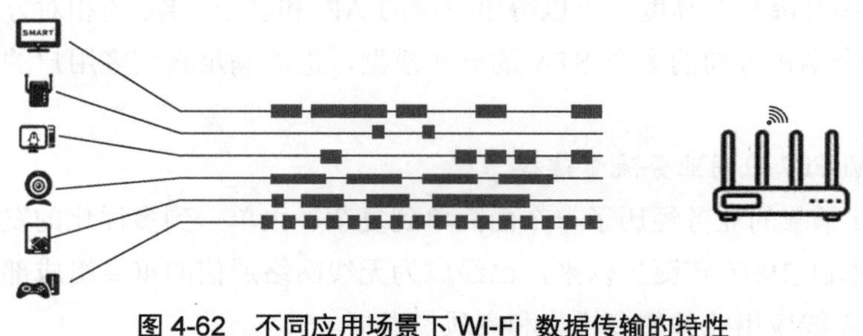

图 4-62　不同应用场景下 Wi-Fi 数据传输的特性

通过图 4-62 可以看出，Wi-Fi 承载了大部分互联网应用的最后接入业务，据有关统计，移动终端 70%的无线传输业务由 Wi-Fi 技术承载，剩下的由 4G/5G 等移动通信网络承载，由此可以看出 Wi-Fi 在移动应用领域的地位是相当重要的。那么随着 Wi-Fi 技术的演进，相应的性能测试技术也需要升级，为了能够在实验室实现 Wi-Fi 7 设备部署后的性能评估，不仅要考虑实际 Wi-Fi 部署的地理环境、多用户分布、背景干扰等因素，还需要考虑实际 Wi-Fi 7 承载的应用业务特性，也就是说需要根据实际的 Wi-Fi 业务进行业务场景化建模。

业务场景化建模的基本思想就是任何业务模型都可以溯源到一个特定的真实场景。下面介绍一个业务场景建模的方法，如图 4-63 所示。

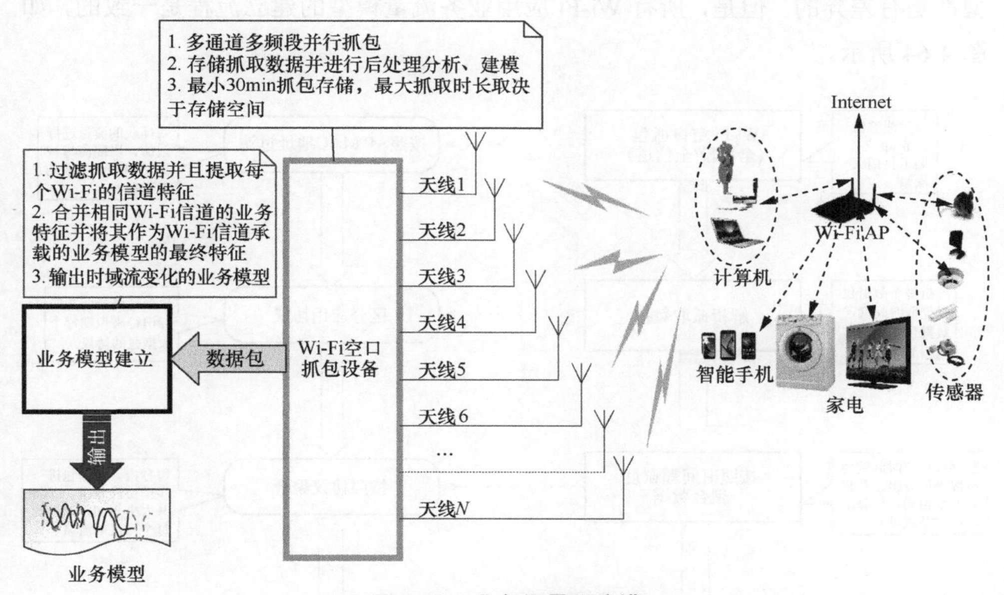

图 4-63 业务场景化建模

捕获 Wi-Fi 应用场景的空口数据，捕获的数据为以 pcap 格式保存的数据文件，pcap 是许多网络分析工具可以读取的标准文件格式。捕获完成后，pcap 文件包含大量数据，其中许多数据可能与分析无关。第一个任务是过滤数据，从而隔离与特定 Wi-Fi AP 关联的数据包。可以根据 AP 的 MAC 地址来过滤。过滤完成后，解析每个数据包以提取分析所需的信息，包括数据包的时间戳（精确到秒）、数据包的大小（以字节为单位）以及数据包使用的协议。通常可以通过检查数据包的端口号来确定协议，但对于使用非标准端口或协议的数据包，可能需要更复杂的分析。从每个数据包中提取必要的数据后，下一步是聚合这些数据。这涉及按传输数据包的秒数对数据包进行分组，并对它们的大小进行求和以确定每秒的总流量。此外，在每一秒内，数据包应按协议分组，将每个协议的数据包大小分别求和。这可以提供一段时间内流量的详细视图（按协议细分）。分析的最后一步是将聚合数据构建为当前 Wi-Fi 应用场景对应的应用业务流量模型。该模型由一组对象组成，每个对象代表 1s 的流量。每个对象都包含时间戳，即该秒的总流量（由不同协议的流量组成，如 HTTP、FTP、RTSP 等）。

Wi-Fi 承载的应用业务流量模型或者 Wi-Fi 背景干扰的业务模型的建立是与 Wi-Fi 场景特性强相关的，不同 Wi-Fi 应用场景承载的业务模型或者干扰业务模型都是有差异的。但是，所有 Wi-Fi 应用业务流量模型的建立流程是一致的，如图 4-64 所示。

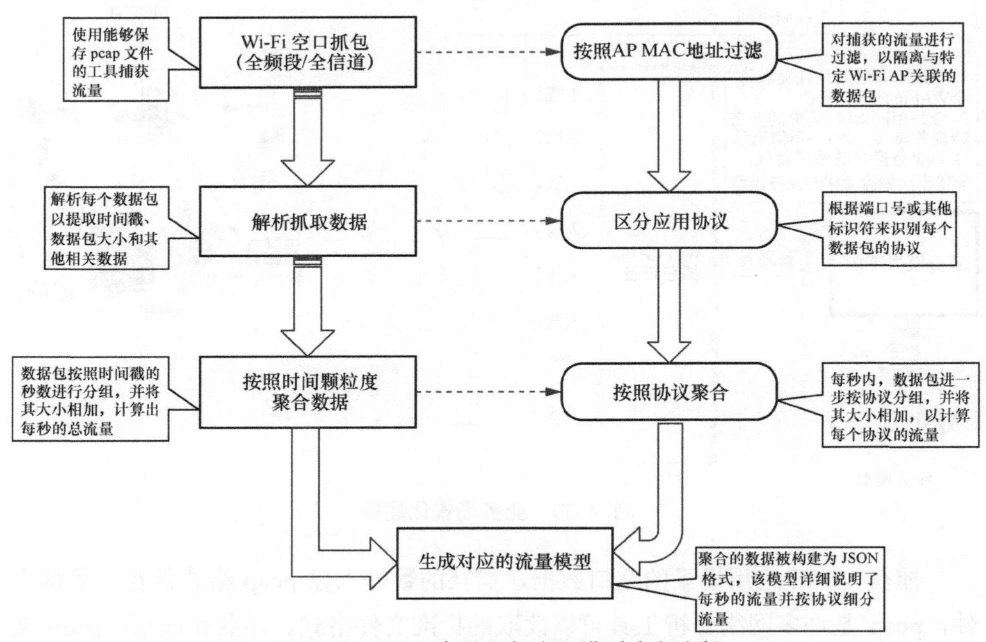

图 4-64　Wi-Fi 应用业务流量模型建立流程

按照以上 Wi-Fi 应用业务流量模型建立流程，模型输出 JSON 格式的数据。

```
{
  "traffic_model": [
    {
      "timestamp": "2023-04-01T12:00:00",
      "total_traffic_volume_bytes": 3072,
```

```
      "protocols": {
        "HTTP": 512,
        "HTTPS": 1024,
        "FTP": 256,
        "DNS": 768,
        "SMTP": 512
      }
    },
    {
      "timestamp": "2023-04-01T12:00:01",
      "total_traffic_volume_bytes": 4096,
      "protocols": {
        "RTP": 1024,
        "RTSP": 1024,
        "DHCP": 512,
        "DNS": 512,
        "SMTP": 1024
      }
    },
    {
      "timestamp": "2023-04-01T12:00:02",
      "total_traffic_volume_bytes": 2048,
      "protocols": {
        "HTTP": 512,
        "HTTPS": 512,
        "FTP": 256,
        "RTP": 256,
        "RTSP": 512
      }
    },
    {
      "timestamp": "2023-04-01T12:00:03",
      "total_traffic_volume_bytes": 1024,
      "protocols": {
        "DHCP": 256,
        "DNS": 256,
        "SMTP": 256,
        "HTTP": 128,
        "HTTPS": 128
      }
    },
    {
      "timestamp": "2023-04-01T12:00:04",
      "total_traffic_volume_bytes": 512,
      "protocols": {
        "FTP": 128,
```

```
      "RTP": 128,
      "RTSP": 128,
      "DHCP": 64,
      "DNS": 64
    }
  },
  {
    "timestamp": "2023-04-01T12:00:05",
    "total_traffic_volume_bytes": 2560,
    "protocols": {
      "SMTP": 512,
      "HTTP": 512,
      "HTTPS": 512,
      "FTP": 512,
      "RTP": 512
    }
  },
  {
    "timestamp": "2023-04-01T12:00:06",
    "total_traffic_volume_bytes": 5120,
    "protocols": {
      "RTSP": 1024,
      "DHCP": 1024,
      "DNS": 1024,
      "SMTP": 1024,
      "HTTP": 1024
    }
  },
  {
    "timestamp": "2023-04-01T12:00:07",
    "total_traffic_volume_bytes": 6144,
    "protocols": {
      "HTTPS": 1228,
      "FTP": 1228,
      "RTP": 1228,
      "RTSP": 1228,
      "DHCP": 1228
    }
  },
  {
    "timestamp": "2023-04-01T12:00:08",
    "total_traffic_volume_bytes": 7168,
    "protocols": {
      "DNS": 1434,
      "SMTP": 1434,
      "HTTP": 1434,
```

```
      "HTTPS": 1434,
      "FTP": 1432
    }
  },
  {
    "timestamp": "2023-04-01T12:00:09",
    "total_traffic_volume_bytes": 8192,
    "protocols": {
      "RTP": 1638,
      "RTSP": 1638,
      "DHCP": 1638,
      "DNS": 1638,
      "SMTP": 1640
    }
  },
  {
    "timestamp": "2023-04-01T12:00:10",
    "total_traffic_volume_bytes": 9216,
    "protocols": {
      "HTTP": 1843,
      "HTTPS": 1843,
      "FTP": 1843,
      "RTP": 1843,
      "RTSP": 1844
    }
  },
  {
    "timestamp": "2023-04-01T12:00:11",
    "total_traffic_volume_bytes": 10240,
    "protocols": {
      "DHCP": 2048,
      "DNS": 2048,
      "SMTP": 2048,
      "HTTP": 1024,
      "HTTPS": 1024
    }
  },
  {
    "timestamp": "2023-04-01T12:00:12",
    "total_traffic_volume_bytes": 11264,
    "protocols": {
      "FTP": 2253,
      "RTP": 2253,
      "RTSP": 2254,
      "DHCP": 2252,
      "DNS": 2252
```

```
      }
    },
    {
      "timestamp": "2023-04-01T12:00:13",
      "total_traffic_volume_bytes": 12288,
      "protocols": {
        "SMTP": 2457,
        "HTTP": 2456,
        "HTTPS": 2457,
        "FTP": 2456,
        "RTP": 2462
      }
    },
    {
      "timestamp": "2023-04-01T12:00:14",
      "total_traffic_volume_bytes": 13312,
      "protocols": {
        "RTSP": 2662,
        "DHCP": 2664,
        "DNS": 2664,
        "SMTP": 2664,
        "HTTP": 2658
      }
    },
    {
      "timestamp": "2023-04-01T12:00:15",
      "total_traffic_volume_bytes": 14336,
      "protocols": {
        "HTTPS": 2867,
        "FTP": 2868,
        "RTP": 2865,
        "RTSP": 2868,
        "DHCP": 2868
      }
    },
    {
      "timestamp": "2023-04-01T12:00:16",
      "total_traffic_volume_bytes": 15360,
      "protocols": {
        "DNS": 3072,
        "SMTP": 3072,
        "HTTP": 3072,
        "HTTPS": 3072,
        "FTP": 3072
      }
    },
```

```
    {
      "timestamp": "2023-04-01T12:00:17",
      "total_traffic_volume_bytes": 16384,
      "protocols": {
        "RTP": 3276,
        "RTSP": 3276,
        "DHCP": 3276,
        "DNS": 3276,
        "SMTP": 3280
      }
    },
    {
      "timestamp": "2023-04-01T12:00:18",
      "total_traffic_volume_bytes": 17408,
      "protocols": {
        "HTTP": 3481,
        "HTTPS": 3482,
        "FTP": 3481,
        "RTP": 3482,
        "RTSP": 3482
      }
    },
    {
      "timestamp": "2023-04-01T12:00:19",
      "total_traffic_volume_bytes": 18432,
      "protocols": {
        "DHCP": 3686,
        "DNS": 3686,
        "SMTP": 3686,
        "HTTP": 3687,
        "HTTPS": 3687
      }
    }
  ]
}
```

上述应用业务流量模型的输出结果可用表 4-5 和图 4-65 表示。

表 4-5　应用业务流量模型输出结果

时间戳	流量/Byte								
	总计	HTTP	HTTPS	FTP	RTP	RTSP	DHCP	DNS	SMTP
2023-04-01T12:00:00	3072	512	1024	256	0	0	0	768	512
2023-04-01T12:00:01	4096	0	0	0	1024	1024	512	512	1024
2023-04-01T12:00:02	2048	512	512	256	256	512	0	0	0

续表

时间戳	流量/Byte								
	总计	HTTP	HTTPS	FTP	RTP	RTSP	DHCP	DNS	SMTP
2023-04-01T12:00:03	1024	128	128	0	0	0	256	256	256
2023-04-01T12:00:04	512	0	0	128	128	128	64	64	0
2023-04-01T12:00:05	2560	512	512	512	512	0	0	0	512
2023-04-01T12:00:06	5120	1024	0	0	0	1024	1024	1024	1024
2023-04-01T12:00:07	6144	0	1228	1228	1228	1228	1228	0	0
2023-04-01T12:00:08	7168	1434	1434	1432	0	0	0	1434	0
2023-04-01T12:00:09	8192	0	0	0	1638	1638	1638	1638	1640
2023-04-01T12:00:10	9216	1843	1843	1843	1843	1844	0	0	0
2023-04-01T12:00:11	10240	0	1024	0	0	0	2048	2048	2048
2023-04-01T12:00:12	11264	0	0	2253	2253	2254	2252	2252	0
2023-04-01T12:00:13	12288	2457	2457	2456	2462	0	0	0	2456
2023-04-01T12:00:14	13312	2658	0	0	0	2662	2664	2664	2664
2023-04-01T12:00:15	14336	0	2867	2868	2865	2868	2868	0	0
2023-04-01T12:00:16	15360	3072	3072	3072	0	0	0	3072	3072
2023-04-01T12:00:17	16384	0	0	0	3276	3276	3276	3276	3280
2023-04-01T12:00:18	17408	3481	3482	3481	3482	3482	0	0	0
2023-04-01T12:00:19	18432	3687	3687	0	0	0	3686	3686	3686

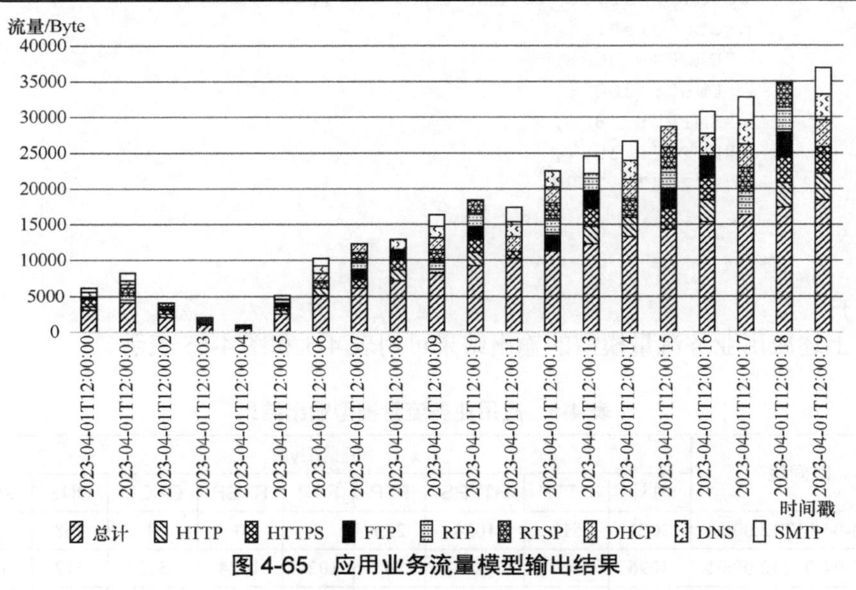

图 4-65 应用业务流量模型输出结果

以上仅为仿真示例，供大家参考。

6. Wi-Fi 7 漫游场景建模

（1）Wi-Fi 7 漫游特性背景

针对 Wi-Fi 7 创建详细且真实的漫游场景模型，需要深入了解 Wi-Fi 漫游网络 STA 漫游的触发条件、Wi-Fi 7 引入的具体增强功能、设备的实际情况、Wi-Fi 移动性和网络管理。下面阐述用于实验室仿真 Wi-Fi 漫游场景的思路和大体框架，重点关注 Wi-Fi 7 的独特功能以及如何利用它们来应对现代 Wi-Fi 无线网络应用面临的挑战。Wi-Fi 7 真实漫游场景模型如图 4-66 所示。

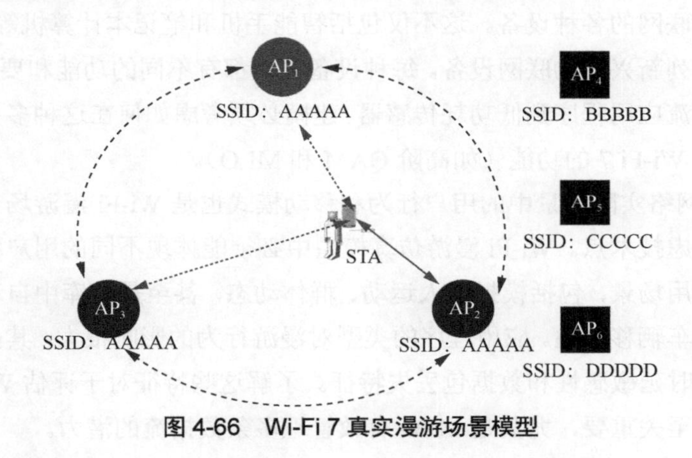

图 4-66　Wi-Fi 7 真实漫游场景模型

当 Wi-Fi 终端设备在 Wi-Fi 网络覆盖内的不同 Wi-Fi 网络接入点之间移动时，Wi-Fi 漫游是维持无缝互联网连接的一项关键功能。这种无缝连接对于移动性较高的环境至关重要，如大型办公空间、校园、医院等。Wi-Fi 漫游的主要挑战在于在保持高质量连接和最大限度地减少 AP 转换期间的中断之间取得平衡。

Wi-Fi 7 大幅度提高了用户体验，包括提高吞吐量、减少时延和提高传输速率，特别是在密集和动态环境中。Wi-Fi 7 技术针对漫游性能的提高包括对更宽的通道带宽的支持，支持信道高达 320MHz，是 Wi-Fi 6 最大带宽的两倍，可实现更高的数据速率；借助 4096QAM 的高阶调制，Wi-Fi 7 的吞吐量比 Wi-Fi 6 提高了 20%，从而提高了数据传输效率；MLO 允许设备通过多个射频或通道同时传输数据，从而提高可靠性并减少时延；先进的调度和信道访问机制有助于优化可用频谱的使用，使得频谱效率得到大幅度提高，更大程度地利用了有限的空口资源，这对于高密度场景至关重要。

（2）Wi-Fi 7 漫游场景建模原则

场景仿真建模的基本原则是模型一定能溯源于某个特定的典型真实环境，

Wi-Fi 7 漫游场景建模也不例外。

准确建模 Wi-Fi 7 部署环境的物理布局和条件是基础，包括 AP 位置、物理障碍和用户密度变化的详细映射。对于 Wi-Fi 7 来说，以最小的干扰处理高密度场景的能力是一个关键考虑因素。因此，模拟应包括不同的环境，从开放式区域到复杂的多层结构，以评估 Wi-Fi 7 的功能（尤其是 MLO）增强漫游体验的效果。

设备多样性在 Wi-Fi 7 漫游场景中是不可逃避的一个问题。现实的漫游模型必须考虑能联网的各种设备。这不仅包括智能手机和笔记本计算机等传统设备，还包括一系列新兴的物联网设备。每种设备类型都有不同的功能和要求，从带宽密集型视频流应用程序到低功耗传感器。建模必须考虑如何在这种多样化的设备环境中优化 Wi-Fi 7 的功能（如高阶 QAM 和 MLO）。

Wi-Fi 网络实际场景中的用户行为和移动模式也是 Wi-Fi 漫游场景仿真建模中的重要考虑技术点。Wi-Fi 漫游仿真模型中必须能体现不同的用户移动模式和应用程序使用场景，包括模拟行人运动、群体动态，甚至是仓库中自动引导车辆等情况下的车辆移动性。应用程序的类型对漫游行为的影响很大，其具有不同的数据速率、时延敏感性和数据包丢失特征。了解这些特征对于评估 Wi-Fi 7 的性能改进效果至关重要，尤其是 MLO 有效管理多条数据流的潜力。

为了满足 Wi-Fi 7 漫游流程的协议要求，Wi-Fi 7 网络配置和管理策略也必须统一配置。Wi-Fi 7 的网络配置和管理策略包括 SSID 的设置、身份验证机制、AP 负载均衡以及通过 MLO 的数据流智能路由。该模型应探索各种配置，以确定管理漫游、确保无缝切换和平衡网络负载的最佳策略，从而最大限度地发挥 Wi-Fi 7 的性能优势。

Wi-Fi 7 漫游性能的评估指标也需要在测试场景建模仿真中考虑，这样才能对 Wi-Fi 7 网络设备的漫游性能进行客观的数据反馈。Wi-Fi 7 漫游性能的关键指标包括切换时延、数据吞吐量、数据包丢失状况等。漫游仿真模型应利用 Wi-Fi 7 的技术进步来对这些领域进行改进，为评估漫游性能和确定需要进一步优化的领域提供定量基础。

基于真实漫游场景的漫游仿真建模还需要考虑各个 Wi-Fi 7 网络接入设备承载的背景用户数量、用户流量以及背景干扰等因素。鉴于 Wi-Fi 7 专注于高密度环境，漫游仿真建模中需要评估 Wi-Fi 7 有效管理大量并发连接并在大流量条件下保持性能的能力。此外，还需要考虑各种来源的干扰的影响，尤其是其他 Wi-Fi

网络针对空口资源的争夺而产生的干扰，这一点在密集的城市环境或多个网络近距离运行的场景中尤其重要。漫游场景仿真建模流程如图 4-67 所示。

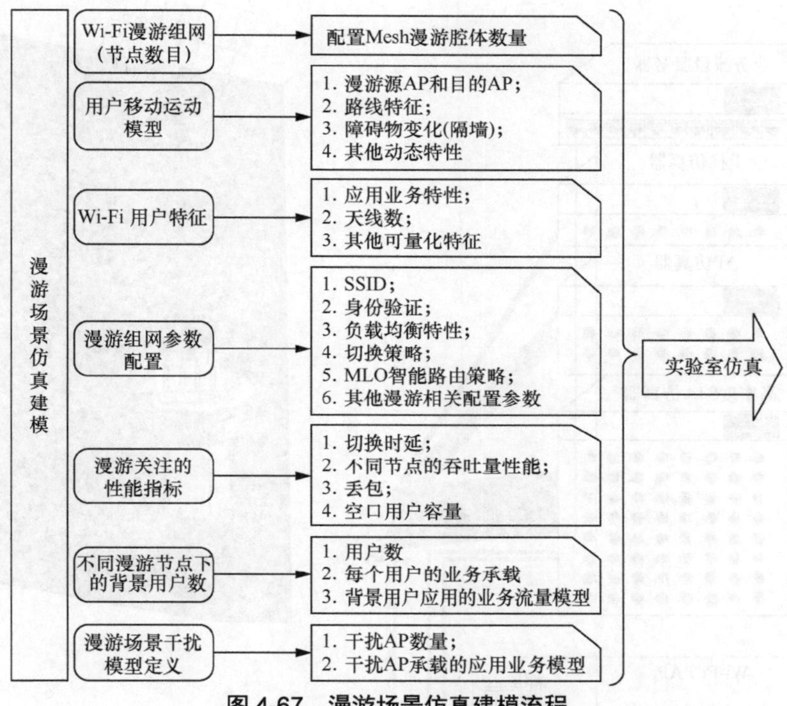

图 4-67　漫游场景仿真建模流程

对 Wi-Fi 7 漫游场景进行仿真建模是一项复杂但重要的任务，有助于理解和优化下一代无线网络的性能。通过准确模拟现实环境、设备多样性、用户行为和网络配置，并结合人工智能和动态环境模拟等先进技术，可以深入了解 Wi-Fi 7 的能力和局限性。全面的建模方法将有助于推动 Wi-Fi 7 网络的成功部署和管理，确保其能够满足现代用户和应用程序的需求。通过精心的规划和测试，Wi-Fi 7 有潜力提供无与伦比的无线连接，为无线世界的速度、可靠性和效率建立新标准。

（3）Wi-Fi 7 漫游场景典型仿真环境

Wi-Fi 7 漫游场景实验室仿真需要配置测试微屏蔽暗室、漫游节点屏蔽小暗室、高密度 STA 仿真器、AP 仿真器、业务流量服务器、干扰仿真器以及自动化测试平台等，将模型各个模块的属性特征参数配置到仿真环境中相应的物理单元上，各个模块通过自动化测试平台协同工作。Wi-Fi 7 漫游场景实验室仿真测试平台如图 4-68 所示。

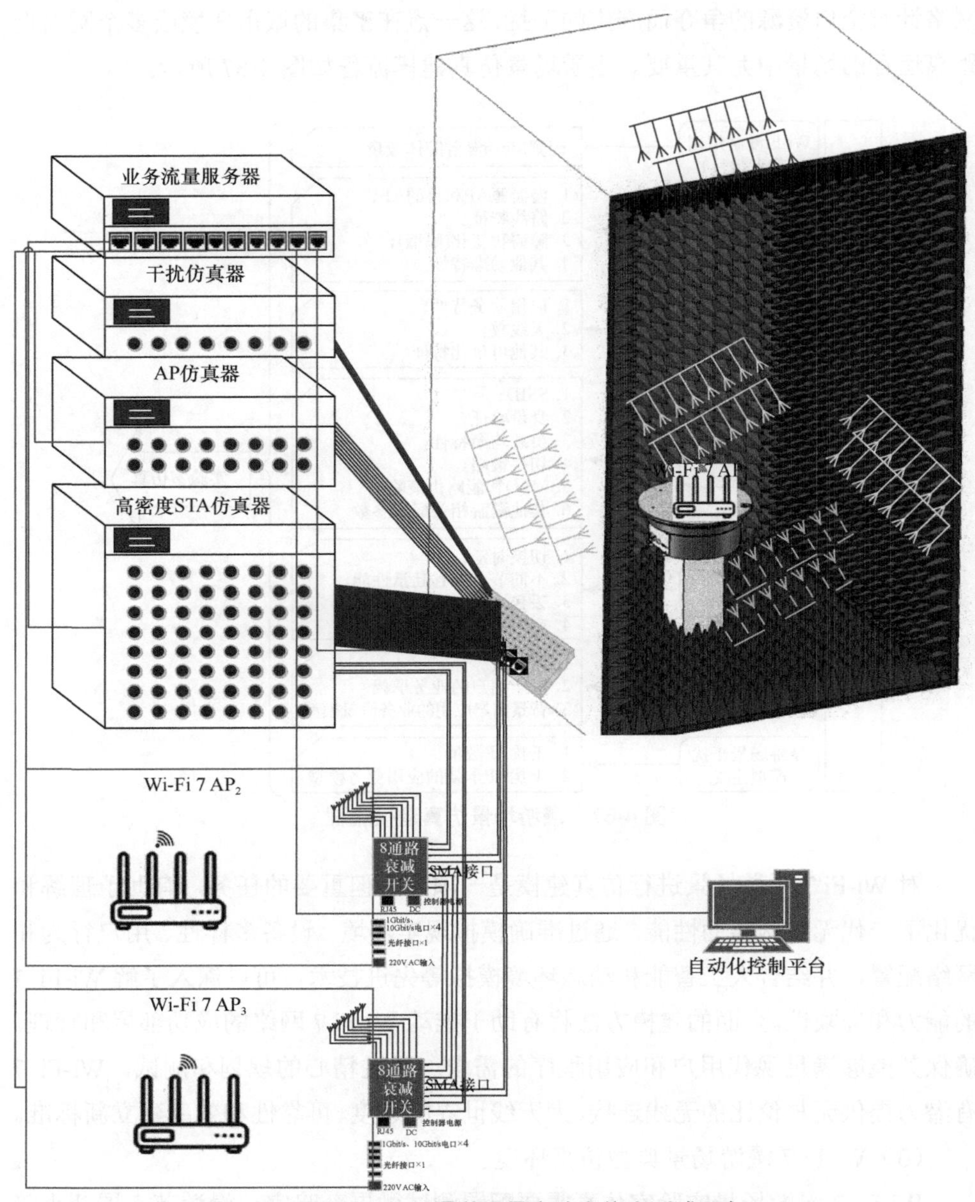

图 4-68 Wi-Fi 7 漫游场景实验室仿真测试平台

依据前文阐述的 Wi-Fi 漫游场景仿真建模方法以及模型描述的各个特征参数（静态或者动态的），通过场景仿真及自动化控制平台的驱动将这些特征参数静态配置或者根据需求动态配置到转台、天线、高密度 STA 仿真器、AP 仿真器、干扰仿真器、业务流量服务器、配合构建的漫游节点屏蔽腔体，然后通过控制目标漫游 STA 射频链路的信号功率水平以及主暗室与各个 Mesh 暗室节点间的 Wi-Fi 信号功率水平来仿真一个 Wi-Fi 客户端真实移动的漫游场景，进而创建一个完全可控制、可重复的 Wi-Fi 7 漫游性能仿真测试环境。

4.4.2 Wi–Fi 7 性能测试方案

Wi-Fi 7 性能测试涉及的关键性能指标包括 Wi-Fi 7 功能、多用户性能和用户体验。其中，Wi-Fi 7 功能涉及更高的数据速率、更高的效率和更低的时延。多用户性能是指 Wi-Fi 7 同时处理多个用户的能力。用户体验则侧重于从用户的角度来看整体满意度、易用性和性能。

Wi-Fi 7 性能测试需要一个灵活的、可实现各种场景模型的、完全可控制可重复的 Wi-Fi 7 场景仿真及性能测试系统。如图 4-69 所示，根据上一节的测试环境构建思路实现一个多功能的仿真测试系统，可以针对 Wi-Fi 7 在多种环境下的性能进行全方位的测试，当然也能满足 W-Fi 7 的协议及基本功能的测试需求。

除了上述性能测试，Wi-Fi 7 的新特性（如 MLO、MRU 等）所产生的增益也是需要评估的。

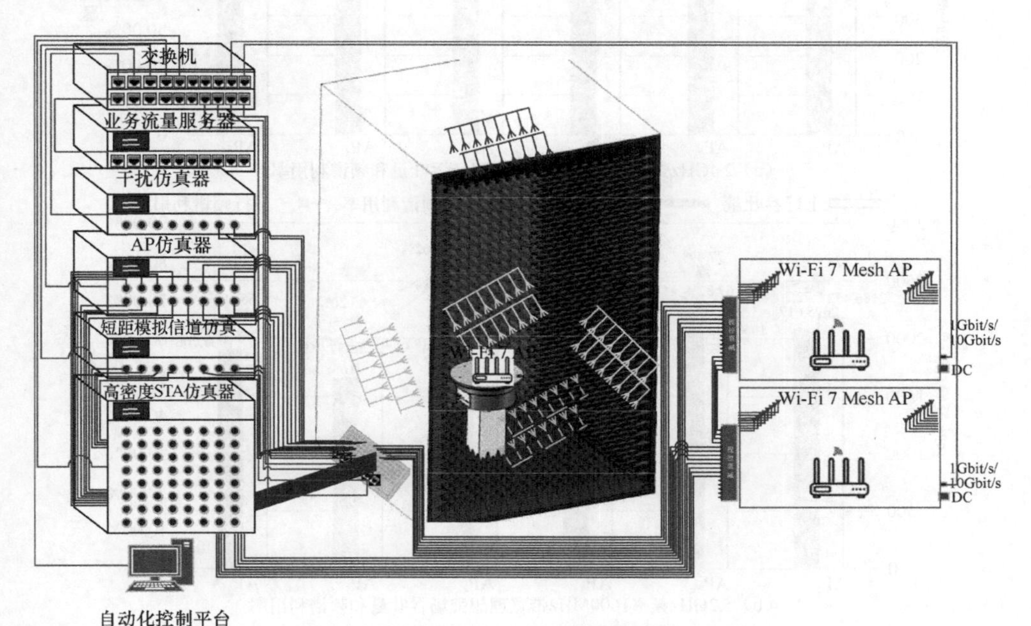

图 4-69 Wi-Fi 7 仿真测试系统

4.4.3 Wi-Fi 7 典型测试指标分析

利用完全可控制、可重复并且具备高度扩展性和灵活性的 Wi-Fi 7 场景仿真及性能综合测试系统，可以针对从典型的理想场景到复杂的多用户真实场景的实验室仿真环境下的 Wi-Fi 7 设备进行客观的性能评估，进而可以发现具备不同 Wi-Fi 7 能力的网络设备在不同场景下的性能表现和差异。下面分析部分 Wi-Fi 7 网络设备的性能测试结果。

1. *单用户理想强场单频段和开启多链路操作的性能*

Wi-Fi 7 技术是后向兼容的，引入了 4096QAM 技术，提高了频谱效率以及吞吐量，同时，引入的多链路操作也给吞吐量、可靠性等带来了很高的增益，理想强场下的吞吐量和频谱利用率如图 4-70 所示。

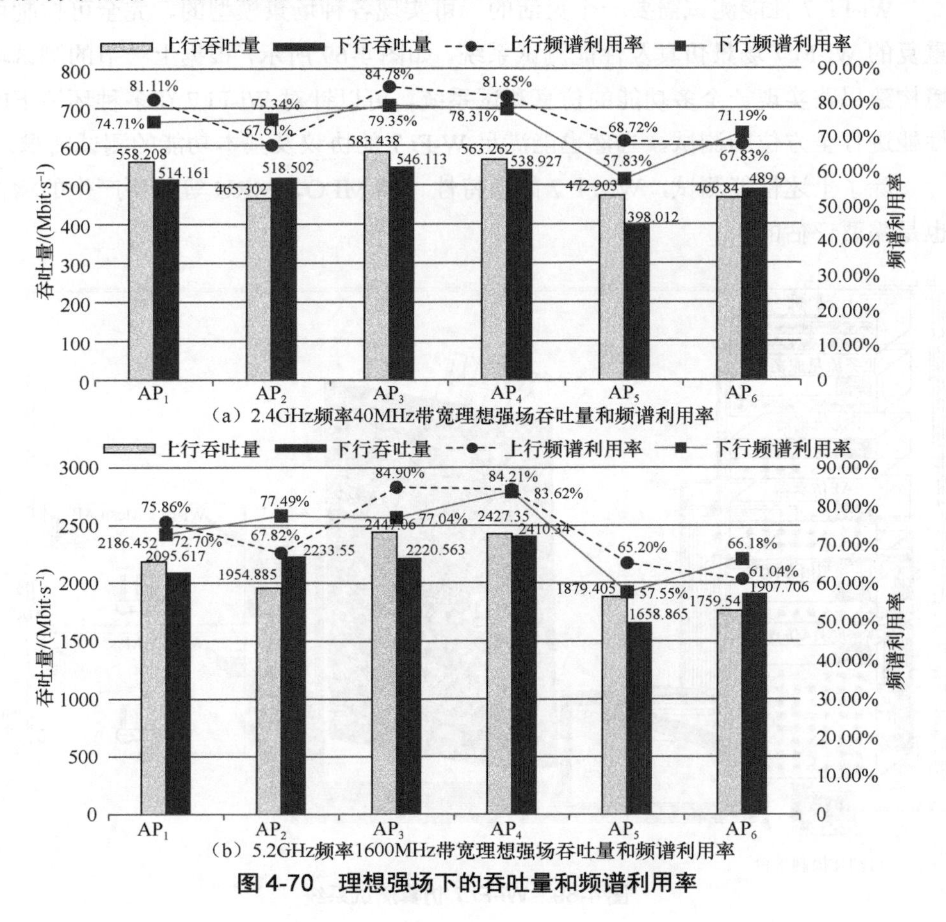

图 4-70 理想强场下的吞吐量和频谱利用率

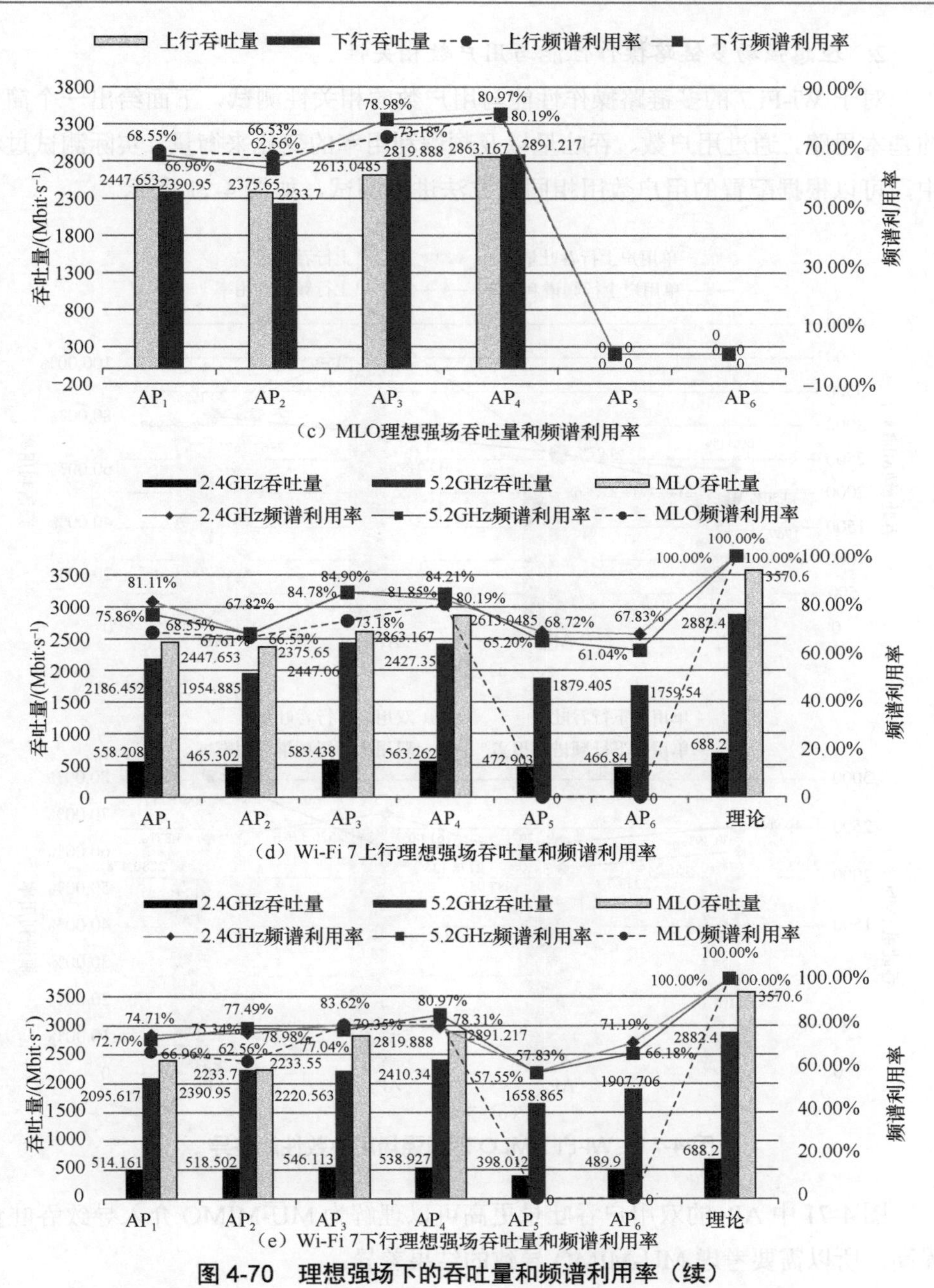

图 4-70　理想强场下的吞吐量和频谱利用率（续）

通过图 4-70 可以看出，不同的 Wi-Fi 7 网络设备在单频段上下行吞吐量方面的差异很大，频谱利用效率（也就是理论吞吐量占比）的差异性也比较明显。

2. 理想强场多链路操作性能与用户数相关性

对于 Wi-Fi 7 的多链路操作性能与用户数的相关性测试，下面给出一个简单的基本思路，通过用户数、吞吐量以及频谱利用率的变化来衡量，实际测试过程中，可以根据配置的用户数用相同的方法进行测试，如图 4-71 所示。

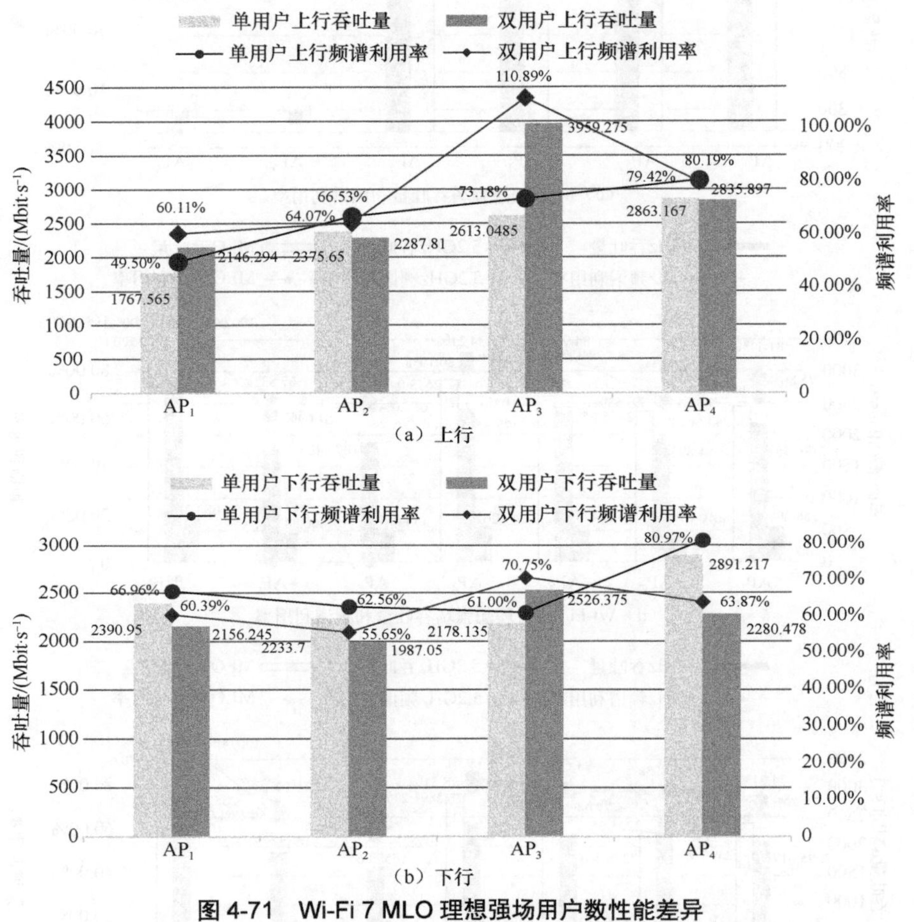

图 4-71 Wi-Fi 7 MLO 理想强场用户数性能差异

图 4-71 中 AP_3 的双用户吞吐量更高可以理解为 MU-MIMO 介入导致吞吐量提高，所以需要考虑 MU-MIMO 导致的结果差异。

在多链路操作特性激活的条件下，不同的 Wi-Fi 7 网络设备在用户数不同条件下的频谱利用率和吞吐量存在差异，按照这个思路可以针对不同用户数场景下的吞吐量和频谱利用率进行综合考查。

3. 单用户理想强场多链路操作的时延性能

Wi-Fi 7 的多链路操作对降低传输时延具有很大的帮助，但是，其对不同 Wi-Fi 7 网络设备所起的作用有一定的差异，如图 4-72 所示。

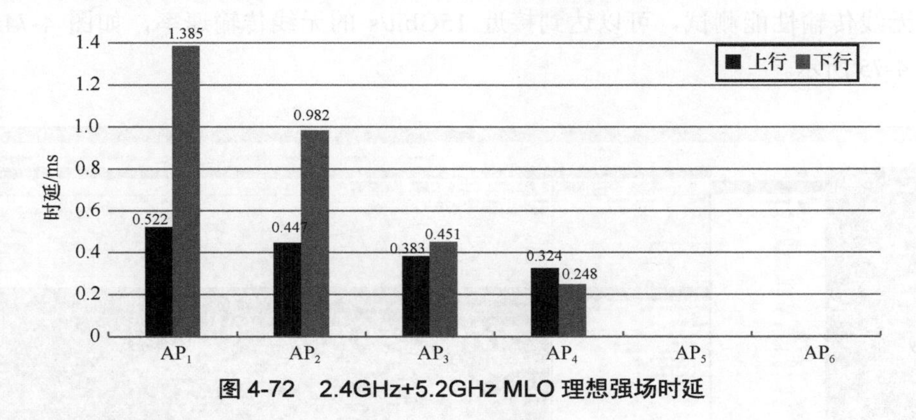

图 4-72　2.4GHz+5.2GHz MLO 理想强场时延

时延的差异与吞吐量的差异基本一致，需要从物理层到 MAC 层调度进一步地测试、分析、优化。

4. 多资源单元的吞吐量性能

Wi-Fi 7 技术中引入的多资源单元使得 Wi-Fi 7 网络设备的性能有了很大提高。针对 MRU 性能的基本测试方法是构建不同的 Wi-Fi 7 应用场景，对开关 MRU 功能下的吞吐量、时延等性能进行对比分析。场景可以是单用户、多用户、理想、干扰等。Wi-Fi 7 单用户 MRU 性能对比如图 4-73 所示。

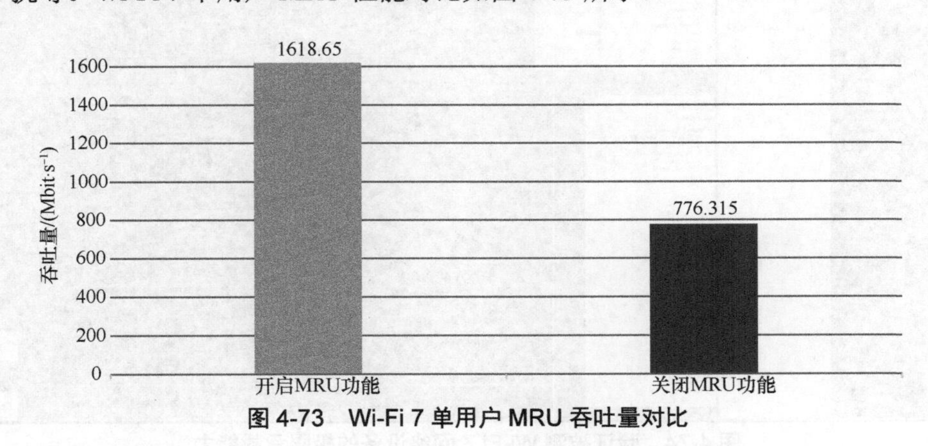

图 4-73　Wi-Fi 7 单用户 MRU 吞吐量对比

5. Wi-Fi 7 4 流（4 × 4 MIMO）高密度多链路操作的最高性能

Wi-Fi 7 技术把无线吞吐量提高到 40Gbit/s 以上，由于实验室仿真环境的限制，目前笔者团队的实验室仿真测试设备最高可做到 4 流（4×4 MIMO）的实验室传导测试，利用灿芯技术的 STA 仿真设备和 AP 仿真设备进行 2GHz + 5GHz + 5GHz 或者 2GHz + 5GHz + 6GHz 配置下的多链路操作单用户极限无线传输性能测试，可以达到接近 15Gbit/s 的无线传输速率，如图 4-74、图 4-75 所示。

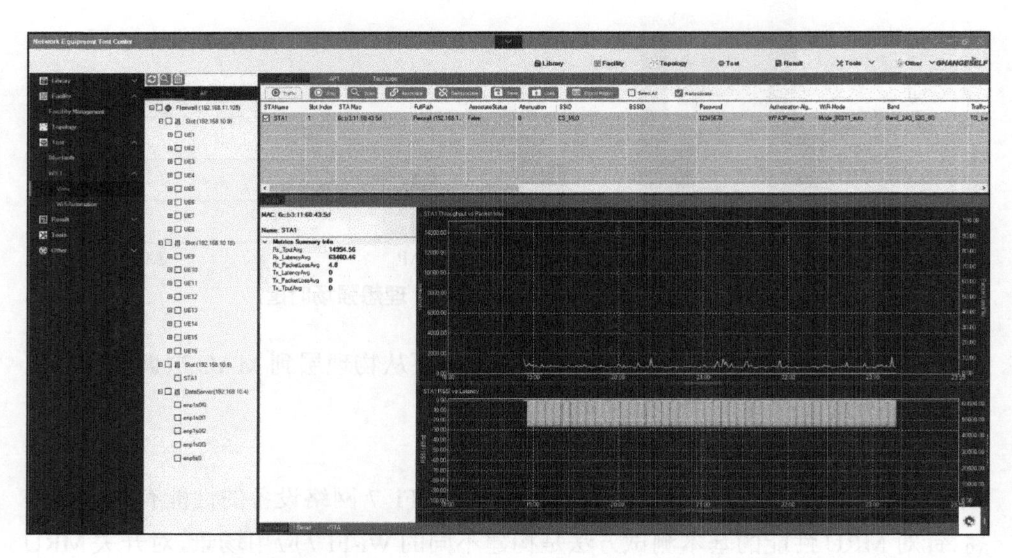

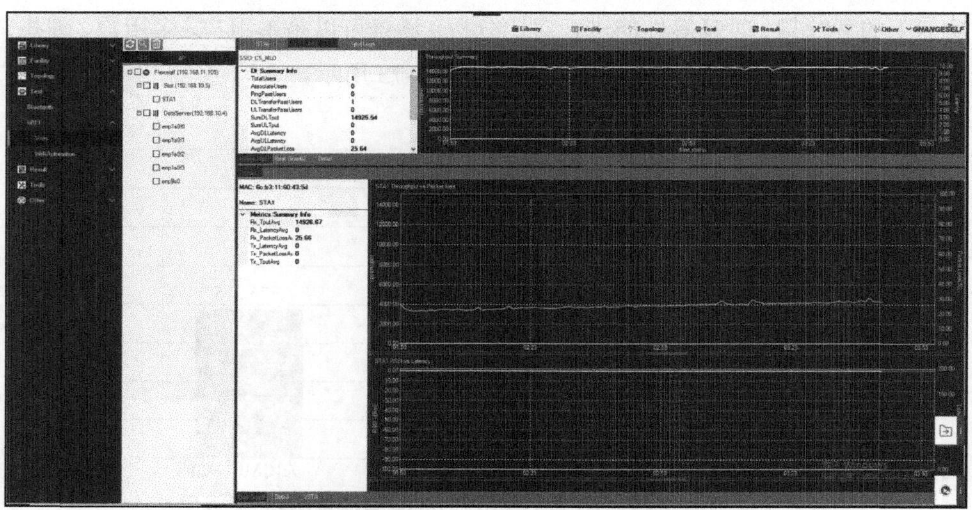

图 4-74　验证被测 Wi-Fi 7 网络设备的极限承载能力

针对 4 × 4 或者 8 × 8 MIMO 的 Wi-Fi 7 网络设备的极限性能，除了单用户

MLO 测试，还需要增加多用户场景下高密度 MLO 的极限压力冲击测试，同时调动 MU-MIMO 的增益，验证被测 Wi-Fi 7 网络设备的极限承载能力。

6. Wi-Fi 7 多用户性能测试

多用户性能测试的关键仿真特征包括用户数、用户分布模型、干扰模型、业务流量模型、包字节数等，针对被测设备各个角度的评估指标包括上下行吞吐量、时延、丢包等。典型的测试结果如下。

（1）单用户吞吐量方向差异

Wi-Fi 7 路由器在不同角度下的 2.4GHz 吞吐量如图 4-75 所示。其中，D_Rx_Tput_Avg 表示平均下行吞吐量，D_Rx_Tput_Sum 表示总的下行吞吐量。从图 4-75 可以看出，针对 2.4GHz，不同角度的吞吐量差异很大，这反映了路由器的方向性特征。

吞吐量和 RSSI 的关系如图 4-76 所示。图 4-75 反映了在多个角度的测试中，吞吐量（_Rx_Tput 和_Tx_Tput）的变化及其与_Beacon_RSSI 和_Data_RSSI 的关系，可为问题定位提供参考。

RSSI 和 MCS 的关系如图 4-77 所示。图 4-77 反映了在多个角度的测试中，_RX_MCS、_TX_MCS 与_Beacon_RSSI 的对应关系，可为问题定位提供参考。

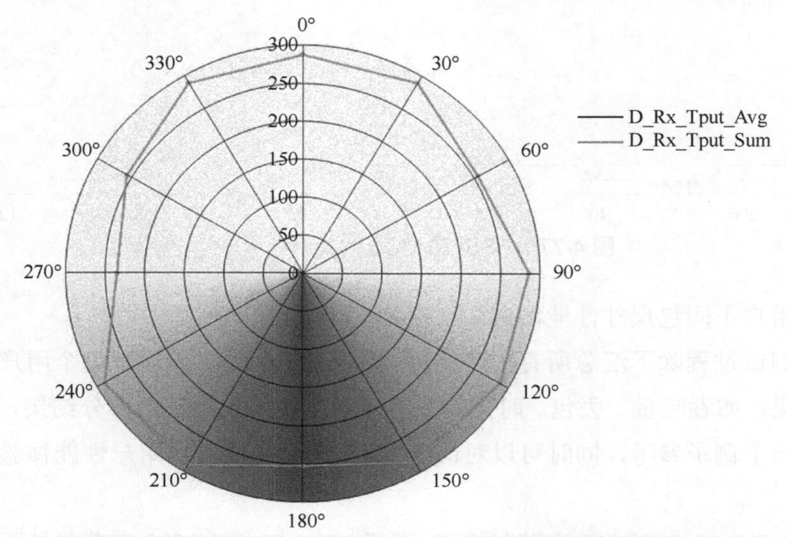

Type	0°	30°	60°	90°	120°	150°	180°	210°	240°	270°	300°	330°
D_Rx_Tput_Avg	287	289	255	286	288	285	253	289	289	234	257	289
D_Rx_Tput_Sum	287	289	255	286	288	285	253	289	289	234	257	289

图 4-75 Wi-Fi 7 路由器在不同角度下的 2.4GHz 吞吐量

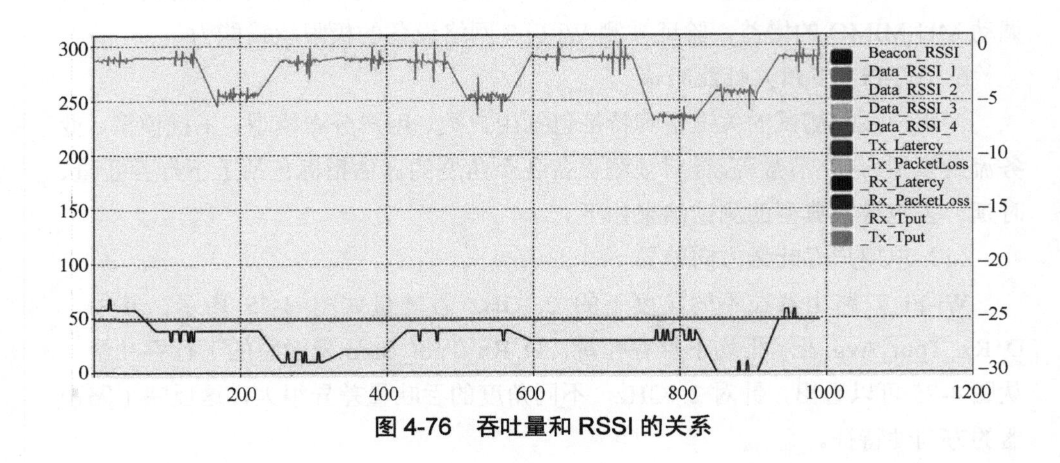

图 4-76 吞吐量和 RSSI 的关系

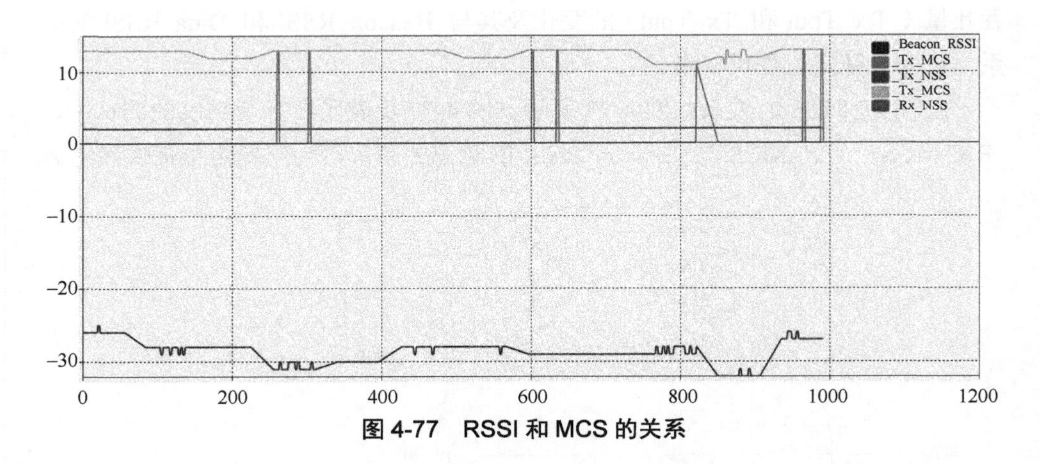

图 4-77 RSSI 和 MCS 的关系

（2）多用户不同包尺寸性能测试

多用户测试过程除了汇总所有用户的测试结果，还必须支持追踪每个用户的详细测试结果，如吞吐量、丢包、时延等。下面列出多用户测试的部分结果，可以将其作为一个例子参考，同时可以对比 Wi-Fi 7 的新特性对多用户性能体验的影响差异。

下行非 MLO 88/512/1518 字节包性能、下行 MLO 88/512/1518 字节包性能分别如图 4-78～图 4-83 所示。其中，条形图展示了多个 Wi-Fi 用户并发的 88 字节包上行传输性能，不同颜色代表不同的 Wi-Fi 用户；曲线图展示了总的吞吐量（所有用户的吞吐量之和）、时延及丢包率随时间的变化。

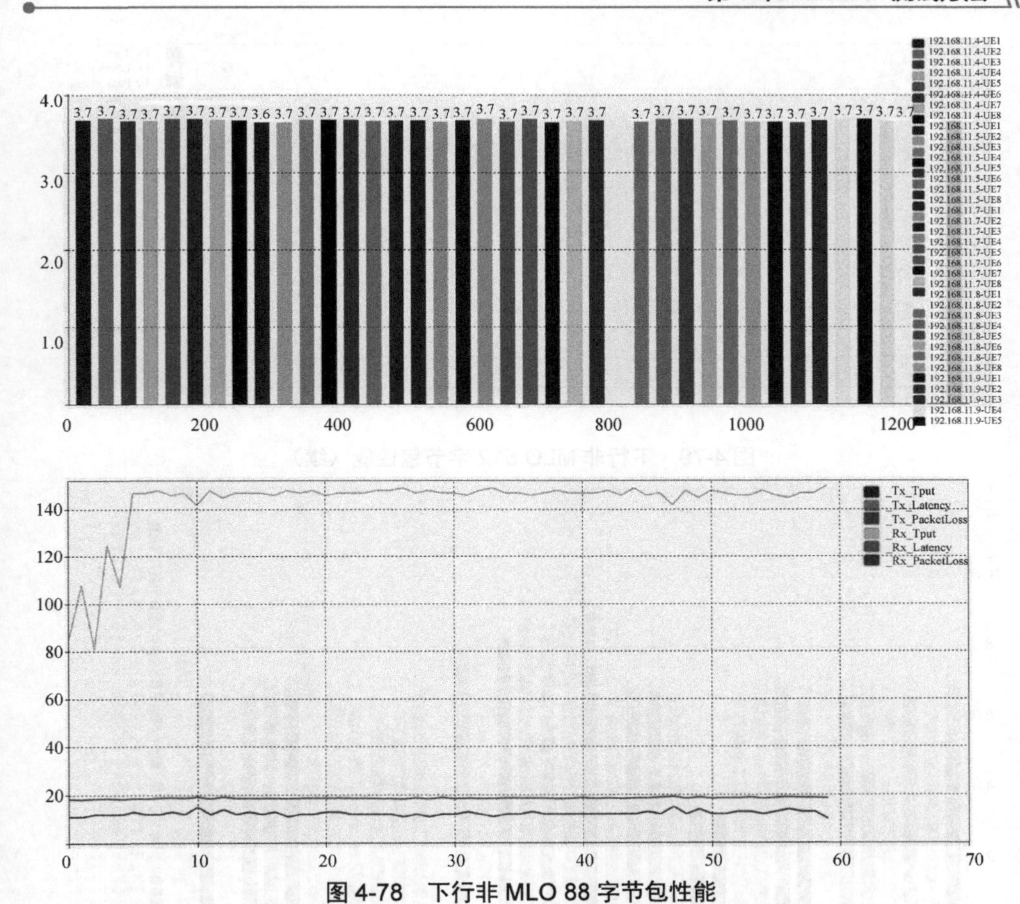

图 4-78 下行非 MLO 88 字节包性能

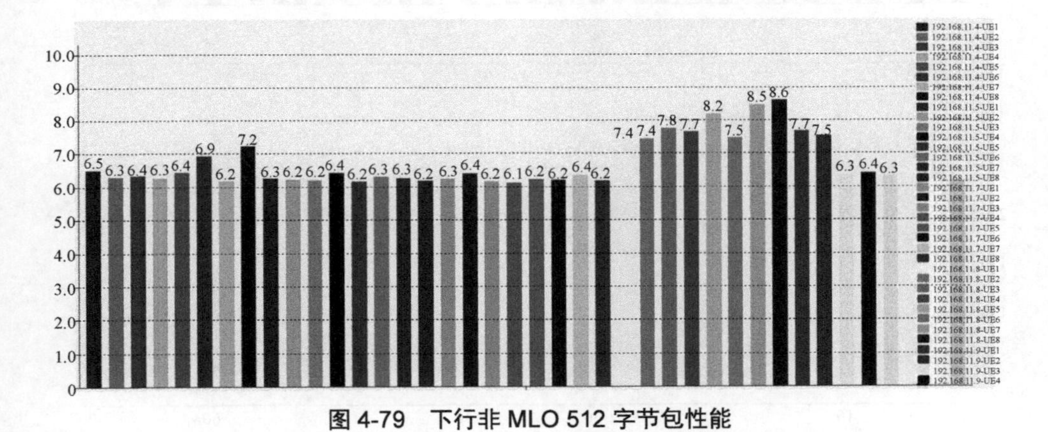

图 4-79 下行非 MLO 512 字节包性能

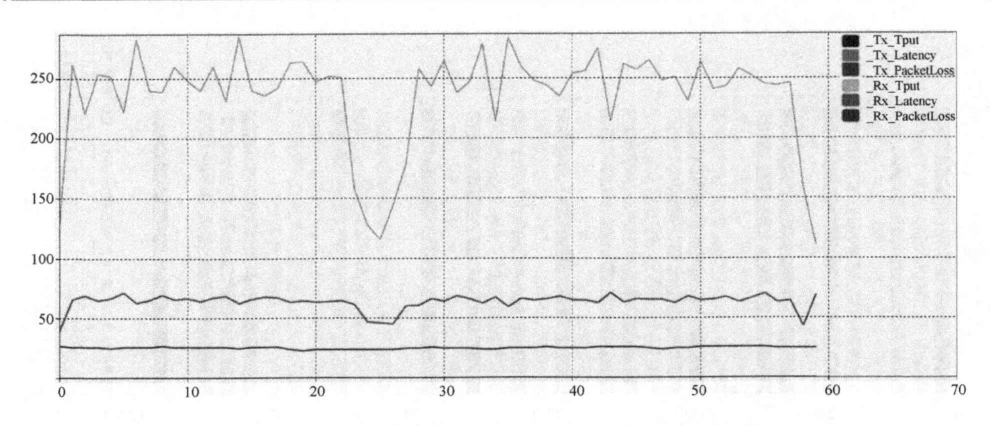

图 4-79　下行非 MLO 512 字节包性能（续）

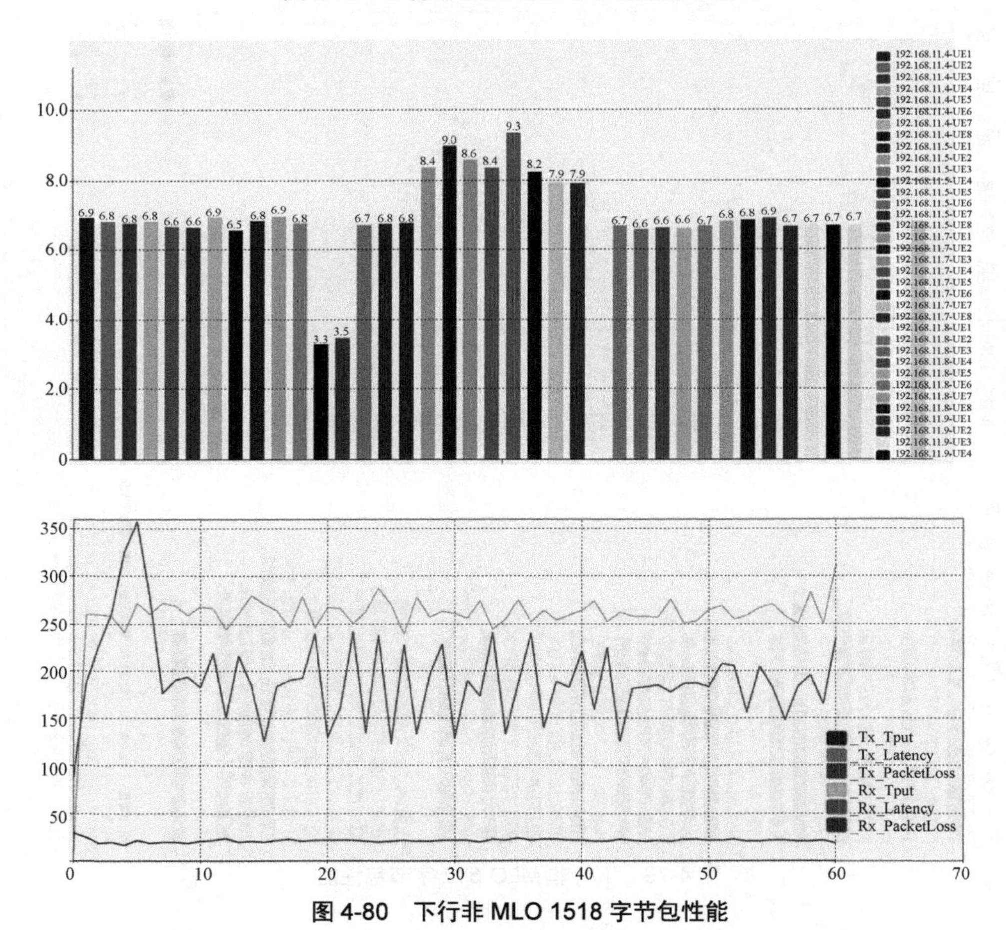

图 4-80　下行非 MLO 1518 字节包性能

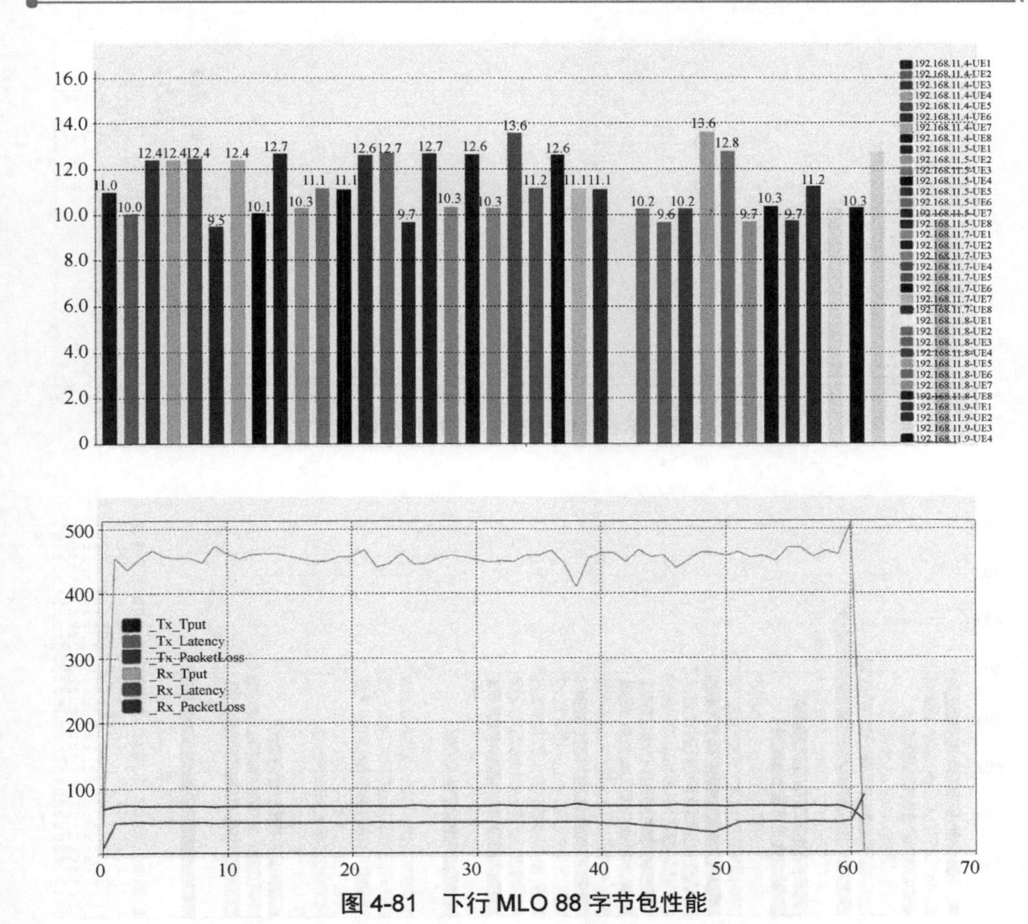

图 4-81　下行 MLO 88 字节包性能

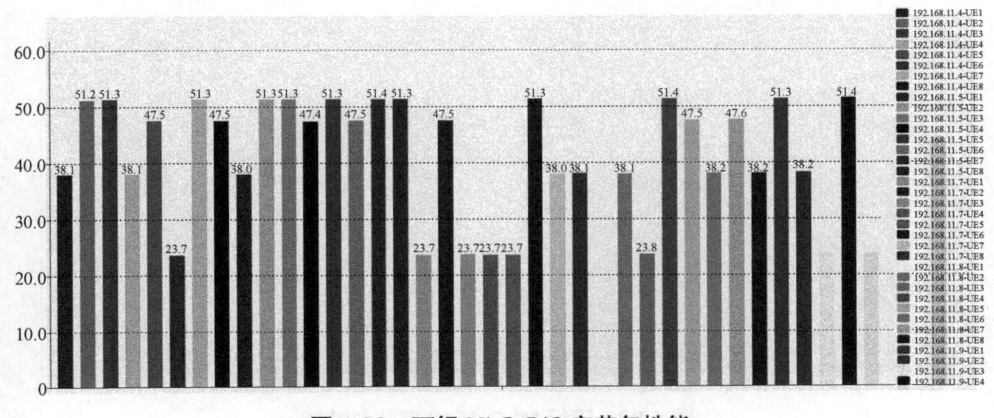

图 4-82　下行 MLO 512 字节包性能

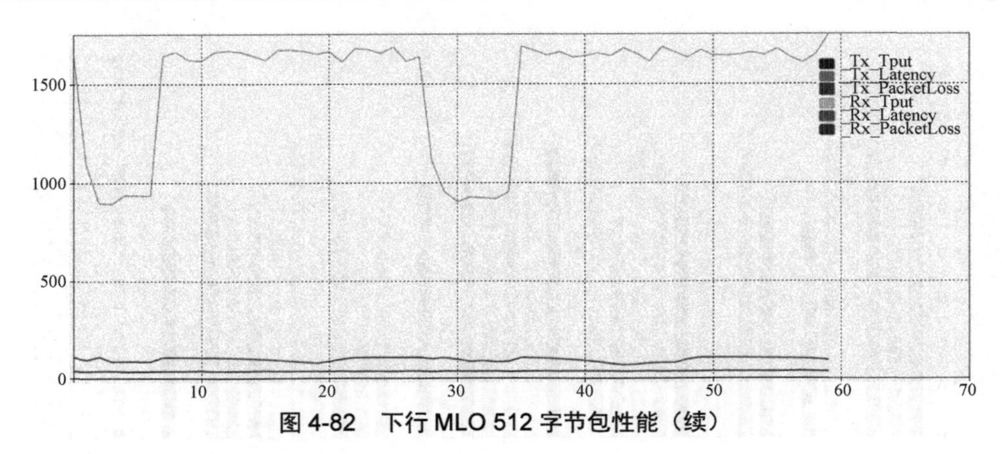

图 4-82　下行 MLO 512 字节包性能（续）

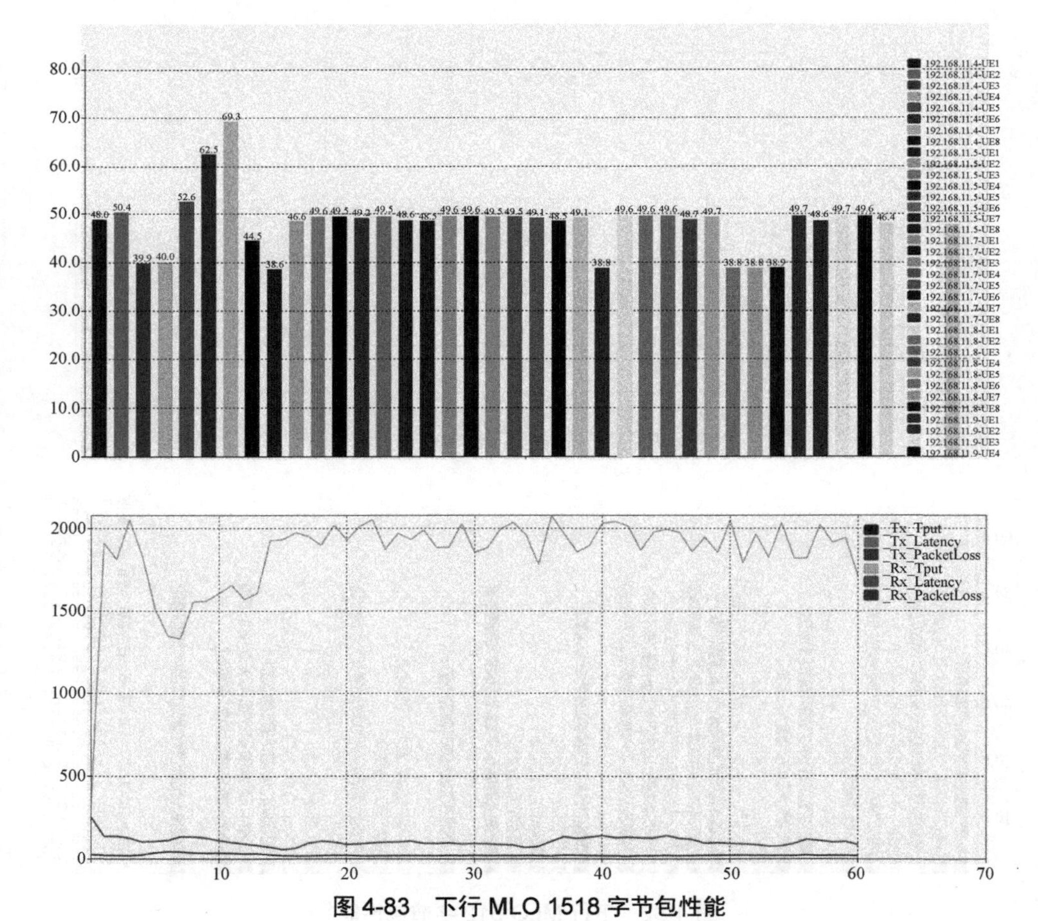

图 4-83　下行 MLO 1518 字节包性能

（3）多用户传输时延性能测试

Wi-Fi 7 网络上部署的业务越来越多，承载的应用业务流量越来越高，并发用户数量也越来越多。而随着用户数量的增加，受到有限的空口资源以及 Wi-Fi 本身空口资源调度分配算法的限制，时延性能会随着用户并发数量的增加而下降，很多应用业务对数据传输时延非常敏感，因此，必须对多用户并发时延特性进行测试评估。

典型相同制式下不同业务的数据传输时延如图 4-84 所示。

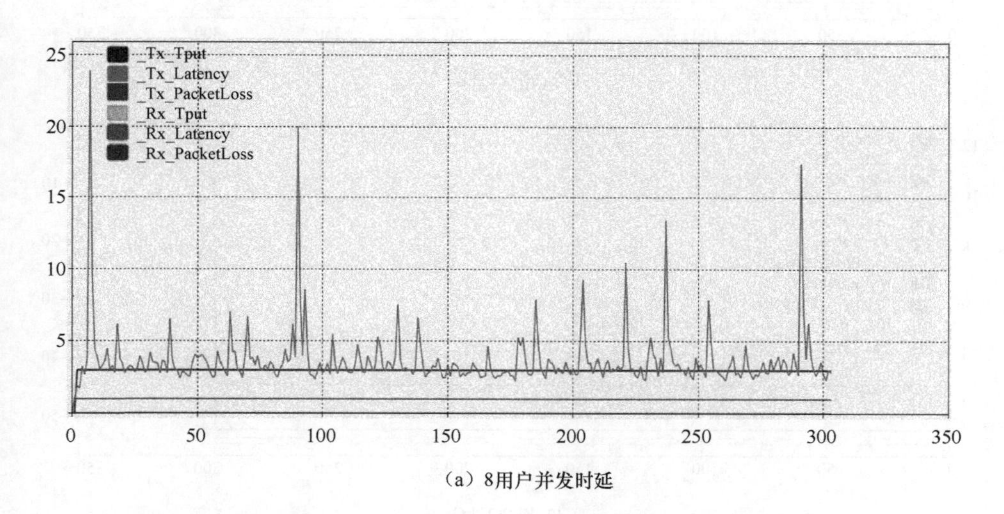

（a）8用户并发时延

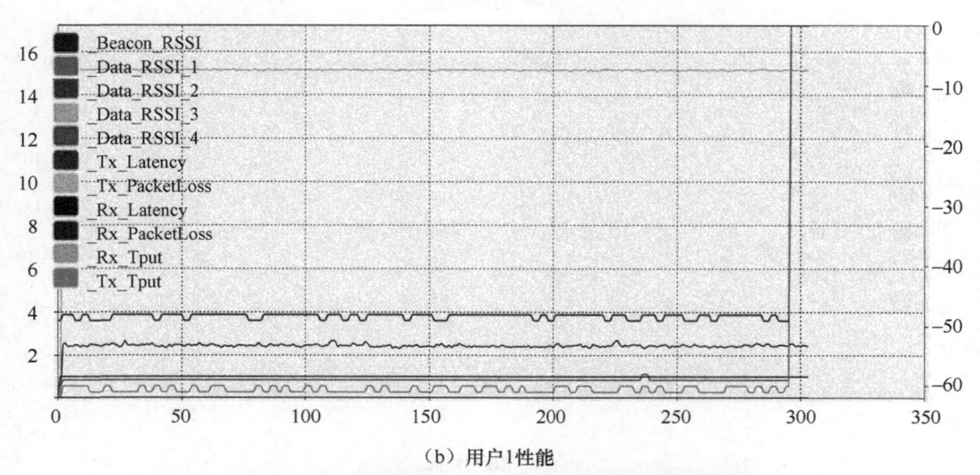

（b）用户1性能

图 4-84 典型相同制式下不同业务的数据传输时延

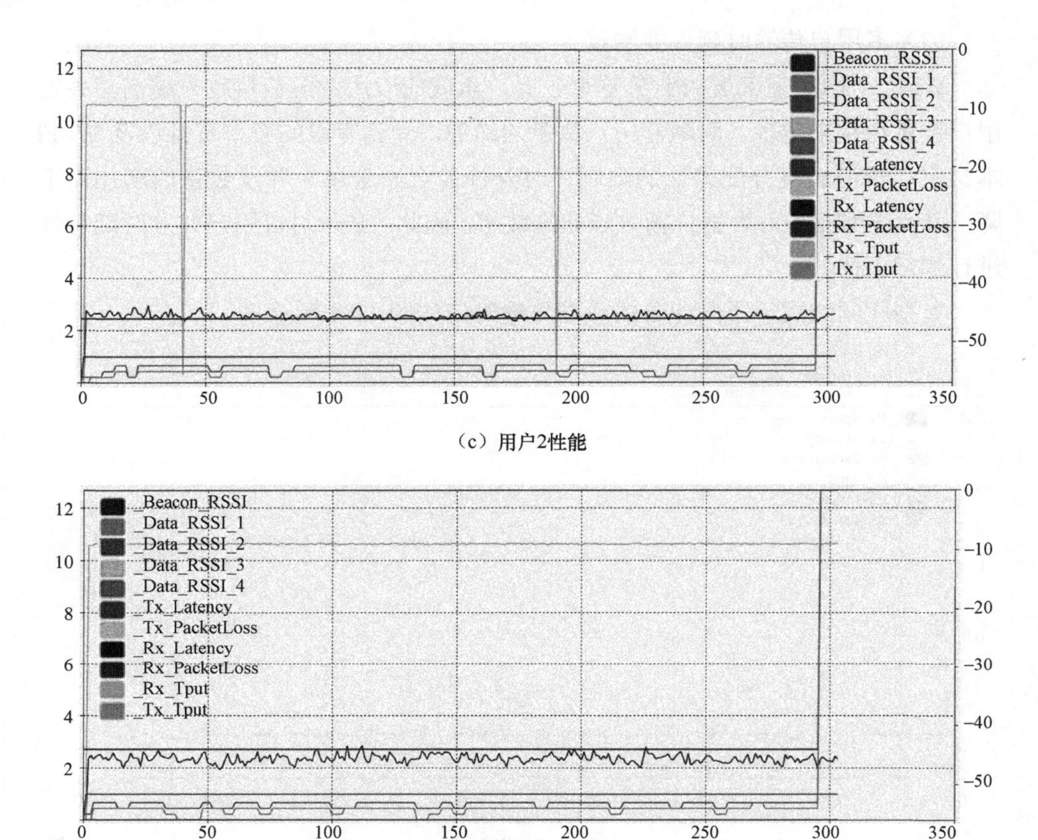

（c）用户2性能

（d）用户3性能

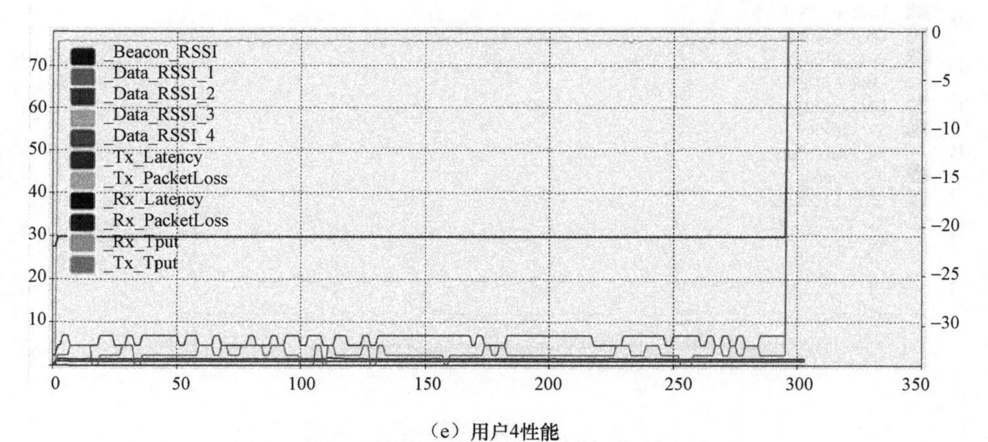

（e）用户4性能

图 4-84　典型相同制式下不同业务的数据传输时延（续）

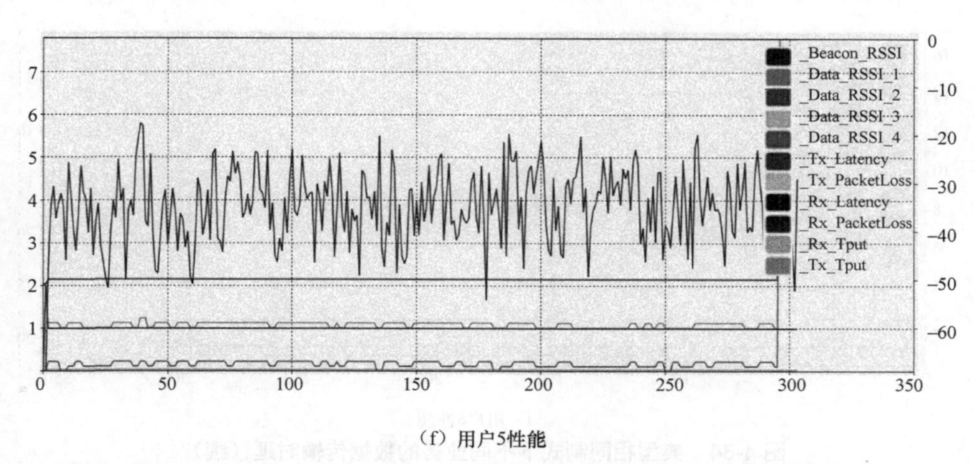

（f）用户5性能

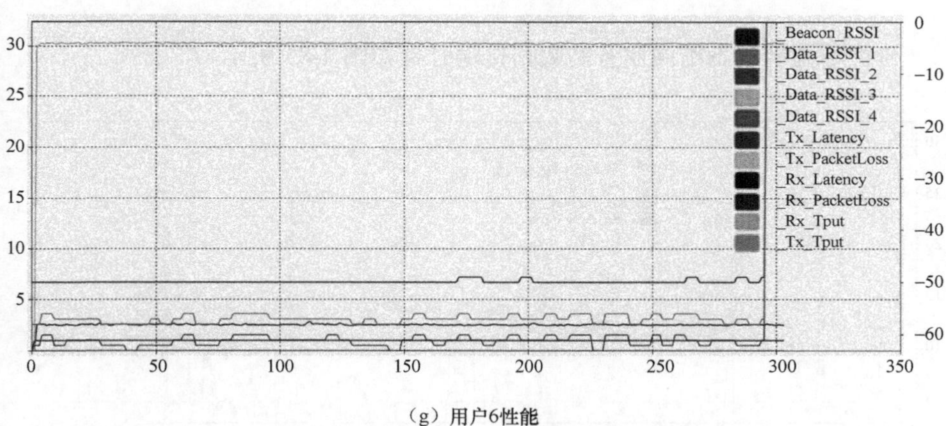

（g）用户6性能

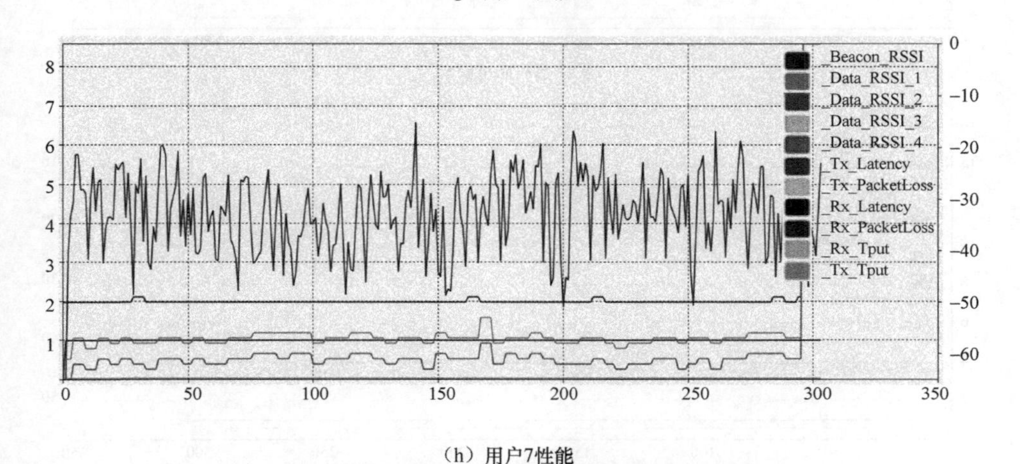

（h）用户7性能

图 4-84 典型相同制式下不同业务的数据传输时延（续）

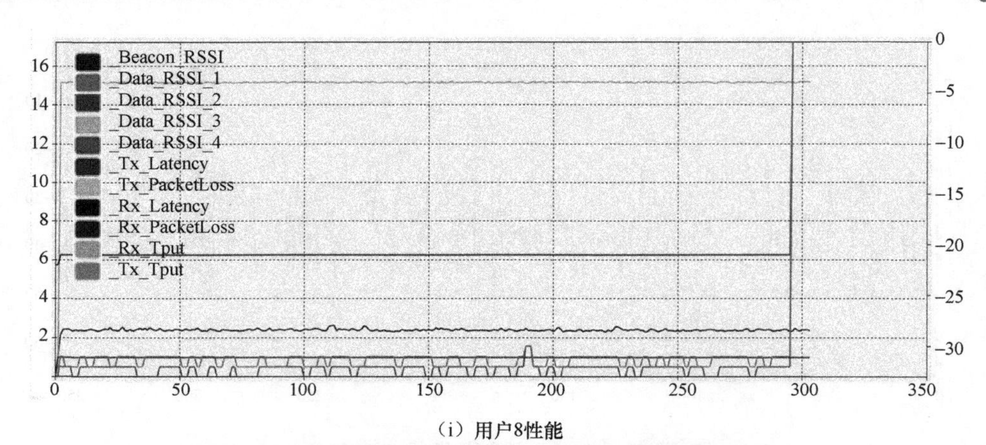

（i）用户8性能

图 4-84　典型相同制式下不同业务的数据传输时延（续）

典型不同制式下不同业务的数据传输时延如图 4-85 所示。

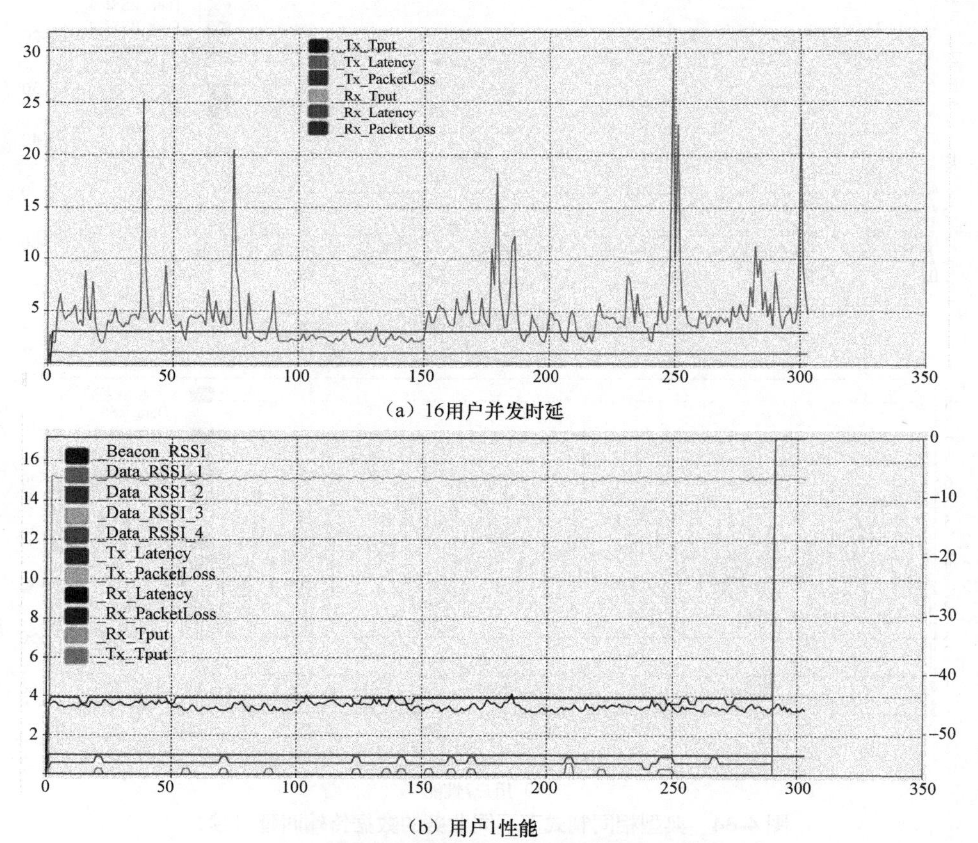

（a）16用户并发时延

（b）用户1性能

图 4-85　典型不同制式下不同业务的数据传输时延

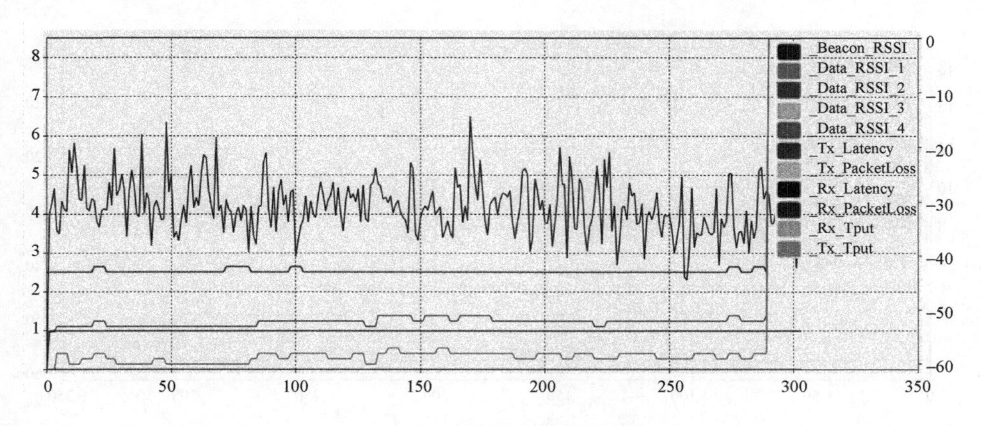

（c）用户2性能

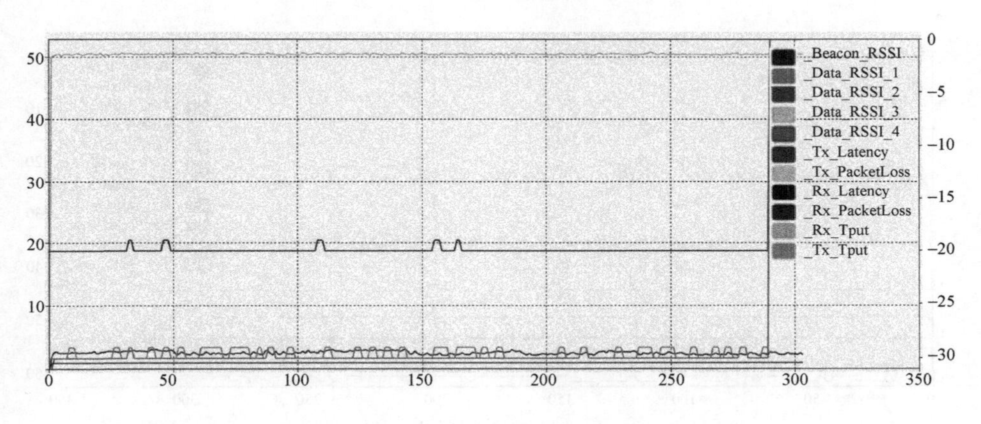

（d）用户3性能

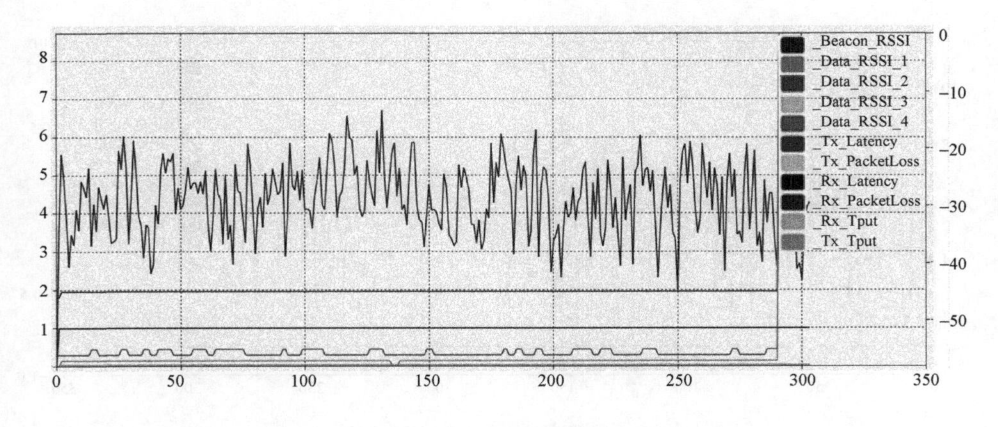

（e）用户4性能

图 4-85　典型不同制式下不同业务的数据传输时延（续）

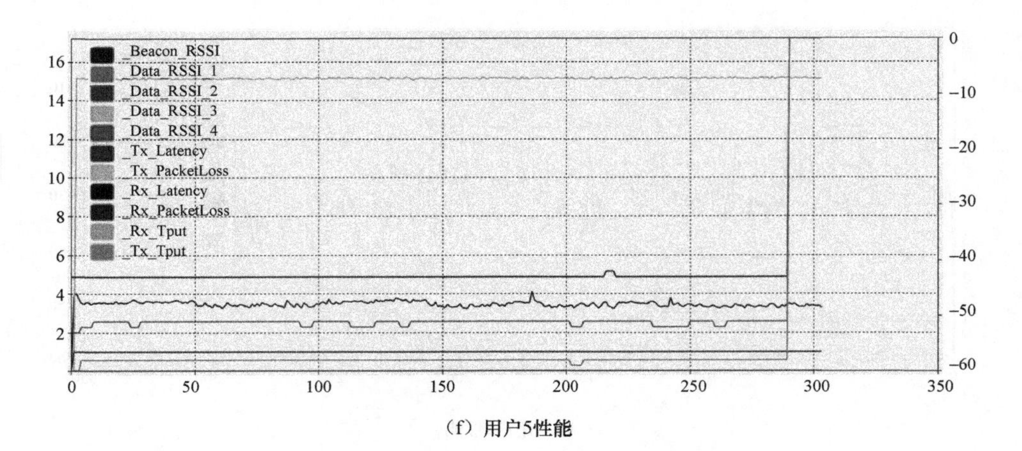

（f）用户5性能

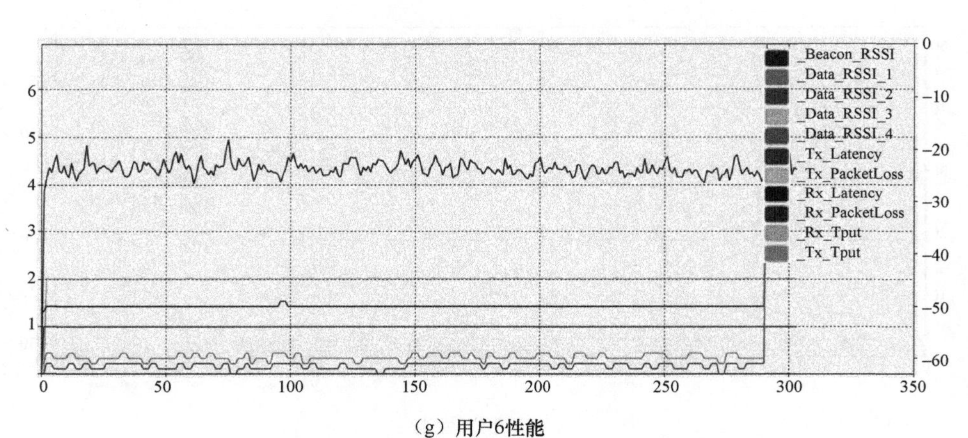

（g）用户6性能

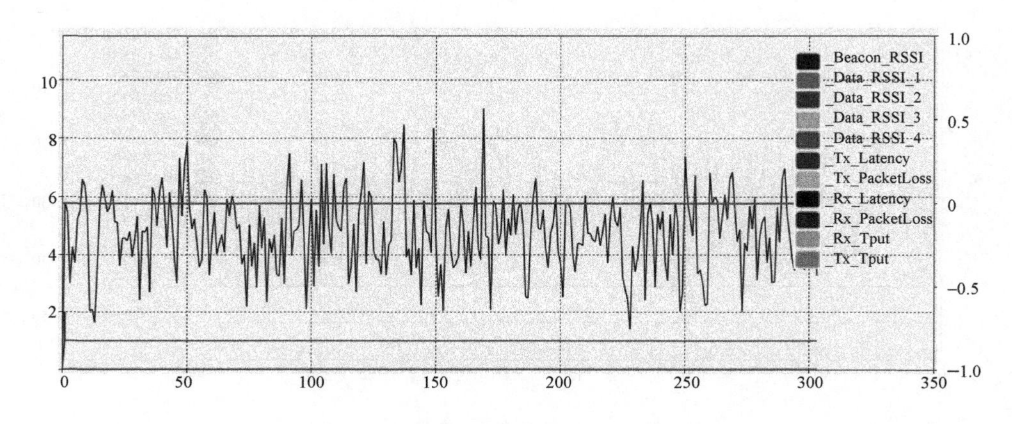

（h）用户7性能

图 4-85　典型不同制式下不同业务的数据传输时延（续）

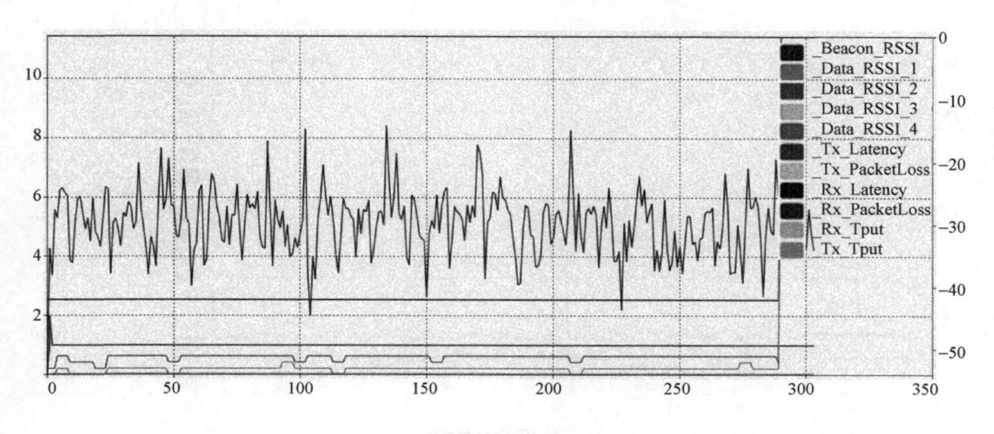

（i）用户8 性能

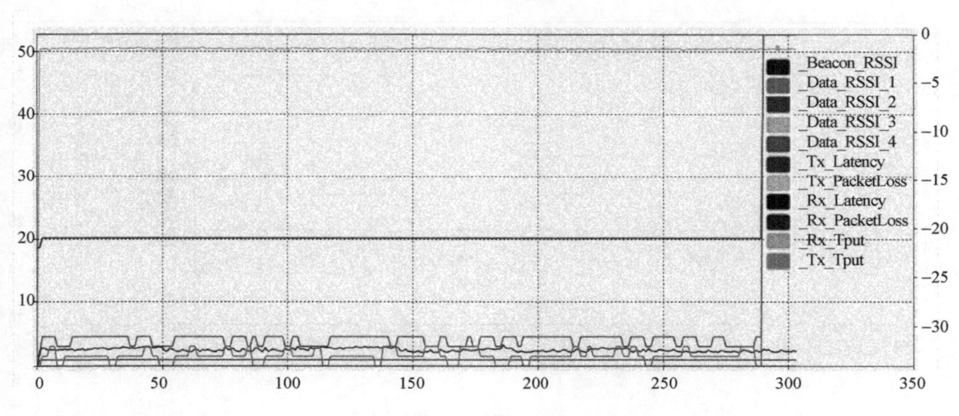

（j）用户9性能

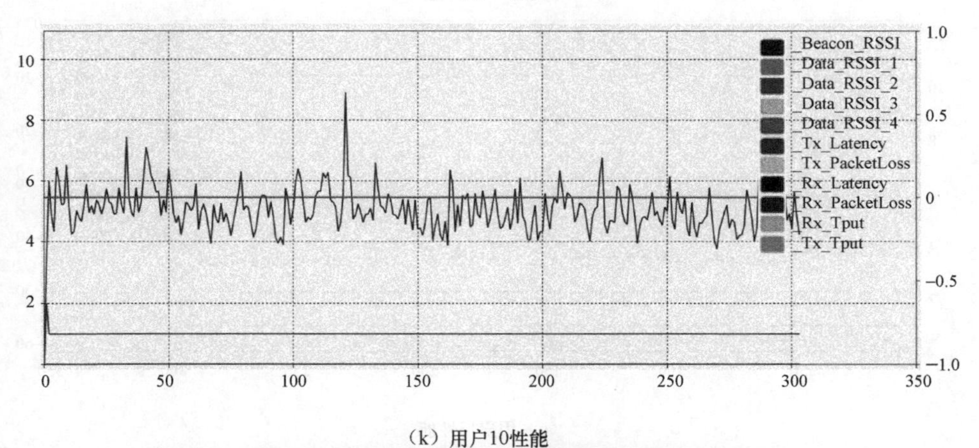

（k）用户10性能

图 4-85 典型不同制式下不同业务的数据传输时延（续）

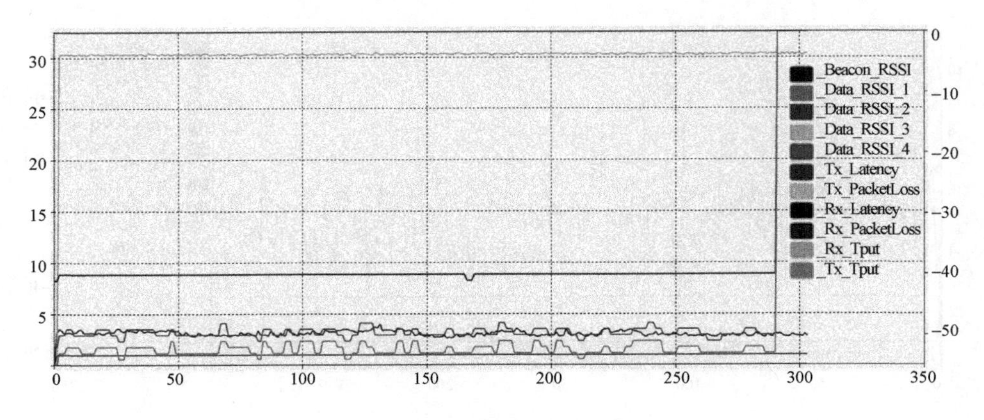

（l）用户11性能

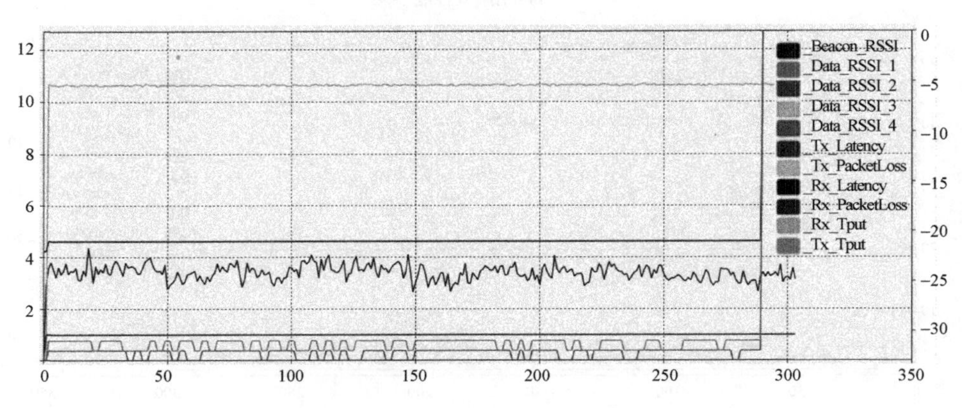

（m）用户12性能

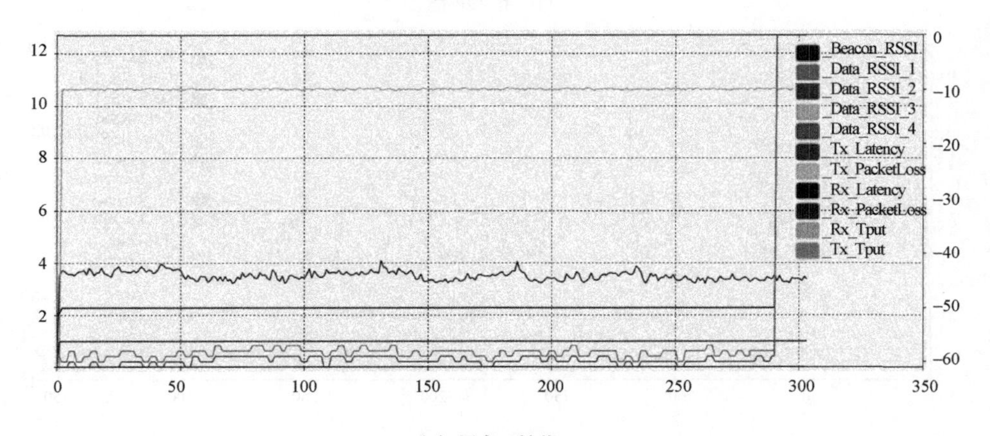

（n）用户13性能

图 4-85　典型不同制式下不同业务的数据传输时延（续）

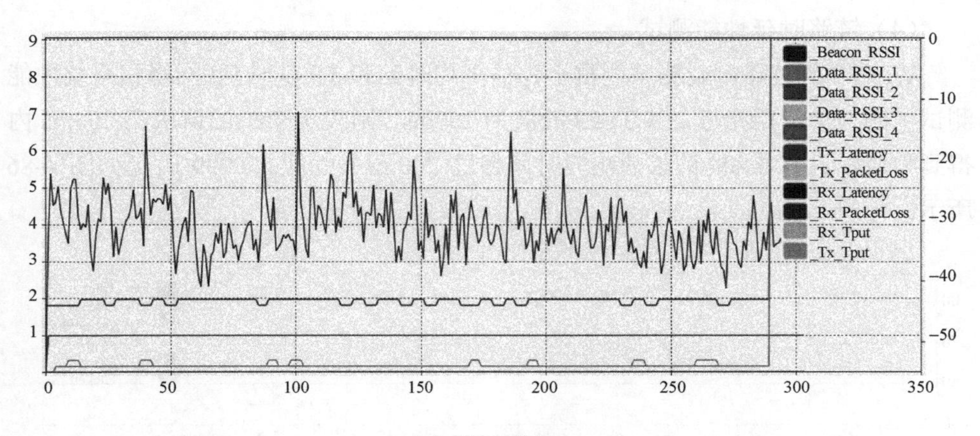

（o）用户14性能

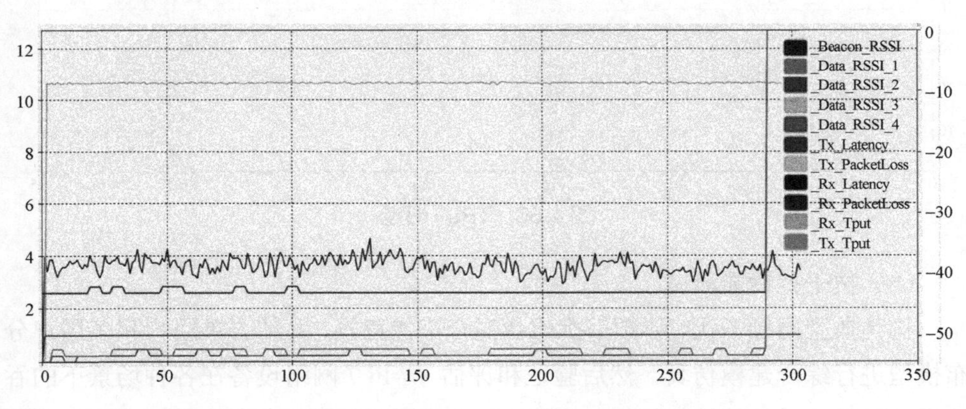

（p）用户15性能

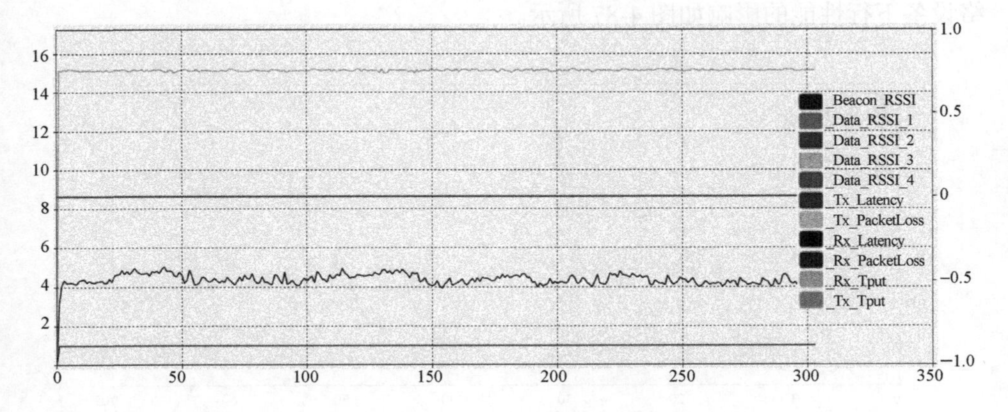

（q）用户16性能

图 4-85　典型不同制式下不同业务的数据传输时延（续）

（4）链路时延性能测试

Wi-Fi 7 的链路时延测试侧重于评估平均时延和 TP99 时延（网络和系统性能测试中的一个常用指标，若 TP99 的值为 200ms，则表示 99%的请求在 200ms 内得到响应，只有 1%的请求的响应时间超过 200ms）性能。TP99 时延如图 4-86 所示。

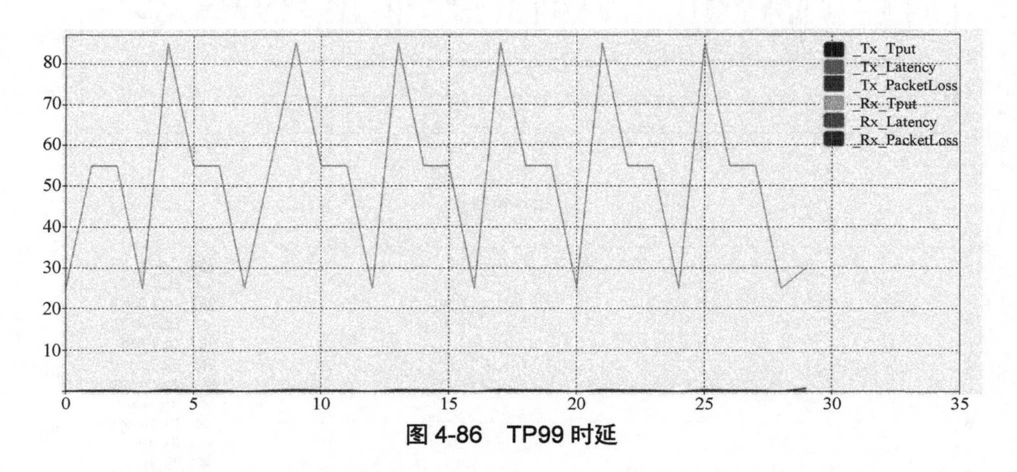

图 4-86　TP99 时延

（5）抗干扰性能测试

构建典型同频干扰、邻频干扰或者混合干扰背景，并结合单用户和多用户分布模型进行综合建模仿真，然后验证和评估 Wi-Fi 7 网络设备在各种场景下的吞吐量、时延、丢包等性能指标，开启 MLO 配置下同频和邻频干扰对 Wi-Fi 7 网络设备下行性能的影响如图 4-87 所示。

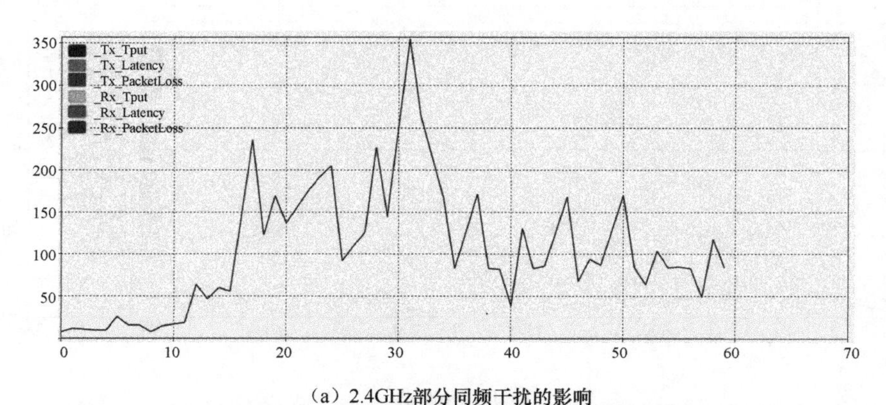

（a）2.4GHz部分同频干扰的影响

图 4-87　开启 MLO 配置下同频和邻频干扰对 Wi-Fi 7 网络设备下行性能的影响

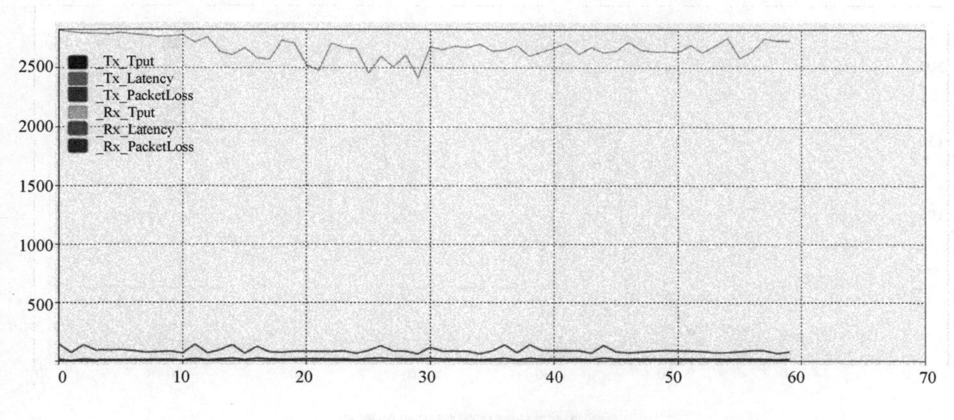

（b）5GHz部分同频干扰的影响

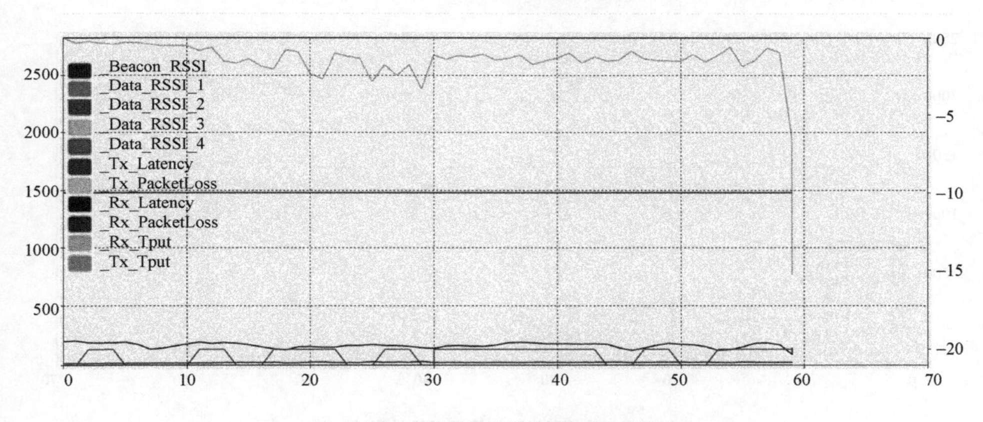

（c）2.4GHz部分同频干扰对用户1的影响

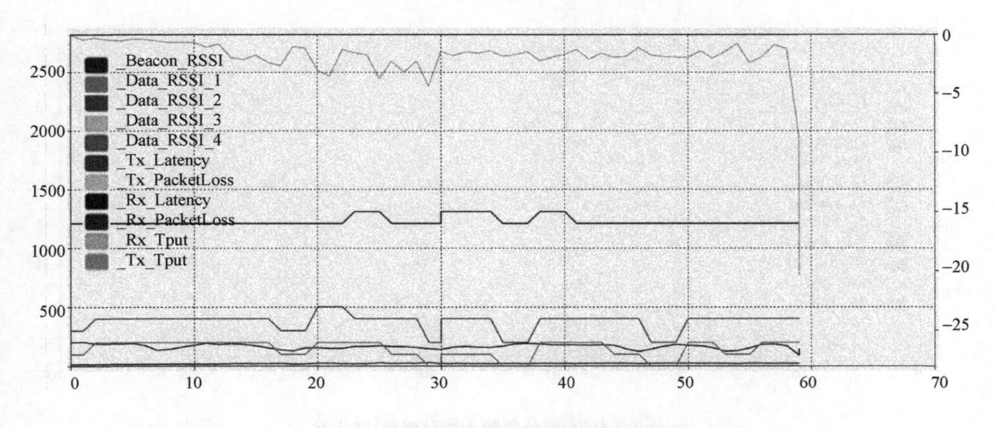

（d）5GHz部分同频干扰对用户1的影响

图 4-87 开启 MLO 配置下同频和邻频干扰对 Wi-Fi 7 网络设备下行性能的影响（续）

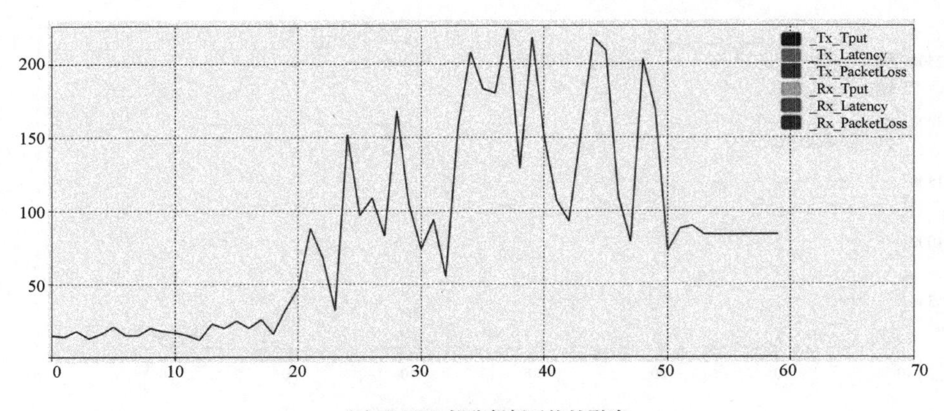

（e）2.4GHz部分邻频干扰的影响

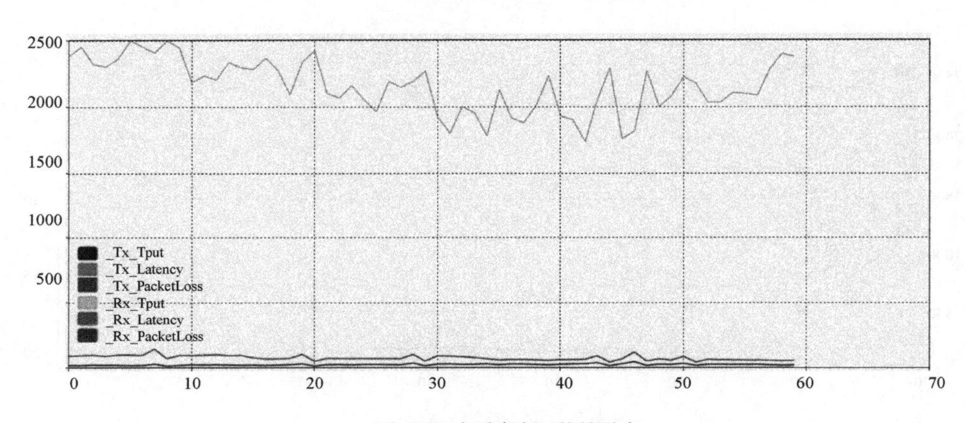

（f）5GHz部分邻频干扰的影响

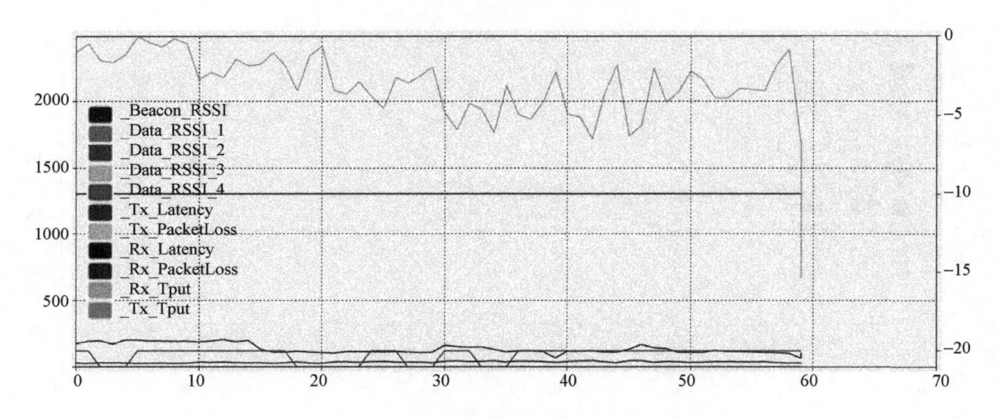

（g）2.4GHz部分邻频干扰对用户1的影响

图 4-87　开启 MLO 配置下同频和邻频干扰对 Wi-Fi 7 网络设备下行性能的影响（续）

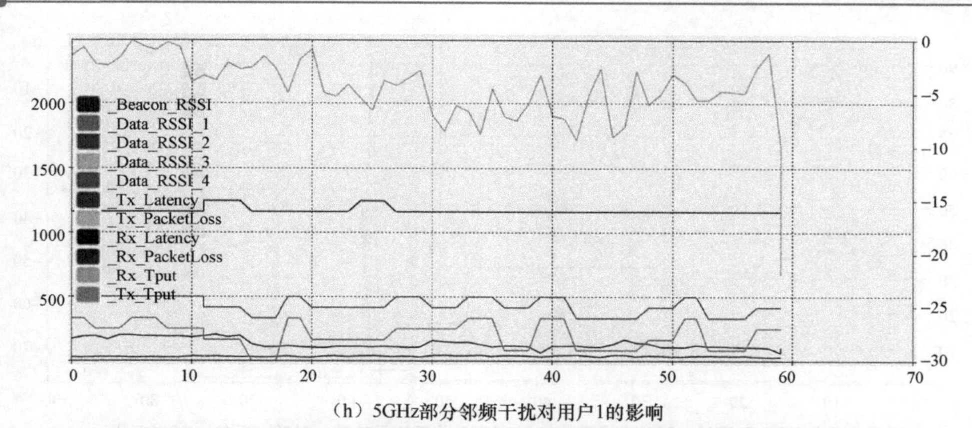

（h）5GHz部分邻频干扰对用户1的影响

图 4-87 开启 MLO 配置下同频和邻频干扰对 Wi-Fi 7 网络设备下行性能的影响（续）

（6）漫游性能测试

Wi-Fi 7 的漫游性能指标主要包括切换时延、产生 RSSI 的临界点、切换后的吞吐量以及数据传输时延、丢包等。典型的漫游性能测试结果如图 4-88 所示。

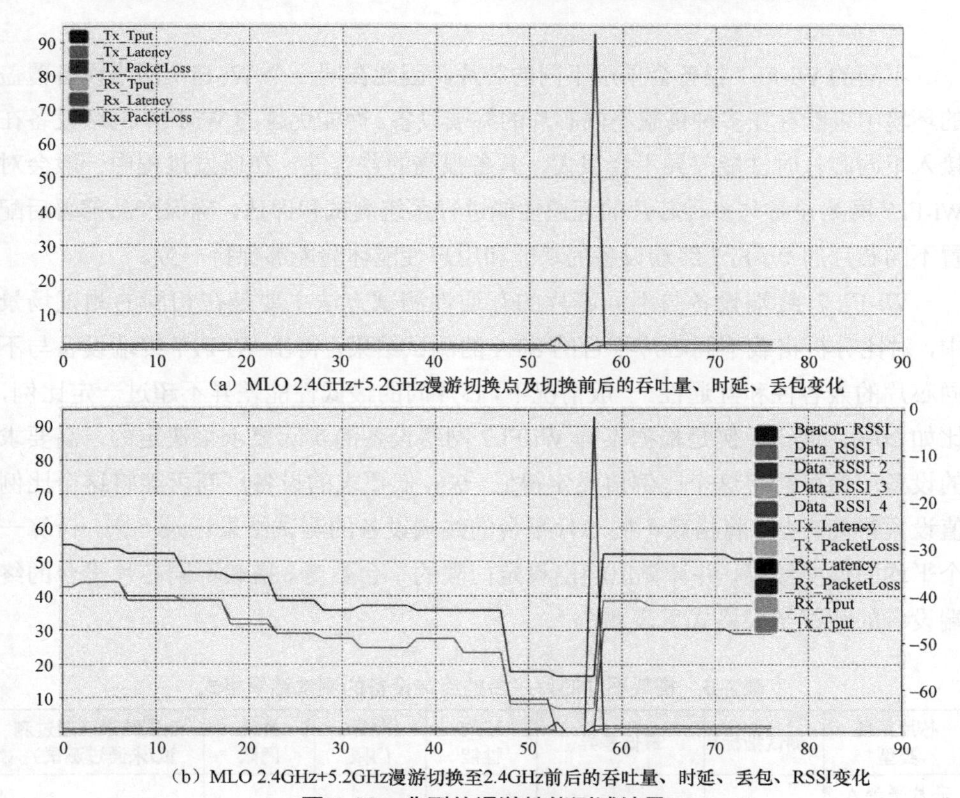

（a）MLO 2.4GHz+5.2GHz漫游切换点及切换前后的吞吐量、时延、丢包变化

（b）MLO 2.4GHz+5.2GHz漫游切换至2.4GHz前后的吞吐量、时延、丢包、RSSI变化

图 4-88 典型的漫游性能测试结果

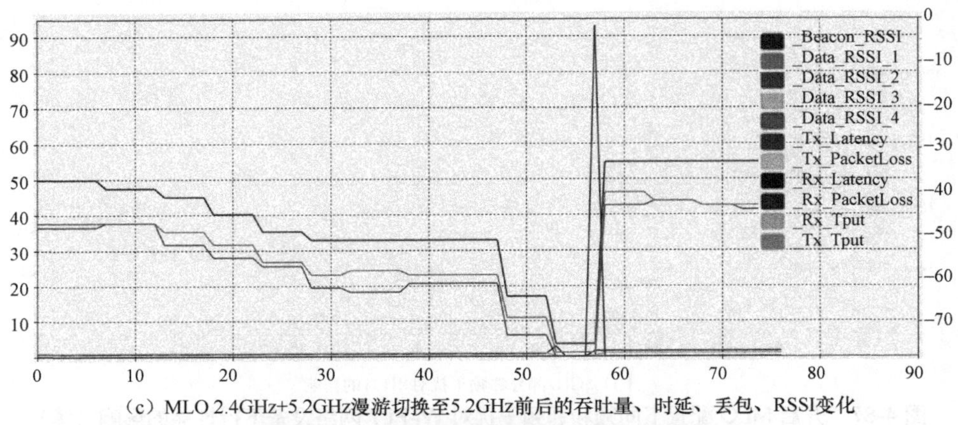

（c）MLO 2.4GHz+5.2GHz漫游切换至5.2GHz前后的吞吐量、时延、丢包、RSSI变化

图 4-88　典型的漫游性能测试结果（续）

4.5　Wi-Fi 7 互通性测试

不同的 Wi-Fi 7 设备会采用不同的芯片。因此在同一个 Wi-Fi 7 网络设备覆盖的环境中可能存在多种搭载不同芯片的终端设备。性能优越的 Wi-Fi 7 网络设备在接入不同芯片时性能差异不会很大，具备很高的兼容性。在研发过程中一般会对 Wi-Fi 7 网络设备与多种芯片的互通性能进行系统测试和评估，确保产品部署后配置不同芯片的 Wi-Fi 7 终端设备的功能和用户性能体验能够保持一致。

Wi-Fi 7 终端设备与不同芯片的互通性测试方法主要是在相同的测试场景中，对比分析搭载不同芯片平台的 STA 的测试结果，得出 Wi-Fi 7 终端设备与不同芯片的兼容性和互通性。一般情况下，芯片间的最低性能差异不超过一定比例，比如 20%，这个比例是根据不同 Wi-Fi 7 网络设备的实际要求来决定的，高要求的设备厂商可能将这个比例值设定得低一些，低要求的设备厂商可能将这个比例值设置得高一些。将搭载不同芯片平台的终端设备的测试结果记录下来，计算一个平均的性能结果，并计算出超出设定门限的平台数量。搭载不同芯片平台的终端设备的测试结果格式见表 4-6。

表 4-6　搭载不同芯片平台的终端设备的测试结果格式

芯片平台类型	测试指标	最低差异	平均性能	差异门限	性能门限	测试结果（通过测试/未通过测试）
芯片平台 A						
芯片平台 B						

续表

芯片平台类型	测试指标	最低差异	平均性能	差异门限	性能门限	测试结果（通过测试/未通过测试）
芯片平台 C						
芯片平台 D						

为了满足多芯片的互通性能测试要求，需要提供多芯片的 Wi-Fi 7 STA 仿真器，以支持多种芯片的各种性能和功能测试，测试系统拓扑如图 4-89 所示。

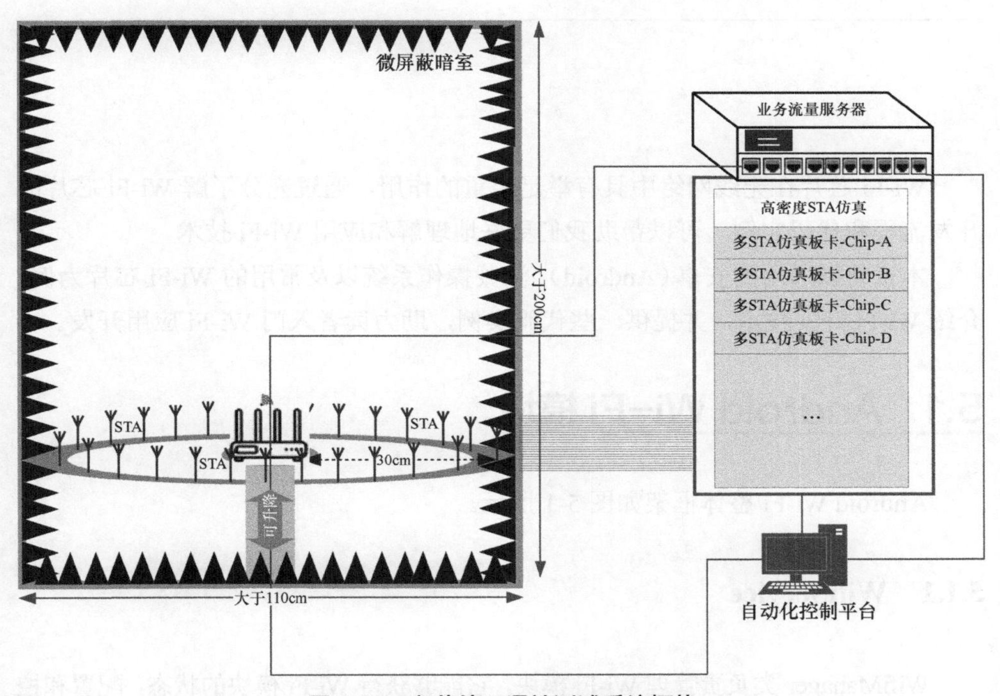

图 4-89　多芯片互通性测试系统拓扑

第5章 Wi-Fi应用开发

Wi-Fi 芯片在无线网络中具有举足轻重的作用，通过充分了解 Wi-Fi 芯片的开发流程和代码实例，可以帮助我们更好地理解和应用 Wi-Fi 技术。

本章将以通用的安卓（Android）、鸿蒙操作系统以及常用的 Wi-Fi 芯片为例，介绍 Wi-Fi 开发技术，并提供一些代码实例，助力读者入门 Wi-Fi 应用开发。

5.1 Android Wi-Fi 模块

Android Wi-Fi 整体框架如图 5-1 所示。

5.1.1 WifiService

WifiManager 类负责管理 Wi-Fi 模块，它能够获得 Wi-Fi 模块的状态，配置和控制 Wi-Fi 模块。WifiManager 中公开了 API 的具体实现，提供了 Wi-Fi 打开与关闭、配置和扫描、连接和断开等方法，其中也包含对调用者的权限检查，如开关 Wi-Fi 需要“Manifest.permission.CHANGE_WIFI_STATE”权限等。外部调用方式如下。

```
WifiManager wifiManager = (WifiManager) getSystemService(Context.WIFI_SERVICE);
```

在 systemServer 启动之后，它会创建一个 ConnectivityServer 对象。

```
try {
Slog.i(TAG, "Connectivity Service");
connectivity = new ConnectivityService(
context, networkManagement, networkStats, networkPolicy);
```

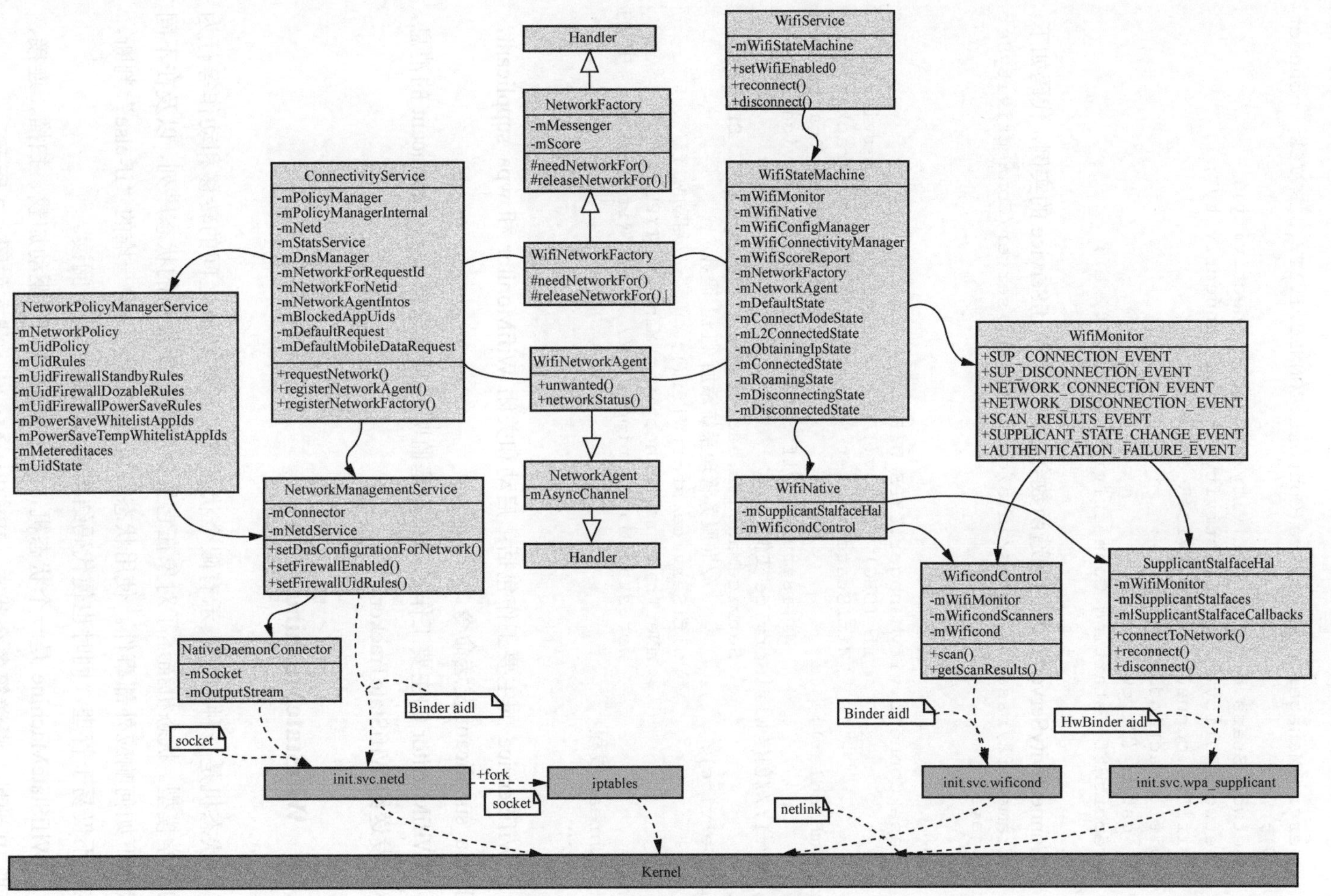

图 5-1　Android Wi-Fi 整体框架

```
    ServiceManager.addService(Context.CONNECTIVITY_SERVICE, connectivity);
    networkStats.bindConnectivityManager(connectivity);
    networkPolicy.bindConnectivityManager(connectivity);
    wifiP2p.connectivityServiceReady();
    wifi.checkAndStartWifi();
    } catch (Throwable e) {
    reportWtf("starting Connectivity Service", e);
    }
```

ConnectivityServer 对象的构造函数会创建一个 WifiService 的实例，代码如下。

```
    framework/base/services/java/com/android/server/ConnectivityService.java
    {
    ……
    case ConnectivityManager.TYPE_WIFI:
                   if (DBG) Slog.v(TAG, "Starting Wifi Service.");
                   WifiStateTracker wst = new WifiStateTracker(context, mHandler);                          //创建WifiStateTracker实例
                    WifiService wifiService = newWifiService(context, wst);//创建 WifiService 实例
                   ServiceManager.addService(Context.WIFI_SERVICE, wifiService);           //向服务管理系统添加 Wifi 服务
                   wifiService.startWifi();      //启动 Wifi
                   mNetTrackers[ConnectivityManager.TYPE_WIFI] = wst;
                   wst.startMonitoring(); // 启 动  WifiMonitor  中 的 WifiThread 线程
    ……
    }
```

WifiService 的主要工作包括：启动和关闭 WifiMonitor 和 wpa_supplicant，向 wpa_supplicant 发送命令。

WifiMonitor 的主要工作包括：阻塞监听并接收来自 wpa_supplicant 的消息，然后发送给 WifiStateTracker。

5.1.2 WifiStateMachine

状态机是一种用于表示有限个状态以及这些状态之间的转移和动作等行为的数学模型。状态机描述了对象在它生命周期内所经历的状态序列，以及在不同状态下如何响应外部事件。使用状态机可以省去代码中一堆的“if-else”判断，这样不仅易于管理，同时也使代码结构更加清晰，易于阅读。

WifiStateMachine 是一个状态机，用于管理 Wi-Fi 驱动加载、扫描、连接、获取 IP 地址、漫游等各个状态，WifiStateMachine 状态如图 5-2 所示。

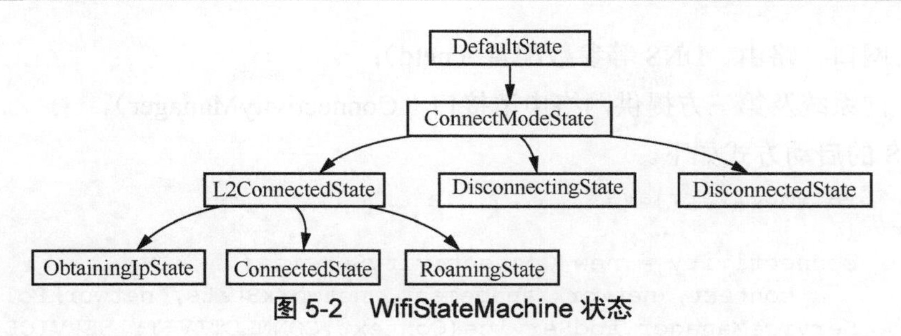

图 5-2 WifiStateMachine 状态

WifiStateMachine 状态的描述见表 5-1。

表 5-1 WifiStateMachine 状态的描述

状态	描述
DefaultState	初始状态，Wi-Fi 开关没有打开，驱动没有加载。当处于其他状态时，消息由子状态确定
ConnectModeState	在该状态下，Wi-Fi 开关已经打开，驱动已经加载，native 中的 wpa_supplicant 已经启动。此时可以进行扫描和连接操作
L2ConnectedState	L2 是“Level 2”的意思，代表 OSI 网络模型中的第 2 层，即数据链路层。这个状态代表数据链路已经建立。 进入该状态时发送“android.net.wifi.STATE_CHANGE”广播，连接状态是 CONNECTING
ObtainingIpState	DHCP 获取 IP 地址时的状态
ConnectedState	已连接状态，当链路建立且 DHCP 配置 IP 地址完成后会进入该状态。 进入该状态时发送“android.net.wifi.STATE_CHANGE”广播，连接状态是 CONNECTED
RoamingState	漫游状态。当附近的两个 SSID 相同，且网络质量达到一定差异化时，系统就会进入漫游状态，连接到另一个热点
DisconnectingState	断开中状态。从断开发起到断开成功，均处于该状态。 进入该状态时会发送“android.net.wifi.STATE_CHANGE”广播，连接状态是 DISCONNECTING
DisconnectedState	已断开状态。进入该状态时会发送“android.net.wifi.STATE_CHANGE”广播，连接状态是 DISCONNECTED

5.1.3 ConnectivityService

ConnectivityService（以下简称 CS）是 Android 系统中的网络连接大管家，所有类型的网络（如 Wi-Fi、Telephony、Ethernet 等）都需要注册关联到 CS 并提供链路请求接口。CS 主要提供了以下几个方面的功能：

- 网络有效性检测（NetworkMonitor）；
- 网络评分与选择（NetworkFactory、NetworkAgent、NetworkAgentInfo）；

- 网口、路由、DNS 等参数配置（netd）；
- 向系统及第三方提供网络申请接口（ConnectivityManager）。

CS 的启动方式如下。

```
// SystemServer.java
try {
    connectivity = new ConnectivityService(
        context, networkManagement, networkStats, networkPolicy);
    ServiceManager.addService(Context.CONNECTIVITY_SERVICE, con
nectivity,
                /* allowIsolated = */ false,
        DUMP_FLAG_PRIORITY_HIGH | DUMP_FLAG_PRIORITY_NORMAL);
    networkStats.bindConnectivityManager(connectivity);
    networkPolicy.bindConnectivityManager(connectivity);
} catch (Throwable e) {
    reportWtf("starting Connectivity Service", e);
}
```

CS 的外部调用方式如下。

```
ConnectivityManager connectivityManager =
            (ConnectivityManager) getSystemService(Context.CONN
ECTIVITY_SERVICE);
```

ADB 是 Android Debug Bridge 的缩写，它允许开发人员与 Android 设备进行通信并对其进行调试。在 ADB 状态下可以通过“adb shell dumpsys connectivity”来查看系统当前所有的网络信息以及网络检测等关键日志。

```
Current Networks:
  NetworkAgentInfo{ ni{[type: WIFI[], state: CONNECTED/CONNECTE
D, reason: (unspecified), extra: "Bytedance Inc", roaming: false, f
ailover: false, isAvailable: true]}  network{100}
  lp{{InterfaceName: wlan0 LinkAddresses: [fe80::5a44:98ff:fef8
:74e2/64,10.95.43.48/21,]  Routes: [fe80::/64 -> :: wlan0,10.95.40.
0/21 -> 0.0.0.0 wlan0,0.0.0.0/0 -> 10.95.40.1 wlan0,]
  DnsAddresses: [10.2.0.2,10.1.0.2,] Domains: bytedance.net MTU
: 0 TcpBufferSizes: 524288,1048576,2097152,262144,524288,1048576 Ht
tpProxy: [10.95.40.10] 8888 xl = }}
  nc{[ Transports: WIFI Capabilities: INTERNET&NOT_RESTRICTED&T
RUSTED&NOT_VPN&VALIDATED LinkUpBandwidth> = 1048576Kbps LinkDnBandw
idth>= 1048576Kbps SignalStrength: -54]}
  Score{60}  everValidated{true}  lastValidated{true}  created{
true} lingering{false} explicitlySelected{false} acceptUnvalidated{
false} everCaptivePortalDetected{false}
  lastCaptivePortalDetected{false} }
  Requests:
      NetworkRequest [ id = 1, legacyType = -1, [ Capabilities:
 INTERNET&NOT_RESTRICTED&TRUSTED&NOT_VPN] ]
      NetworkRequest [ id = 3, legacyType = -1, [] ]
```

```
        NetworkRequest [ id = 4, legacyType = -1, [ Capabilities: 
INTERNET&NOT_RESTRICTED&TRUSTED] ]
        NetworkRequest [ id = 6, legacyType = -1, [ Capabilities: 
INTERNET&NOT_RESTRICTED&TRUSTED] ]
        NetworkRequest [ id = 7, legacyType = -1, [ Capabilities: 
INTERNET&NOT_RESTRICTED&TRUSTED] ]
        NetworkRequest [ id = 8, legacyType = -1, [ Capabilities: 
INTERNET&NOT_RESTRICTED&TRUSTED] ]
        NetworkRequest [ id = 9, legacyType = -1, [ Capabilities: 
INTERNET&NOT_RESTRICTED&TRUSTED] ]
      Lingered:
```

5.1.4　NetworkFactory

NetworkFactory 是系统中的网络工厂，也是 CS 向链路发送网络请求的统一接口。Android 系统启动之初，数据和 Wi-Fi 就通过 WifiNetworkFactory 和 TelephonyNetworkFactory 将自己注册到 CS 中，方便 CS 迅速响应网络请求。

NetworkFactory 继承自 Handler，并通过 AsyncChannel（对 Messenger 的一种包装，维护了连接的状态，本质上使用 Messenger）建立 CS 和 WifiStateMachine 之间的单向通信。

```
    // NetworkFactory.java
    public void register() {
        if (DBG) log("Registering NetworkFactory");
        if (mMessenger == null) {
            // 创建以自己为 Handler 的 Messenger 并传递给 CS
            // 之后 CS 就能够使用 Messenger 通过 Binder 的形式与
WifiStateMachine 线程通信
            mMessenger = new Messenger(this);
            ConnectivityManager.from(mContext).registerNetworkFacto
ry(mMessenger, LOG_TAG);
        }
    }
```

CS 通过 NetworkFactory 和 WifiStateMachine 单向通信的流程如图 5-3 所示。

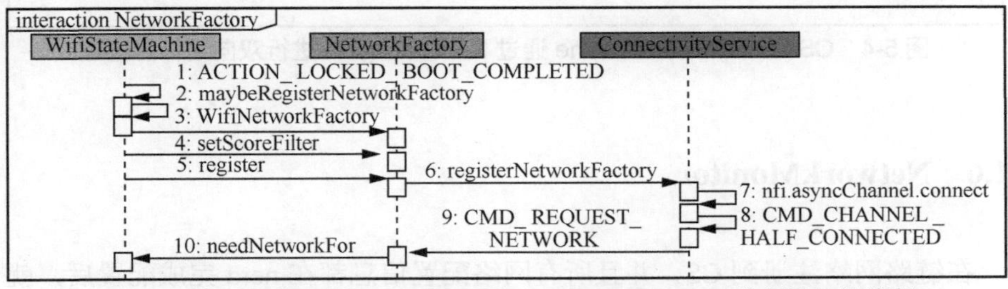

图 5-3　CS 通过 NetworkFactory 和 WifiStateMachine 单向通信的流程

5.1.5 NetworkAgent

链路网络的代理 NetworkAgent 是 CS 和链路网络管理者（如 WifiStateMachine）之间的信使，在 L2 连接成功后创建。

通过 NetworkAgent，WifiStateMachine 可以向 CS 发送如下请求：

- 更新网络状态（NetworkInfo，如断开、连接中、已连接等）；
- 更新链路配置（LinkProperties，如本机网口、IP、DNS、路由信息等）；
- 更新网络能力（NetworkCapabilities，如信号强度、是否收费等）。

CS 可以向 WifiStateMachine 发送如下请求：

- 更新网络有效性（即 NetworkMonitor 的网络检测结果）；
- 禁止自动连接；
- 由于网络不可上网等原因主动断开网络。

因此，NetworkAgent 提供了 CS 和 WifiStateMachine 之间双向通信的能力。其原理类似 NetworkFactory，也使用了 AsyncChannel 和 Messenger。

CS 和 WifiStateMachine 通过 NetworkAgent 进行双向通信的流程如图 5-4 所示。

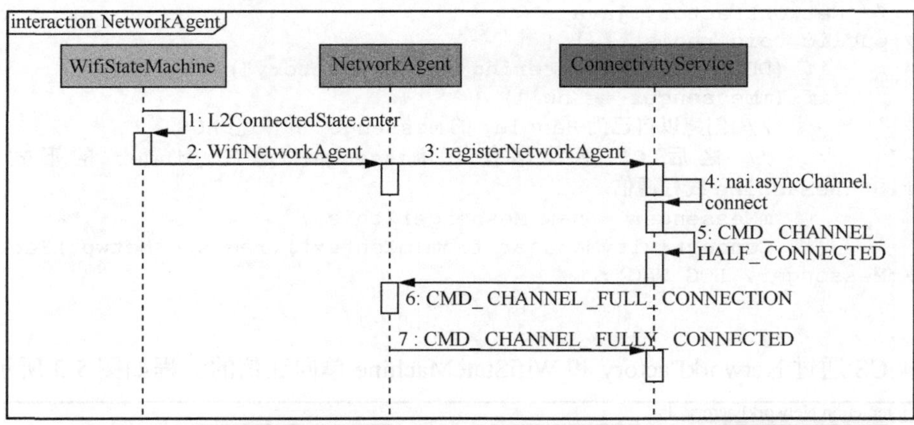

图 5-4　CS 和 WifiStateMachine 通过 NetworkAgent 进行双向通信的流程

5.1.6 NetworkMonitor

在链路网络注册到 CS，并且所有网络配置信息都在 netd 完成配置后，就会开始进行网络诊断，具体的诊断任务交给 NetworkMonitor。

NetworkMonitor 也是一个状态机，包含的基本状态如图 5-5 所示，对基本状态的描述见表 5-2。

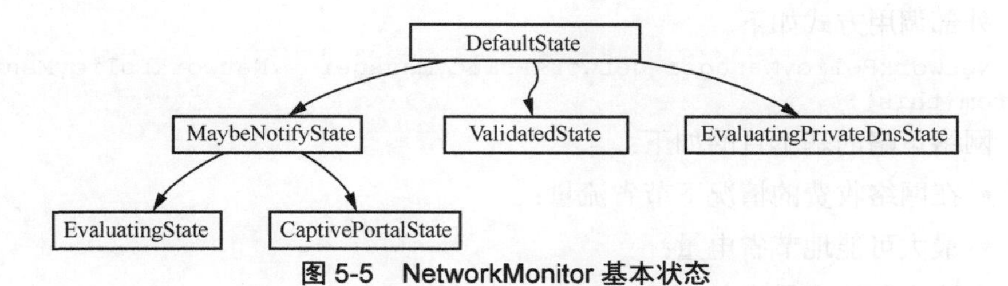

图 5-5 NetworkMonitor 基本状态

表 5-2 NetworkMonitor 基本状态描述

状态	描述
DefaultState	初始状态：接收 CS 网络诊断命令消息后触发诊断；接收用户登录网络的消息
MaybeNotifyState	通知用户登录：接收诊断后发送的“CMD_LAUNCH_CAPTIVE_PORTAL_APP”消息，startActivity 显示登录页面
EvaluatingState	诊断状态：进入时发送“CMD_REEVALUATE”消息，接收“CMD_REEVALUATE”消息并执行网络诊断
CaptivePortalState	登录状态：进入时发送“CMD_LAUNCH_CAPTIVE_PORTAL_APP”消息显示登录页面。如果时延超过 10min，发送“CMD_CAPTIVE_PORTAL_RECHECK”消息进行再次诊断
ValidatedState	已验证状态：进入时发送“EVENT_NETWORK_TESTED”通知 CS 网络诊断完成
EvaluatingPrivateDnsState	评估私有 DNS 状态，Wi-Fi 网络监控服务正在评估网络的私有 DNS 状态

5.1.7 NetworkPolicyManagerService

NetworkPolicyManagerService（以下简称 NPMS）是 Android 系统的网络策略管理者。NPMS 会监听网络属性变化（是否收费，metered）、应用前后台、系统电量状态（省电模式）、设备休眠状态（Doze）。在这些状态发生改变时，为不同名单内的网络消费者配置不同的网络策略。

启动方式如下。

```
    // SystemServer.java
    try {
        networkPolicy = new NetworkPolicyManagerService(context, mA
ctivityManagerService,
                networkManagement);
```

```
        ServiceManager.addService(Context.NETWORK_POLICY_SERVICE, networkPolicy);
    } catch (Throwable e) {
        reportWtf("starting NetworkPolicy Service", e);
    }
```

外部调用方式如下。

```
    NetworkPolicyManager networkPolicyManager = NetworkPolicyManager.from(this);
```

网络策略的基本目的如下：

- 在网络收费的情况下节省流量；
- 最大可能地节省电量；
- 防止危险流量进入。

网络策略中几个重要的名单见表 5-3。

表 5-3　网络策略中的重要名单

名单	描述
mUidFirewallStandbyRules	黑名单，针对前后台应用。此名单中的 App 默认为 REJECT，可配置 ALLOW
mUidFirewallDozableRules	白名单，针对 Doze。此名单中的 App 在 Doze 情况下默认为 ALLOW
mUidFirewallPowerSaveRules	白名单，针对省电模式（由 Battery 服务提供）。此名单中的 App 在省电模式下默认为 ALLOW，但在 Doze 情况下仍然为 REJECT

NPMS 对网络策略进行统一管理和记录，并配合 netd 和 iptables/ip6tables 工具，达到网络限制的目的。

在 ADB 状态下可以使用“adb shell dumpsys netpolicy”来查看当前的网络策略。

```
    System ready: true
    Restrict background: false
    Restrict power: false
    Device idle: false
    Metered ifaces: {}
    Network policies:
      NetworkPolicy{template = NetworkTemplate: matchRule = MOBILE, matchSubscriberIds = [460078…] cycleRule = RecurrenceRule{
                    start = 2018-01-11T00:00+08:00[Asia/Shanghai] end = null period = P1M} warningBytes = 2147483648
                    limitBytes = -1 lastWarningSnooze = -1 lastLimitSnooze = -1 lastRapidSnooze = -1 metered = true inferred = true}
      NetworkPolicy{template = NetworkTemplate: matchRule = MOBILE, matchSubscriberIds = [460021…] cycleRule = RecurrenceRule{
                    start = 2018-01-11T00:00 + 08:00[Asia/Shanghai] end = null period=P1M} warningBytes=2147483648
                    limitBytes = -1 lastWarningSnooze = -1 lastLimi
```

```
tSnooze = -1 lastRapidSnooze = -1 metered = true inferred = true}
    power save whitelist (except idle) app ids:
      UID = 1000: true
      UID = 1001: true
      UID = 2000: true
      UID = 10006: true
      UID = 10008: true
      UID = 10013: true
      UID = 10021: true
    Power save whitelist app ids:
      UID = 1000: true
      UID = 1001: true
      UID = 2000: true
      UID = 10013: true
      UID = 10021: true
    Default restrict background whitelist uids:
      UID = 10013
      UID = 10021
      UID = 12810021
```

5.1.8　NetworkManagementService

Android SystemServer 不具备直接配置和操作网络的能力。所有的网络参数（网口、IP 地址、DNS、Router 等）配置、网络策略执行都需要通过 netd 这个 native 进程来实际执行或者传递给 Kernel 来执行。NetworkManagementService（以下简称 NMS）就是 SystemServer 中其他服务连接 netd 的桥梁。

NMS 和 netd 之间通信的方式有两种：Binder 和 Socket。在 Android 低版本上，像 vold、netd 这种 native 进程与 SystemServer 通信的方式都是使用 Socket，目前高版本也开始 Binder 化，以便提升调用速度。

SystemServer 和 netd 之间的数据流向如图 5-6 所示。

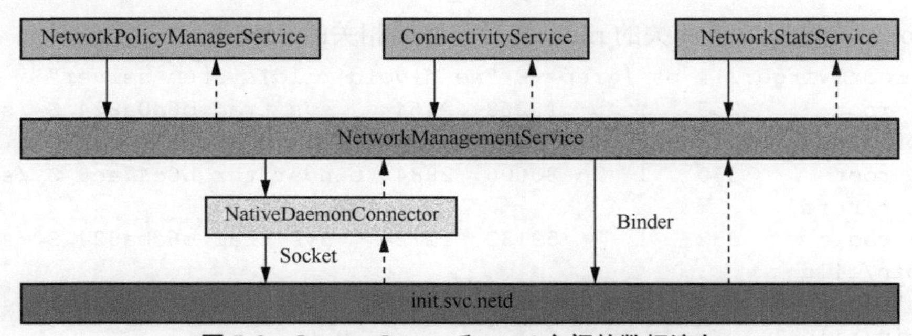

图 5-6　SystemServer 和 netd 之间的数据流向

在 ADB 状态下可以使用"adb shell dumpsys network_management"查看 NMS 和 netd 之前通过 Socket 传递的信息记录。

```
    04-09 15:09:25.609 - SND -> {1331 network create 101}
    04-09 15:09:25.609 - RCV <- {200 1331 success}
    04-09 15:09:25.610 - SND -> {1332 network interface add 101 wlan0}
    04-09 15:09:25.616 - SND -> {1333 traffic wmmer enable}
    04-09 15:09:25.701 - RCV <- {200 1332 success}
    04-09 15:09:25.702 - SND -> {1334 network route add 101 wlan0 f
e80::/64}
    04-09 15:09:25.706 - RCV <- {200 1333 command succeeeded}
    04-09 15:09:25.707 - SND -> {1335 traffic limitter enable}
    04-09 15:09:25.707 - RCV <- {200 1334 success}
    04-09 15:09:25.708 - SND -> {1336 network route add 101 wlan0 1
0.95.40.0/21}
    04-09 15:09:25.757 - RCV <- {200 1335 command succeeeded}
    04-09 15:09:25.757 - SND -> {1337 traffic updatewmm 10014 1}
    04-09 15:09:25.757 - RCV <- {200 1336 success}
    04-09 15:09:25.758 - SND -> {1338 network route add 101 wlan0 0
.0.0.0/0 10.95.40.1}
    04-09 15:09:25.758 - RCV <- {200 1337 command succeeeded}
    04-09 15:09:25.759 - SND -> {1339 traffic whitelist 10014 add}
    04-09 15:09:25.759 - RCV <- {200 1338 success}
    04-09 15:09:25.761 - RCV <- {200 1339 command succeeeded}
    04-09 15:09:25.762 - SND -> {1340 resolver setnetdns 101 byteda
nce.net 10.2.0.2 10.1.0.2 240c::6666 114.114.114.114}
```

5.1.9 netd

为了保障各个功能正常运行，Android 系统中有非常多的守护进程（Daemon）。为了保证系统运行后各项功能都已经准备好，这些 Daemon 会跟随系统的启动而启动，而且一般比 system_server 进程先启动，如与存储功能相关的 vold、与电话功能相关的 rild，以及与网络相关的 netd 等。

```
    root@virgo:/ # ps |grep -E "netd|vold|rild|system_server"
     root       253   1     10268  2464  __sys_trac b6d0a824 S /syst
em/bin/vold
     root       330   1     30600  2884  binder_thr b6c47ac8 S /syst
em/bin/netd
     radio      332   1     59132  11124 __sys_trac b6dba824 S /syst
em/bin/rild
     radio      566   1     57844  11024 __sys_trac b6e9a824 S /syst
em/bin/rild
```

```
    system    2048  348    1925344 248952 sys_epoll_ b6ca999c S sys
tem_server
```

init.svc.netd 进程由 init 进程启动，通过 service netd /system/bin/netd 查看 netd.rc，具体内容如下。

```
        class main
        socket netd stream 0660 root system
        socket dnsproxyd stream 0660 root inet
        socket mdns stream 0660 root system
        socket fwmarkd stream 0660 root inet
        onrestart restart zygote
        onrestart restart zygote_secondar
```

netd 作为 Android 系统的网络守护者，主要有以下方面的职能：

- 处理接收来自 Kernel 的 UEvent 消息（包含网络接口、带宽、路由等信息），并传递给 Framework；
- 提供防火墙设置、网络地址转换（NAT）、带宽控制、网络设备绑定（Tether）等接口；
- 管理和缓存 DNS 信息，为系统和应用提供域名解析服务。

5.1.10　wpa_supplicant

与 netd 一样，wpa_supplicant 也是 Android 系统的一个 Daemon，但与 netd 不同的是，它只有在 Wi-Fi 开启的情况下才会启动，在 Wi-Fi 关闭的时候会随之关闭。wpa_supplicant 向 Framework 提供了 Wi-Fi 配置、连接、断开等接口。

wpa_supplicant 比 Android 的历史要久，在其他平台上也被广泛利用。它增加了对更多请求评论（RFC）协议的支持，这也是谷歌（Google）最初选择它的原因。但从 Android 的近几个版本来看，Google 还是希望弱化 wpa_supplicant，并将其功能迁移至 Framework 或者其他 Daemon 中。wpa_supplicant 启动方式如下。

```
    service wpa_supplicant /system/vendor/bin/hw/wpa_supplicant -g@
android:wpa_wlan0
        interface android.hardware.wifi.supplicant@1.0::ISupplicant
 default
        interface android.hardware.wifi.supplicant@1.1::ISupplicant
 default
        socket wpa_wlan0 dgram 660 wifi wifi
        class main
        disabled
        oneshot
```

wpa_supplicant 和 Framework 的通信模式如图 5-7 所示。

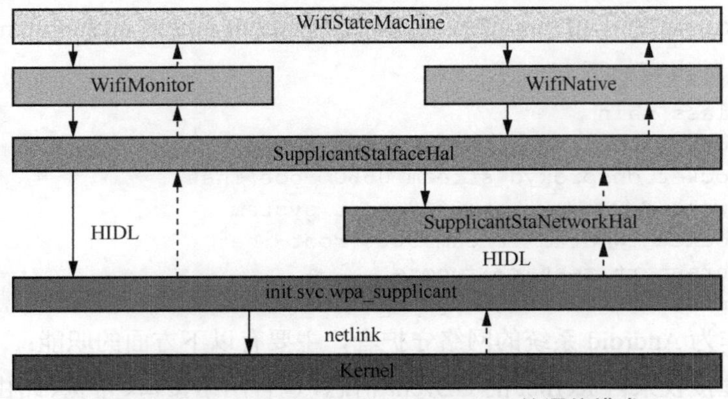

图 5-7 wpa_supplicant 和 Framework 的通信模式

5.2 Wi-Fi 数据通信流程

Wi-Fi 启动连接建立过程涉及多个模块，主要可以分为以下几个步骤：

- 使能 Wi-Fi 模块；
- 扫描 Wi-Fi 热点，获取扫描结果；
- 配置 Wi-Fi 验证信息，已配置完可忽略；
- 数据链路层 L2 连接（包含 Associate、FourWay-Handshake、Group-Handshake 等过程）；
- DHCP 通过 UDP 方式获取 IP 地址、Gateway、DNS 等网络信息；
- 配置 Interafce、IP 地址、DNS、Router 到 netd。

以下将以自动连接为例，分别介绍使能、扫描、连接、获取 IP 地址、数据传送、数据接收等流程。

5.2.1 使能流程

要想使用 Wi-Fi 模块，首先必须使能 Wi-Fi，当第一次按下 Wi-Fi 使能按钮时，WirelessSettings 会实例化一个 WifiEnabler 对象，实例化代码如下。

```
    packages/apps/settings/src/com/android/settings/WirelessSetting
s.java
    protected void onCreate(Bundle savedInstanceState) {
```

```
        super.onCreate(savedInstanceState);
    ……
              CheckBoxPreferencewifi = (CheckBoxPreference) find
Preference(KEY_TOGGLE_WIFI);
              mWifiEnabler = new WifiEnabler(this, wifi);
    ……
    }
```

WifiEnabler 类实现了一个监听接口，当 WifiEnabler 对象被初始化后，它会监听到你按键的动作，进而调用响应函数 onPreferenceChange()，这个函数会调用 WifiManager 的 setWifiEnabled()函数。

```
    public class WifiEnabler implementsPreference.OnPreferenceChang
eListener{
    ……
    public boolean onPreferenceChange(Preference preference,Objectv
alue) {
            booleanenable = (Boolean)value;
    ……
    if (mWifiManager.setWifiEnabled(enable)){
                mCheckBox.setEnabled(false);
    ……
    }
    ……
    }
```

WifiManager 只是一个服务代理，它会调用 WifiService 的 setWifiEnabled()函数，而这个函数会调用 sendEnableMessage()函数，sendEnableMessage()函数最终会给自己发送一个 MESSAGE_ENABLE_WIFI 消息，然后该消息会被 WifiService 中定义的 handleMessage()函数处理，最后 sendEnableMessage()函数会调用 setWifiEnabledBlocking()函数。调用流程如下。

```
    mWifiEnabler.onpreferencechange() =>mWifiManage.setWifienabled(
) =>mWifiService.setWifiEnabled() =>mWifiService.sendEnableMessage(
) =>mWifiService.handleMessage() =>mWifiService.setWifiEnabledBlock
ing().
```

setWifiEnabledBlocking()函数主要有如下功能：加载 Wi-Fi 驱动、启动 wpa_supplicant、注册广播接收器、启动 WifiThread 监听线程。代码如下。

```
    if (enable) {
              if(!mWifiStateTracker.loadDriver()) {
                  Slog.e(TAG,"Failed toload Wi-Fi driver.");
                  setWifiEnabledState(WIFI_STATE_UNKNOWN,uid);
                  return false;
              }
              if(!mWifiStateTracker.startSupplicant()) {
                  mWifiStateTracker.unloadDriver();
```

```
            Slog.e(TAG, "Failed tostart supplicant daemon.");
            setWifiEnabledState(WIFI_STATE_UNKNOWN, uid);
            return false;
        }
        registerForBroadcasts();
        mWifiStateTracker.startEventLoop();
```

5.2.2 扫描流程

在 Android 系统中，Wi-Fi 扫描的方式主要有如下 3 种。

- 使用 WifiManager 的 startScan 方法。
- 通过 WifiManager 注册一个 BroadcastReceiver 来监听 SCAN_RESULTS_AVAILABLE_ACTION 广播。
- 使用 WifiNetworkSpecifier 进行网络选择扫描。

在 Android 8.0 以后，为了解决多种扫描类型带来的冗余问题，Google 推出了 WifiScanningService，在其中维护了 3 个状态机并分别应用上述 3 种扫描方式。Wi-Fi 自动扫描流程如图 5-8 所示。

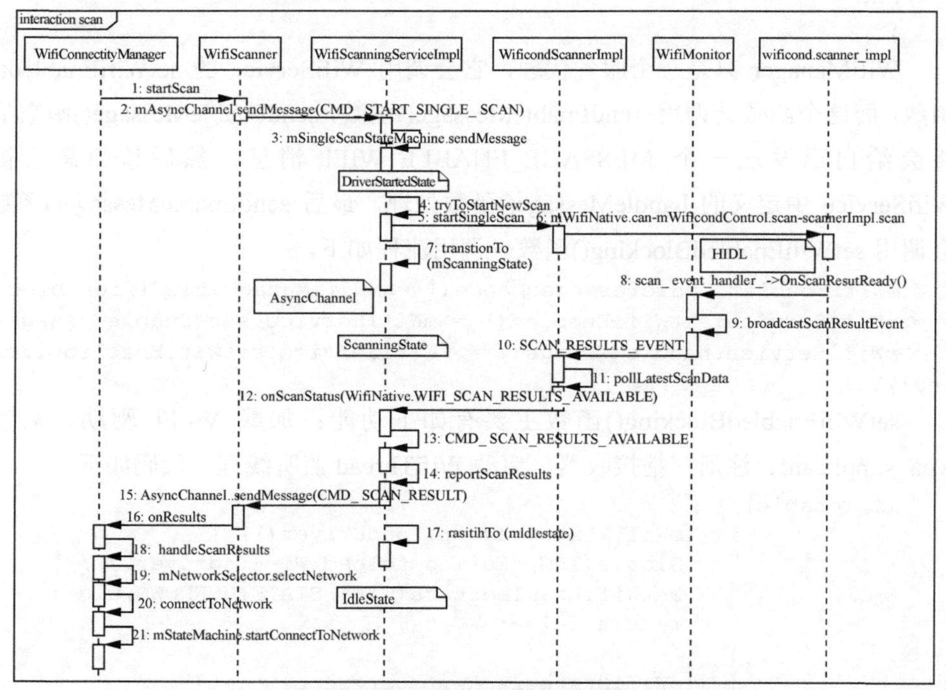

图 5-8 Wi-Fi 自动扫描流程

当驱动加载成功后，如果配置文件的 AP_SCAN＝1，扫描会自动开始，WifiMonitor 将会从 supplicant 中收到一个消息 EVENT_DRIVER_STATE_CHANGED，先调用 handleDriverEvent()函数，然后调用 mWifiStateTracker.notifyDriverStarted()函数，该函数向消息队列添加 EVENT_DRIVER_STATE_CHANGED，handleMessage()函数处理消息时调用 scan()函数，并通过 WifiNative 将扫描命令发送到 wpa_supplicant。

```
    Frameworks/base/wifi/java/android/net/wifi/WifiMonitor.java
    private void handleDriverEvent(Stringstate) {
                if(state == null) {
                    return;
                }
                if(state.equals("STOPPED")) {
                    mWifiStateTracker.notifyDriverStopped();
                }else if (state.equals("STARTED")) {
                    mWifiStateTracker.notifyDriverStarted();
                }else if (state.equals("HANGED")) {
                    mWifiStateTracker.notifyDriverHung();
                }
            }
    Frameworks/base/wifi/java/android/net/wifi/WifiStateTracker.java
    case EVENT_DRIVER_STATE_CHANGED:
                    switch(msg.arg1) {
                    case DRIVER_STARTED:
                        /**
                         *Set the number of allowed radio channels
according
                         *to the system setting, since it gets reset
 by the
                         *driver upon changing to the STARTED state.
                         */
                        setNumAllowedChannels();
                        synchronized(this) {
                            if(mRunState == RUN_STATE_STARTING) {
                                mRunState = RUN_STATE_RUNNING;
                                if(!mIsScanOnly) {
                                    reconnectCommand();
                                }else {
                                    // In somesituations, supplicant
 needs to be kickstarted to
                                    // start thebackground scanning
                                    scan(true);
                                }
                            }
```

```
                    }
                    break;
```

用户也可以手动扫描 AP，这部分在 WifiService 中实现，WifiService 通过 startScan()接口函数发送扫描命令到 supplicant。

```
    Frameworks/base/wifi/java/android/net/wifi/WifiStateTracker.java
    public boolean startScan(booleanforceActive) {
           enforceChangePermission();
           switch(mWifiStateTracker.getSupplicantState()) {
               case DISCONNECTED:
               case INACTIVE:
               case SCANNING:
               case DORMANT:
                   break;
               default:
                   mWifiStateTracker.setScanResultHandling(
                           WifiStateTracker.SUPPL_SCAN_HANDLING_
LIST_ONLY);
                   break;
           }
           return mWifiStateTracker.scan(forceActive);
        }
```

接下来的流程同上面的自动扫描。下面我们来分析一下手动扫描从哪里开始。我们知道手动扫描是通过菜单键的扫描键来响应的，而响应该动作的应该是 WifiSettings 类中 Scanner 类的 handleMessage()函数，它先调用 WifiManager 的 startScanActive()函数，然后调用 WifiService 的 startScan()函数。

```
    packages/apps/Settings/src/com/android/settings/wifiwifisetting
s.java
    public boolean onCreateOptionsMenu(Menu menu) {
           menu.add(Menu.NONE,MENU_ID_SCAN, 0, R.string.wifi_menu_
scan)
                   .setIcon(R.drawable.ic_menu_scan_network);
           menu.add(Menu.NONE,MENU_ID_ADVANCED, 0, R.string.wifi_
menu_advanced)
                   .setIcon(android.R.drawable.ic_menu_manage);
           returnsuper.onCreateOptionsMenu(menu);
        }
```

当按下菜单键时，WifiSettings 就会调用 onCreateOptionsMenu()函数绘制菜单。如果选择扫描按钮，WifiSettings 会调用 onOptionsItemSelected()函数。

```
    packages/apps/Settings/src/com/android/settings/wifiwifisettings.
java
    public booleanonOptionsItemSelected(MenuItem item) {
           switch (item.getItemId()){
```

```
                case MENU_ID_SCAN:
                    if(mWifiManager.isWifiEnabled()) {
                        mScanner.resume();
                    }
                    return true;
                case MENU_ID_ADVANCED:
                    startActivity(new Intent(this,AdvancedSettings.
class));
                    return true;
            }
            returnsuper.onOptionsItemSelected(item);
    }
    private class Scanner extends Handler {
            private int mRetry = 0;
            void resume() {
                if (!hasMessages(0)) {
                    sendEmptyMessage(0);
                }
            }
            void pause() {
                mRetry = 0;
                mAccessPoints.setProgress(false);
                removeMessages(0);
            }
            @Override
            public void handleMessage(Message message) {
                if(mWifiManager.startScanActive()){
                    mRetry = 0;
                }else if (++mRetry>= 3) {
                    mRetry = 0;
                    Toast.makeText(WifiSettings.this,R.string.wifi_
fail_to_scan,
                            Toast.LENGTH_LONG).show();
                    return;
                }
                mAccessPoints.setProgress(mRetry!= 0);
                sendEmptyMessageDelayed(0, 6000);
            }
        }
```

这里的 mWifiManager.startScanActive()函数就会调用 WifiService 里的 startScan()函数，下面的流程和上面的调用流程一样，这里不赘述。

当 supplicant 完成了这个扫描命令后，它会发送一个消息给上层，提醒它们扫描已经完成，WifiMonitor 会接收到这消息，然后再发送给 WifiStateTracker。

```
Frameworks/base/wifi/java/android/net/wifi/WifiMonitor.java
```

```
    void handleEvent(int event, String remainder) {
                switch (event) {
                    case DISCONNECTED:
                        handleNetworkStateChange
(NetworkInfo.DetailedState.DISCONNECTED,remainder);
                        break;
                     case CONNECTED:
                        handleNetworkStateChange(NetworkInfo.
DetailedState.CONNECTED,remainder);
                        break;
                    case SCAN_RESULTS:
                        mWifiStateTracker.notifyScanResultsAvailable();
                        break;
                     case UNKNOWN:
                        break;
                }
            }
```

WifiStateTracker 会广播 SCAN_RESULTS_AVAILABLE_ACTION 消息。

```
    Frameworks/base/wifi/java/android/net/wifi/WifiStateTracker.java
    public void handleMessage(Message msg) {
            Intent intent;
    ……
    case EVENT_SCAN_RESULTS_AVAILABLE:
                    if(ActivityManagerNative.isSystemReady()) {
                       mContext.sendBroadcast(newIntent(WifiManager.
SCAN_RESULTS_AVAILABLE_ACTION));
                    }
                    sendScanResultsAvailable();
                    /**
                     * On receiving the first scanresults after
connecting to
                     * the supplicant, switch scanmode over to passive.
                     */
                    setScanMode(false);
                    break;
    ……
    }
```

由于 WifiSettings 类注册了 intent，能够处理 SCAN_RESULTS_AVAILABLE_ACTION 消息，它会调用 handleEvent()函数，调用流程如下。

```
    WifiSettings.handleEvent()=>WifiSettings.updateAccessPoints() =
> mWifiManager.getScanResults()=> mService.getScanResults()=> mWifi
StateTracker.scanResults() =>WifiNative.scanResultsCommand()……
```

将获取 AP 列表的命令发送到 supplicant，然后 supplicant 通过 Socket 发送扫描结果，由上层接收并显示。这和前面的消息获取流程基本相同。

5.2.3 连接流程

当用户选择一个活跃的 AP 后，WifiSettings 会打开一个对话框来配置 AP，提供配置 AP 的加密方法和连接 AP 的验证模式。配置好 AP 后，WifiService 会添加或更新网络并连接到特定的 AP。

```
    packages/apps/settings/src/com/android/settings/wifi/WifiSetttings.
java
    public booleanonPreferenceTreeClick(PreferenceScreen screen,
Preference preference) {
            if (preference instanceofAccessPoint) {
                mSelected = (AccessPoint) preference;
                showDialog(mSelected, false);
            } else if (preference == mAddNetwork) {
                mSelected = null;
                showDialog(null,true);
            } else if (preference == mNotifyOpenNetworks) {
                Secure.putInt(getContentResolver(),
                        Secure.WIFI_NETWORKS_AVAILABLE_NOTIFICATION_ON,
                        mNotifyOpenNetworks.isChecked()? 1 : 0);
            } else {
                returnsuper.onPreferenceTreeClick(screen, preference);
            }
            return true;
        }
```

配置好以后，当按下“Connect Press”按钮时，WifiSettings 通过发送 LIST_NETWORK 命令到 supplicant 来检查该网络是否配置。如果没有该网络或网络没有配置好，WifiService 会调用 addorUpdateNetwork()函数来添加或更新网络，然后发送命令给 supplicant，建立网络连接。从按下“Connect Press”按钮到 WifiService 发送连接命令的代码如下。

```
    packages/apps/settings/src/com/android/settings/wifi/WifiSetttings.
java
    public void onClick(DialogInterfacedialogInterface, int button) {
            if (button == WifiDialog.BUTTON_FORGET && mSelected !=
null) {
                forget(mSelected.networkId);
            } else if (button == WifiDialog.BUTTON_SUBMIT && mDialog
 != null) {
                WifiConfigurationconfig = mDialog.getConfig();
                if(config == null) {
```

```
                if (mSelected != null&& !requireKeyStore(mSelect
ed.getConfig())) {
                    connect(mSelected.networkId);
                }
            }else if (config.networkId != -1) {
                if (mSelected != null) {
                    mWifiManager.updateNetwork(config);
                    saveNetworks();
                }
            }else {
                intnetworkId = mWifiManager.addNetwork(config);
                if (networkId != -1) {
                    mWifiManager.enableNetwork(networkId,false);
                    config.networkId = networkId;
                    if (mDialog.edit || requireKeyStore(config)){
                        saveNetworks();
                    } else {
                        connect(networkId);
                    }
                }
            }
        }
    }
Frameworks\base\wifi\java\android\net\wifi\WifiManager.java
public intupdateNetwork(WifiConfiguration config) {
        if(config == null ||config.networkId < 0) {
           return-1;
        }
        returnaddOrUpdateNetwork(config);
}
private intaddOrUpdateNetwork(WifiConfiguration config) {
       try {
           returnmService.addOrUpdateNetwork(config);
       } catch (RemoteExceptione) {
           return-1;
       }
    }
```

WifiService.addOrUpdateNetwork() 函数通过调用 mWifiStateTracker.setNetworkVariable()函数将连接命令发送到 wpa_supplicant。

Wi-Fi 的连接流程如图 5-9 所示。

- 认证：对于 WPA-PSK、WPA2-PSK 类型网络，使用预共享密码（Pre-shared Key）进行认证；对于可扩展认证协议（EAP）类型保护的可扩展认证协议（PEAP）、隧道传输层安全（TTLS）、PWD、传输层安全协议（TLS）网络，则根据具体的加密方法需要使用身份、密码、证书等进行认证。

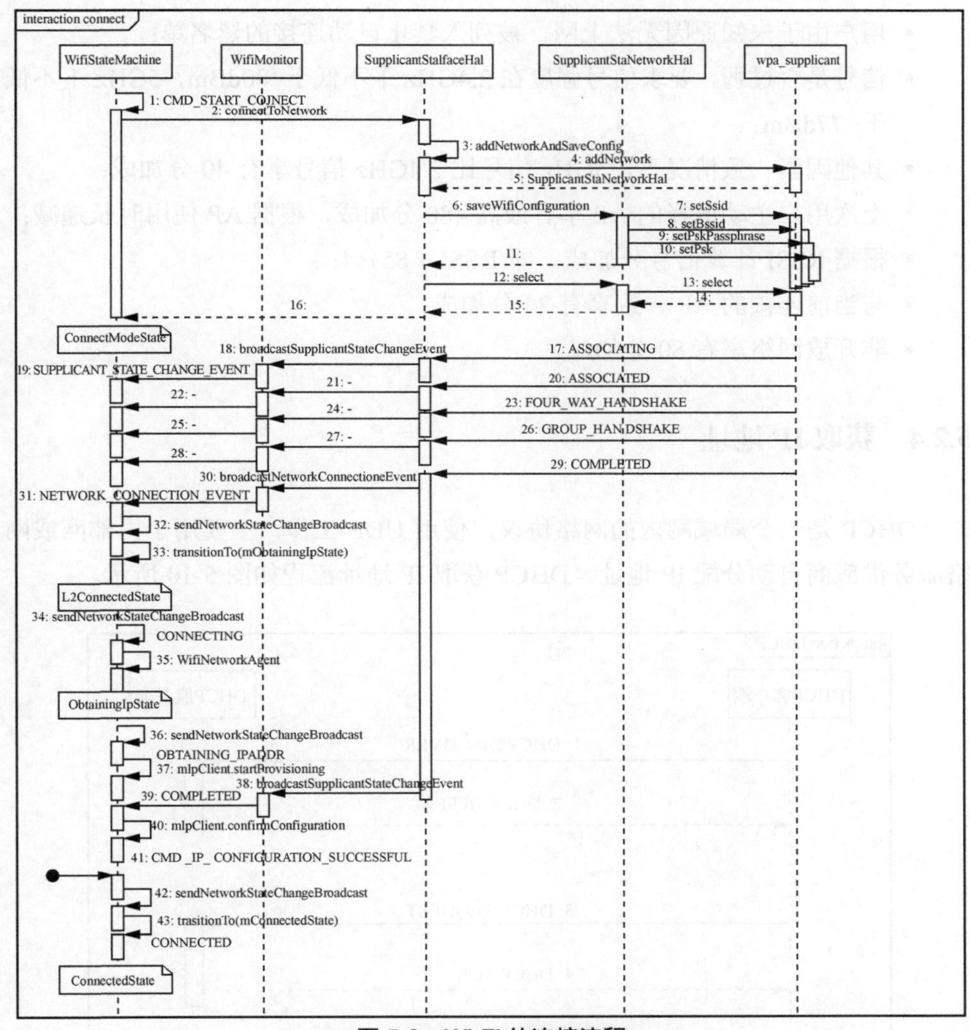

图 5-9 Wi-Fi 的连接流程

- 关联：由 STA 向 AP 发出关联请求，AP 回应关联请求。STA 和 AP 建立关联后，后续数据报文的收发则只能与关联的 AP 进行。
- 四路握手：PTK（Pairwise Transient Key，成对临时密钥，用于加密单播数据流的密钥）的生成、交换、安装。
- 组握手：GTK（Group Temporal Key，组临时密钥，用于加密广播和组播数据流的密钥）的生成、交换、安装。

WifiNetworkSelector 提供了 AP 优选的能力，影响优选的因素有：

- 用户由于未知原因无法上网，被列入禁止自动连接的黑名单；
- 信号是否过弱，要求信号强度在 2.4GHz 下不低于−80dBm，5GHz 下不低于−77dBm；
- 其他因素一致情况下，5GHz 信号比 2.4GHz 信号享有 40 分加成；
- 上次用户主动选择的 AP 享有最高 480 分加成，根据 AP 使用时长递减；
- 根据 RSSI 计算信号分加成，即(RSSI + 85)×4；
- 与当前连接的 AP 一致享有 24 分加成；
- 非开放网络享有 80 分加成。

5.2.4 获取 IP 地址

DHCP 是一个局域网内的网络协议，使用 UDP 工作，主要用于内部网或网络服务供应商自动分配 IP 地址。DHCP 获取 IP 地址流程如图 5-10 所示。

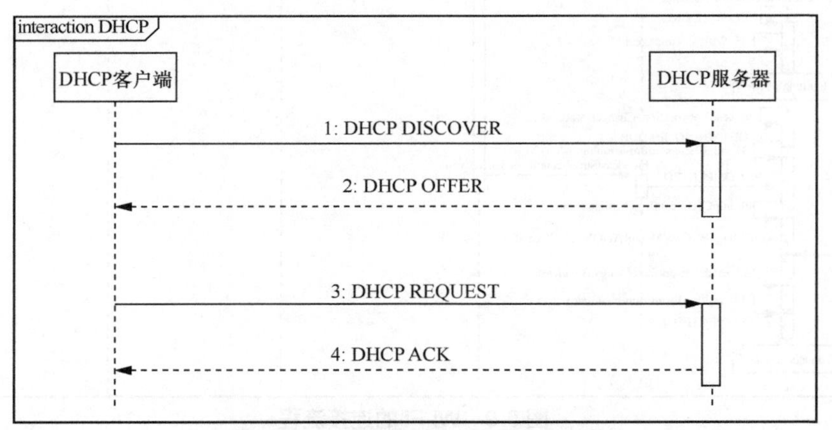

图 5-10 DHCP 获取 IP 地址流程

- DHCP DISCOVER：DHCP 客户端发送有限广播请求 IP 地址，如（0.0.0.0:68 → 255.255.255.255:67）。
- DHCP OFFER：DHCP 服务器响应。在收到客户端的 DHCP 请求后，DHCP 服务器从 IP 地址池中找出合法可用的 IP 地址填入 DHCP OFFER 报文中并发送有限广播给客户端，如（192.168.1.1:67 → 255.255.255.255:68）。
- DHCP REQUEST：DHCP 客户端选择 IP 地址。DHCP 客户端从接收到的 DHCP OFFER 消息中选择 IP 地址，并发送 DHCP REQUEST 有限广播到

所有的 DHCP 服务器，表明它接收到响应的内容了，如（0.0.0.0:68 → 255.255.255.255:67）。

- DHCP ACK：DHCP 服务器确认租约，如（192.168.1.1:67 → 255.255.255.255:68）。

Android 系统中为 DHCP 创建的协议族为 IPPROTO_UDP 的 Socket。

```
    // DhcpClient.java
    private boolean initUdpSocket() {
        final int oldTag = TrafficStats.getAndSetThreadStatsTag
(TrafficStats.TAG_SYSTEM_DHCP);
        try {
            // UDP 数据报
            mUdpSock = Os.socket(AF_INET, SOCK_DGRAM, IPPROTO_UDP);
            Os.setsockoptInt(mUdpSock, SOL_SOCKET, SO_REUSEADDR, 1);
            Os.setsockoptIfreq(mUdpSock, SOL_SOCKET, SO_BINDTODEVICE,
mIfaceName);
            // 广播
            Os.setsockoptInt(mUdpSock, SOL_SOCKET, SO_BROADCAST, 1);
            Os.setsockoptInt(mUdpSock, SOL_SOCKET, SO_RCVBUF, 0);
            // Inet4Address.ANY: 0.0.0.0
            // DhcpPacket.DHCP_CLIENT: 68
            Os.bind(mUdpSock, Inet4Address.ANY, DhcpPacket.DHCP_
CLIENT);
            NetworkUtils.protectFromVpn(mUdpSock);
        } catch(SocketException|ErrnoException e) {
            Log.e(TAG, "Error creating UDP socket", e);
            return false;
        } finally {
            TrafficStats.setThreadStatsTag(oldTag);
        }
        return true;
    }
```

当连接到 supplicant 后，WifiMonitor 就会通知 WifiStateTracker。

```
    Frameworks/base/wifi/java/android/net/wifi/WifiMonitor.java
    Public void Run(){
    if (connectToSupplicant()) {
                    // Send a message indicatingthat it is now
possible to send commands
                    // tothe supplicant
                    mWifiStateTracker.notifySupplicantConnection();
                }else {
                    mWifiStateTracker.notifySupplicantLost();
                    return;
                }
```

```
    ......
    }
```

WifiStateTracker 发送 EVENT_SUPPLICANT_CONNECTION 消息到消息队列，这个消息由自己的 handleMessage()函数处理，它会启动一个 DHCP 线程，而这个线程会一直等待一个消息事件，来启动 DHCP 分配 IP 地址。

```
    Frameworks/base/wifi/java/android/net/wifi/WifiStateTracker.java
    void notifySupplicantConnection() {
           sendEmptyMessage(EVENT_SUPPLICANT_CONNECTION);
    }
    public void handleMessage(Message msg) {
           Intent intent;
            switch (msg.what) {
               case EVENT_SUPPLICANT_CONNECTION:
                ......
                HandlerThread dhcpThread = newHandlerThread("DHCP
Handler Thread");
                   dhcpThread.start();
                   mDhcpTarget = newDhcpHandler(dhcpThread.getLooper(),
this);
    ......
    ......
    }
```

当 wpa_supplicant 连接到 AP 后，它会发送一个消息给上层来通知连接成功，WifiMonitor 会接收这个消息并上报给 WifiStateTracker。

```
    Frameworks/base/wifi/java/android/net/wifi/WifiMonitor.java
    void handleEvent(int event, String remainder) {
              switch(event) {
                  case DISCONNECTED:
                      handleNetworkStateChange
(NetworkInfo.DetailedState.DISCONNECTED,remainder);
                      break;
                   case CONNECTED:
                      handleNetworkStateChange(NetworkInfo.
DetailedState.CONNECTED,remainder);
                      break;
                  ......
    }
    private void handleNetworkStateChange(NetworkInfo.DetailedStatenew
State, String data) {
            StringBSSID = null;
            intnetworkId = -1;
            if(newState == NetworkInfo.DetailedState.CONNECTED) {
               Matchermatch = mConnectedEventPattern.matcher(data);
```

```
                if(!match.find()) {
                    if(Config.LOGD) Log.d(TAG, "Could not find BSSID
 in CONNECTEDeventstring");
                }else {
                    BSSID = match.group(1);
                    try{
                        networkId = Integer.parseInt(match.group(2));
                    }catch (NumberFormatException e) {
                        networkId = -1;
                    }
                }
            }
            mWifiStateTracker.notifyStateChange(newState,BSSID,
networkId);
    }
     void notifyStateChange(DetailedState newState, StringBSSID,
intnetworkId) {
            Messagemsg = Message.obtain(
                this,EVENT_NETWORK_STATE_CHANGED,
                newNetworkStateChangeResult(newState, BSSID, networkId));
           msg.sendToTarget();
        }
    case EVENT_NETWORK_STATE_CHANGED:
    ……
    configureInterface();
    ……
    private void configureInterface() {
           checkPollTimer();
            mLastSignalLevel = -1;
            if(!mUseStaticIp){            //使用 DHCP 线程动态 IP 地址
                if(!mHaveIpAddress && !mObtainingIpAddress) {
                    mObtainingIpAddress = true;
                     //发送启动 DHCP 线程获取 IP 地址
                    mDhcpTarget.sendEmptyMessage(EVENT_DHCP_START);
                 }
            } else{        //使用静态 IP 地址,IP 地址信息从 mDhcpInfo 中获取
                intevent;
                if(NetworkUtils.configureInterface(mInterfaceName,
mDhcpInfo)) {
                    mHaveIpAddress = true;
                    event = EVENT_INTERFACE_CONFIGURATION_SUCCEEDED;
                    if(LOCAL_LOGD) Log.v(TAG, "Static IP configuration
succeeded");
                }else {
                    mHaveIpAddress = false;
                    event = EVENT_INTERFACE_CONFIGURATION_FAILED;
```

```
                    if(LOCAL_LOGD) Log.v(TAG, "Static IP configuration
failed");
                  }
                sendEmptyMessage(event);          //发送 IP 地址获得成功
消息事件
            }
        }
```

dhcpThread 获取 EVENT_DHCP_START 消息事件后，调用 handleMessage()函数，启动 DHCP 获取 IP 地址的服务。

```
    public void handleMessage(Message msg) {
               intevent;
    switch (msg.what) {
                   case EVENT_DHCP_START:
    ......
    Log.d(TAG, "DhcpHandler: DHCP requeststarted");
    //启动一个 DHCPclient 的精灵进程，为 mInterfaceName 请求分配一个 IP 地址
        if (NetworkUtils.runDhcp(mInterfaceName, mDhcpInfo)) {
         event = EVENT_INTERFACE_CONFIGURATION_SUCCEEDED;
             if(LOCAL_LOGD)Log.v(TAG, "DhcpHandler: DHCP request
succeeded");
        } else {
               event=EVENT_INTERFACE_CONFIGURATION_FAILED;
              Log.i(TAG,"DhcpHandler: DHCP request failed: " +
                                NetworkUtils.getDhcpError());
            }
    ......
    }
```

这里调用了一个 NetworkUtils.runDhcp()函数，NetworkUtils 类是网络服务的辅助类，它主要定义了一些本地接口，这些接口会通过他们的 JNI 层 android_net_NetUtils.cpp 文件和 DHCPclient 通信，并获取 IP 地址。

至此，IP 地址获取完毕，Wi-Fi 启动流程结束。

5.2.5 数据传送

传送指的是通过一个网络连接发送一个报文的行为。内核传送报文必须调用驱动的 hard_start_xmit()函数将数据放在外出队列上。

每个内核处理的报文都包含在一个 Socket 缓存结构（结构 sk_buff）里，定义见<linux/skbuff.h>。这个结构从 UNIX 抽象中得名，代表一个网络连接 Socket。对于接口来说，一个 Socket 缓存只有一个报文。

传送给 hard_start_xmit()函数的 Socket 缓存包含物理报文，它出现在媒介上，以传输层的头部结束。接口不需要修改要传送的数据。skb->data 指向要传送的报文，skb->len 是以字节计的长度。传送下来的 sk_buff 中的数据已经包含硬件需要的帧头（通过 hard_header()函数将传递进来的信息组织成设备特有的硬件头），所以在发送方法里不需要再填充硬件帧头，数据可以直接提交给硬件发送。sk_buff 是被锁住的，以确保其他程序不会存取它。

在系统调用驱动程序的 xmit 时，发送的数据被放在一个 sk_buff 结构中；一般的驱动程序会把数据传给硬件，然后硬件将数据发出去。一些特殊的设备，例如 loopback 设备会把数据组成一个接收数据再回送给系统，而 dummy 设备会直接丢弃数据。如果发送成功，hard_start_xmit()函数会释放 sk_buff，返回 0（表示发送成功）。

以 BCM4329 芯片驱动为例，当上层传送报文过来时，芯片会调用 hard_start_xmit()函数（该方法主要用于初始化数据包的传输），该函数主要用于转换 sk_buff，将其组织成 pktbuf 数据格式，然后调用 dhd_sendpkt()函数将 pktbuf 通过 dhd bus 发送到 Wi-Fi 芯片，最后 Wi-Fi 芯片将报文发送到网络上。

```
    Intdhd_start_xmit(struct sk_buff *skb, struct net_device *net)
    {
    ……
            /* Convert to packet */
            if (!(pktbuf = PKTFRMNATIVE(dhd->pub.osh, skb))) {
                    DHD_ERROR(("%s: PKTFRMNATIVE failed\n",
                               dhd_ifname(&dhd->pub, ifidx)));
                    dev_kfree_skb_any(skb);     //转换成功，释放 skb，在
通常处理中，会在中断中执行该操作
                    ret = -ENOMEM;
                    goto done;
            }
    #ifdef WLMEDIA_HTSF
            if (htsfdlystat_sz && PKTLEN(dhd->pub.osh, pktbuf)>=
ETHER_ADDR_LEN) {
                    uint8 *pktdata = (uint8 *)PKTDATA(dhd->pub.osh,
 pktbuf);
                    struct ether_header *eh = (struct ether_header
*)pktdata;
                    if (!ETHER_ISMULTI(eh->ether_dhost) &&
                            (ntoh16(eh->ether_type) == ETHER_TYPE_
IP)) {
                            eh->ether_type = hton16(ETHER_TYPE_
BRCM_PKTDLYSTATS);
```

```
			}
		}
	#endif
		ret = dhd_sendpkt(&dhd->pub, ifidx, pktbuf); //发送pktbuf
	......
	}
	int dhd_sendpkt(dhd_pub_t *dhdp, int ifidx, void *pktbuf)
	{
	......
	#ifdef PROP_TXSTATUS
		if (dhdp->wlfc_state && ((athost_wl_status_info_t*)
dhdp->wlfc_state)->proptxstatus_mode
					!= WLFC_FCMODE_NONE) {
				dhd_os_wlfc_block(dhdp);
				ret = dhd_wlfc_enque_sendq(dhdp->wlfc_state,
DHD_PKTTAG_FIFO(PKTTAG(pktbuf)),
					pktbuf);
				dhd_wlfc_commit_packets(dhdp->wlfc_state,
(f_commitpkt_t)dhd_bus_txdata,
					dhdp->bus);
				if (((athost_wl_status_info_t*)dhdp->wlfc_
state)->toggle_host_if) {
					((athost_wl_status_info_t*)dhdp->wlfc_
state)->toggle_host_if = 0;
				}
				dhd_os_wlfc_unblock(dhdp);
		}
		else
				/* non-proptxstatus way */
		ret = dhd_bus_txdata(dhdp->bus, pktbuf);	//在安全数字
输入输出（SDIO）总线上传输
	#else
		ret = dhd_bus_txdata(dhdp->bus, pktbuf);
	#endif /* PROP_TXST
	......
	}
```

传输结束后，会产生一个中断，即传输结束中断，一般的网络驱动程序都会有这个中断的注册，但还有一种轮询方式，这在后面的数据接收部分会介绍，而 sk_buff 就在这个中断过程中被释放。

但是实际情况还是比较复杂的。当硬件偶尔出现问题不能响应驱动时，就不能完成驱动的功能。在网络接口发送数据时也会发生一些不可预知的不响应动作，例如网络介质阻塞造成的冲突导致发送报文的动作不能得到响应。但硬件通常不需要做此类的检测，需要驱动用软件的方法来实现，这就是超时传输机制。

许多驱动通过设置定时器来解决这个问题。网络系统本质上是一个复杂的、由大量定时器控制的状态机的组合体。因此，网络代码可用于检测发送是否超时。网络驱动不需要自己去检测这样的问题，它们只需要设置一个超时值，即 net_device 结构中的 watchdog_timeo。这个超时值应当足够长，以容纳正常的发送时延（如网络媒介拥塞引起的冲突）。

如果当前系统时间超过设备的 trans_start 时间至少 time-out 值，那么网络层最终会调用驱动的 tx_timeout 方法。这个方法负责执行解决问题所需要的工作并且保证任何已经开始的发送正确地完成。特别地，驱动没有丢失追踪任何网络代码委托给它的 Socket 缓存。

如果传送超时，驱动必须在接口统计量中标记这个错误，并将设备复位到一个能发送新报文的状态，一般驱动会调用 netif_wake_queue()函数重新启动传输队列。

5.2.6 数据接收

从网络上接收报文比发送要难一些，因为必须分配一个 sk_buff 并递交给上层。网络驱动可以实现两种报文接收方式：中断和轮询，大部分驱动采用中断方式。

大部分硬件接口通过一个硬件中断处理器来控制，硬件中断处理器会发出两种可能的信号：一个新报文到了或者一个外出报文的发送完成了。网络接口也能够产生中断来指示错误，如状态改变等。

通常的中断过程能够告知新报文到达中断和外出报文发送中断两种通知的区别，可以通过检查物理设备中的状态寄存器来判断是哪一种中断。对于发送中断，更新状态信息，释放 skb 内存；对于到达中断，从数据队列中抽取一包数据，并把它传递给接收函数。

既然有两种接收数据的方式，选择哪一种呢？一般认为中断是比较好的一种方式，不过如果接口接收数据太频繁，甚至 1s 内接收上千包数据，那么系统的中断次数就非常多，这会严重影响系统的性能。所以在频繁接收数据的情况下，也可以考虑使用轮询的方式。

在 Linux 系统中，为了提高宽带性能，网络子系统开发者创建了一种基于轮询方式的 NAPI，虽然它在很多情况下并不被看好，但在高流量的高速接口中，用这种 NAPI 轮询技术处理到达的每一个数据包就足够了，前提是网络设备必须能支持这种模式。也就是说，一个网络接口必须能保存多个数据包，而且具有中断、禁止中断、重新开启传输等功能。

以 BCM4329 芯片驱动为例，dhd_attach()函数被调用时，会初始化一个内核线程或一个 tasklet 中断的下半部。其实这两种方式就是之前的中断和轮询方式的实现版，如果使用轮询方式，驱动会初始化一个内核线程 dhd_dpc_thread 来轮询网络接口接收的数据；中断下半部是中断处理程序的延续，用于处理比较复杂费时的操作，这样就能早点从中断中解放出来，以免降低系统的性能。

下面看看这两种方式的初始化（在 dhd_attach.c 中）。

```
/* Set up the bottom half handler */
        if (dhd_dpc_prio>= 0) {
                /* Initialize DPC thread */
                PROC_START(dhd_dpc_thread, dhd, &dhd->thr_dpc_ctl, 0);
        } else {
                /*  use tasklet for dpc */
                tasklet_init(&dhd->tasklet, dhd_dpc, (ulong)dhd);
                dhd->thr_dpc_ctl.thr_pid = -1;
        }
```

轮询方式的过程如下。

```
dhd_dpc_thread(void *data)
{
        tsk_ctl_t *tsk = (tsk_ctl_t *)data;
        dhd_info_t *dhd = (dhd_info_t *)tsk->parent;
        /* This thread doesn't need any user-level access,
         * so get rid of all our resources
         */
        if (dhd_dpc_prio> 0)
        {
                struct sched_param param;
                param.sched_priority = (dhd_dpc_prio < MAX_RT_
PRIO)?dhd_dpc_prio:(MAX_RT_PRIO-1);
                setScheduler(current, SCHED_FIFO, &param);
        }
        DAEMONIZE("dhd_dpc");
        /* DHD_OS_WAKE_LOCK is called in dhd_sched_dpc[dhd_
linux.c] down below  */
        /*  signal: thread has started */
        complete(&tsk->completed);
        /* Run until signal received */
        while (1) {
                if (down_interruptible(&tsk->sema) == 0) {
                        SMP_RD_BARRIER_DEPENDS();
                        if (tsk->terminated) {
                                break;
```

```
                    }
                    /* Call bus dpc unless it indicated
down (then clean stop) */
                    if (dhd->pub.busstate != DHD_BUS_DOWN) {
                        if (dhd_bus_dpc(dhd->pub.bus)) {
                            up(&tsk->sema);
                        }
                        else {
                            DHD_OS_WAKE_UNLOCK
(&dhd->pub);
                        }
                    } else {
                        if (dhd->pub.up)
                            dhd_bus_stop(dhd->pub.
bus, TRUE);
                        DHD_OS_WAKE_UNLOCK(&dhd->pub);
                    }
                }
                else
                    break;
            }
            complete_and_exit(&tsk->completed, 0);
    }
```

这种轮询方式是一个永真循环，直到接收到终止信号才停止，dhd_dpc_thread 线程就是通过不断调用 dhd_bus_dpc()函数来实现轮询的，它的调用逻辑如图 5-11 所示。

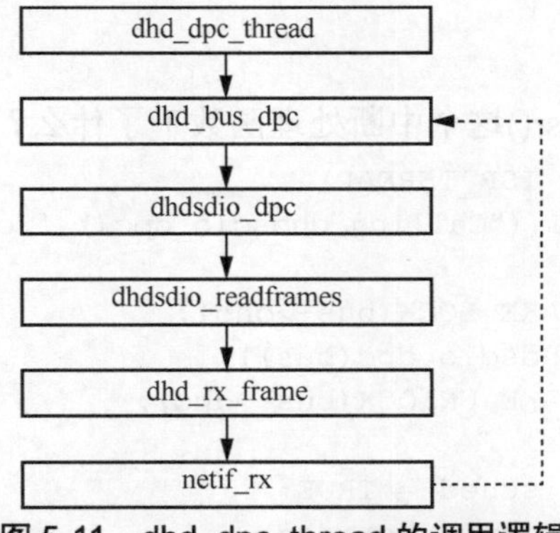

图 5-11　dhd_dpc_thread 的调用逻辑

图 5-11 所示是 dhd_dpc_thread 的调用逻辑，最后通过 netif_rx 将数据提交到上层协议。还有一种中断方式，其在 dhdsdh_probe()函数中注册了 dhdsdio_isr()中断处理函数。

```
    static void *
```

```
    dhdsdio_probe(uint16 venid, uint16 devid, uint16 bus_no, uint16
 slot,
            uint16 func, uint bustype, void *regsva, osl_t * osh,
void *sdh)
    {
    ......
    if (bus->intr) {
                    /* Register interrupt callback, but mask it
(not operational yet). */
                    DHD_INTR(("%s: disable SDIO interrupts (not
interested yet)\n", __FUNCTION__));
                    bcmsdh_intr_disable(sdh);  //首先禁止 SDIO 中断，再
注册中断
                    if ((ret = bcmsdh_intr_reg(sdh, dhdsdio_isr,
bus)) != 0) {
                            DHD_ERROR(("%s: FAILED: bcmsdh_intr_
reg returned %d\n",
                                    __FUNCTION__, ret));
                            goto fail;
                    }
                    DHD_INTR(("%s: registered SDIO interrupt
function ok\n", __FUNCTION__));
            } else {
                    DHD_INFO(("%s: SDIO interrupt function is NOT
registered due to polling mode\n",
                                    __FUNCTION__));
            }
    ......
    }
```

下面看看 dhdsdio_isr()这个中断处理函数干了什么？函数的最后部分如下。

```
    #if defined(SDIO_ISR_THREAD)
            DHD_TRACE(("Calling dhdsdio_dpc() from %s\n", __FUNCTION_
_));
            DHD_OS_WAKE_LOCK(bus->dhd);
            while (dhdsdio_dpc(bus));
            DHD_OS_WAKE_UNLOCK(bus->dhd);
    #else
            bus->dpc_sched = TRUE;
            dhd_sched_dpc(bus->dhd);
    #endif
```

dhd_sched_dpc()函数在最后被调用（上面的 while 循环调用 dhdsdio_dpc()函数，其和 dhd_sched_dpc()函数的作用是一样的，不予详述），这个函数的代码如下。

```
    void
```

```
dhd_sched_dpc(dhd_pub_t *dhdp)
{
        dhd_info_t *dhd = (dhd_info_t *)dhdp->info;

        DHD_OS_WAKE_LOCK(dhdp);
#ifdef DHDTHREAD
        if (dhd->thr_dpc_ctl.thr_pid>= 0) {
                up(&dhd->thr_dpc_ctl.sema);
                return;
        }
#endif /* DHDTHREAD */

        tasklet_schedule(&dhd->tasklet);
}
```

触发一个 tasklet 中断的下半部，让 CPU 选择在一个合适的时候调用 dhd_dpc() 函数，这个函数会调用 dhd_bus_dpc()函数，然后进入图 5-11 所示的调用逻辑。

详细的数据处理过程可以参考源代码来具体分析。

5.3　网络配置

为了达到省电、省流量、拦截等目的，Android 系统会在多种场景下（Doze、Powersave（省电模式）、前后台等）配置网络流量限制措施。

5.3.1　Netfilter 和 iptables

Android 系统基于 Linux 内核，而 Linux 则使用 Netfilter 的钩子（hook）机制在内核的 IP 协议栈中获取各个阶段的数据包。根据预先制定的包过滤规则，定义哪些数据包可以接收，哪些数据包需要丢弃或者拒绝。

iptables/ip6tables：iptables/ip6tables 是用户层的一个工具，用户层使用 iptables/ip6tables 通过 Socket 的系统调用方式（setsockopt、getsockopt）获取或修改 Netfilter 需要的包过滤规则，是用户层和 Netfilter 之间交互的工具。iptables 用于 IPv4，ip6tables 用于 IPv6。

Netfilter 和 iptables 是 Linux 网络防火墙中重要的组成部分。Netfilter 的工作流程如图 5-12 所示。

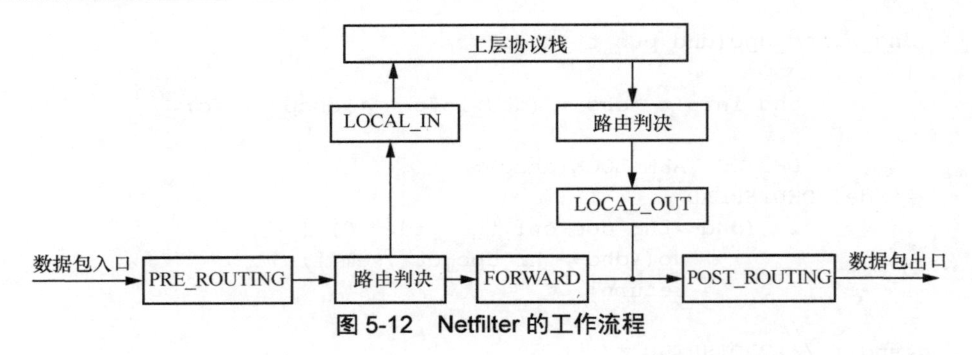

图 5-12　Netfilter 的工作流程

收到的每个数据包都从 PRE_ROUTING 进来，经过路由判决，如果是发送给本机的，就经过 LOCAL_IN，然后往上层协议栈继续传递；如果该数据包的目的地不是本机，就经过 FORWARD，最后均由 POST_ROUTING 将该包转发出去。Netfilter 在 PRE_ROUTING、LOCAL_IN、LOCAL_OUT、FORWARD、POST_ROUTING 这 5 个阶段分别设置回调函数（hook 函数），对每一个进出的数据包进行检测。

Netfilter 主要包括以下 3 个模块和 3 张表。

- 包过滤子模块：对应 filter 表，能够对数据包进行过滤，过滤操作有 DROP、REJECT、RETURN、ACCEPT。
- NAT 子模块：对应 nat 表，能够实现网络地址转换（这个在运营商服务主机中很常用，路由器中其实也使用了该功能，如手机的外网 IP 地址是 120.52.148.57，但内网 IP 地址是 192.168.1.100，这个时候就需要进行网络地址转换）。
- 数据包修改和跟踪模块：对应 mangle 表，能够对数据包打上或者判断 mark 标记，也可以修改数据包中的其他内容（如 IP 头部的 tos 等）。

可以通过 iptables 工具修改 filter、nat 和 mangle 这 3 张表来控制 Netfilter 的行为。

iptables 的源码在/external/iptables 目录下，编译完成后，iptables 在系统中是一个可执行的 bin 文件，位于/system/bin 目录下。

```
root@virgo:/ # ls -lZ system/bin |grep -E "iptables|ip6tables"
-rwxr-xr-x root     shell              u:object_r:system_file:s0
ip6tables
lrwxr-xr-x root     shell              u:object_r:system_file:s0
ip6tables-restore -> ip6tables
lrwxr-xr-x root     shell              u:object_r:system_file:s0
ip6tables-save -> ip6tables
```

```
   -rwxr-xr-x root     shell                  u:object_r:system_file:s0
iptables
   lrwxr-xr-x root     shell                  u:object_r:system_file:s0
iptables-restore -> iptables
   lrwxr-xr-x root     shell                  u:object_r:system_file:s0
iptables-save -> iptables
```

iptables 和 Netfilter 通信时使用的是 sockopt 的系统调用方式，通过 setsockopt 和 getsockopt 在参数中传递对应命令值来进行修改和查询。sockopt 的系统调用方式如图 5-13 所示。

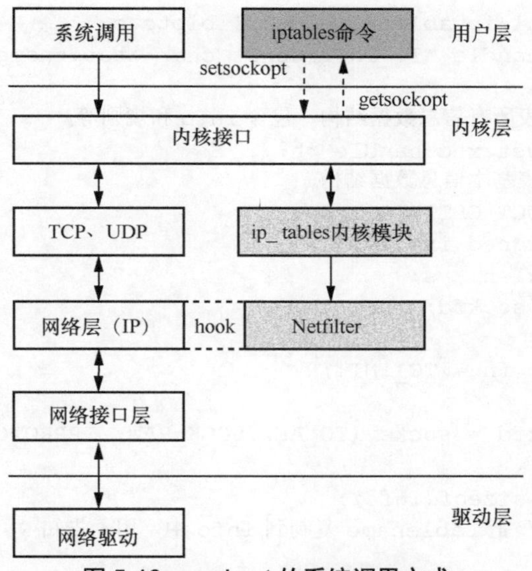

图 5-13　sockopt 的系统调用方式

内核层中定义了 iptables sockopt 的相关命令值。

```
   // ./include/uapi/linux/netfilter_ipv4/ip_tables.h
   /*
    * New IP firewall options for [gs]etsockopt at the RAW IP level.
    * Unlike BSD Linux inherits IP options so you don't have to
use a raw
    * socket for this. Instead we check rights in the calls.
    *
    * ATTENTION: check linux/in.h before adding new number here.
    */
   #define IPT_BASE_CTL         64

   // 修改 iptables 规则
    #define IPT_SO_SET_REPLACE (IPT_BASE_CTL)
```

```
    // 加入流量计数器
     #define IPT_SO_SET_ADD_COUNTERS (IPT_BASE_CTL + 1)
     #define IPT_SO_SET_MAX IPT_SO_SET_ADD_COUNTERS// 获取 iptables
某种类型的表信息
     #define IPT_SO_GET_INFO (IPT_BASE_CTL)
    // 获取 iptables 规则信息
     #define IPT_SO_GET_ENTRIES (IPT_BASE_CTL + 1)
     #define IPT_SO_GET_REVISION_MATCH (IPT_BASE_CTL + 2)
     #define IPT_SO_GET_REVISION_TARGET (IPT_BASE_CTL + 3)
     #define IPT_SO_GET_MAX IPT_SO_GET_REVISION_TARGET
```

iptables 获取某个表的规则信息的示例如下。

```
    // ./external/iptables/libiptc/libiptc.c
    struct xtc_handle *TC_INIT(const char *tablename)
    {
            // 表所有信息数据结构，包含 info 和规则等
            struct xtc_handle *h;
            // 表基本信息数据结构
            STRUCT_GETINFO info;
            unsigned int tmp;
            socklen_t s;
            int sockfd;
    retry:
            iptc_fn = TC_INIT;
            //…
            sockfd = socket(TC_AF, SOCK_RAW, IPPROTO_RAW);
            //…
            s = sizeof(info);
        <span>// 把 tablename 复制到 info 中，用于告知 Netfilter 查询的是哪
张表</span>
        <span>strcpy</span><span>(</span>info<span>.</span>name
<span>,</span> tablename<span>)</span><span>;</span>
        <span>// 使用 getsockopt 的系统调用方式,其中 IPT 命令为 SO_GET_INFO,
对应内核</span>
        <span>// 中定义的 IPT_SO_GET_INFO，调用完成后，表信息通过 info 参数
返回</span>
        <span>if</span><span>(</span><span>getsockopt</span>
<span>(</span>sockfd<span>,</span> TC_IPPROTO<span>,</span>
SO_GET_INFO<span>,</span><span>&</span>info<span>,</span><span>
&</span>s<span>)</span><span><</span><span>0</span><span>)
</span><span>{</span>
            <span>close</span><span>(</span>sockfd<span>)</span><sp
an>;</span>
            <span>return</span> NULL<span>;</span>
        <span>}</span>
        <span>if</span><span>(</span><span>(</span>h <span>=
```

```
</span><span>alloc_handle</span><span>(</span>info<span>.</span>
name<span>,</span> info<span>.</span>size<span>,</span> info<span>.
</span>num_entries<span>)</span><span>)</span>
            <span>==</span> NULL<span>)</span><span>{</span>
              <span>close</span><span>(</span>sockfd<span>)
</span><span>;</span>
              <span>return</span> NULL<span>;</span>
        <span>}</span>
        <span>/* Initialize current state */</span>
        h<span>-</span><span>></span>sockfd <span>=</span>
sockfd<span>;</span>
        h<span>-</span><span>></span>info <span>=</span> info
<span>;</span>
        h<span>-</span><span>></span>entries<span>-</span><span>>
</span>size <span>=</span> h<span>-</span><span>></span>info
<span>.</span>size<span>;</span>
        tmp <span>=</span><span>sizeof</span><span>(</span>STRUCT_
GET_ENTRIES<span>)</span><span>+</span> h<span>-</span><span>>
</span>info<span>.</span>size<span>;</span>
        <span>// 使用 getsockopt 的系统调用方式，其中 IPT 命令为 SO_GET_
ENTRIES，对应内核</span>
        <span>// 中定义的 IPT_SO_GET_ENTRIES，调用完成后，规则信息通过 h->
entries 参数返回</span>
        <span>if</span><span>(</span><span>getsockopt</span>
<span>(</span>h<span>-</span><span>></span>sockfd<span>,</span>
 TC_IPPROTO<span>,</span> SO_GET_ENTRIES<span>,</span> h<span>-
</span><span>></span>entries<span>,</span>
                <span>&</span>tmp<span>)</span><span><</span>
<span>0</span><span>)</span>
            <span>goto</span> error<span>;</span>
        <span>if</span><span>(</span><span>parse_table</span>
<span>(</span>h<span>)</span><span><</span><span>0</span><span>)
</span>
            <span>goto</span> error<span>;</span>
        <span>CHECK</span><span>(</span>h<span>)</span><span>;
</span>
        <span>return</span> h<span>;</span>error<span>:</span>
        <span>TC_FREE</span><span>(</span>h<span>)</span><span>;
</span>
        <span>/* A different process changed the ruleset size,
retry */</span>
        <span>if</span><span>(</span>errno <span>==</span> EAGAIN
<span>)</span>
            <span>goto</span> retry<span>;</span>
        <span>return</span> NULL<span>;</span>
```

native 层并不需要这么复杂地去操作 iptables，这些操作都已经被 iptables 工具封装好了。对于系统中的 netd 等 native 进程，甚至在 root shell 下使用 iptables 命令就可以操作，如使用“iptables -t filter -L”查看 filter 表信息。

```
root@virgo:/ # iptables -t filter -L
Chain INPUT (policy ACCEPT)
target     prot opt source               destination
bw_INPUT   all  --  anywhere             anywhere
fw_INPUT   all  --  anywhere             anywhere
tc_limiter  all  --  anywhere             anywhere
Chain FORWARD (policy ACCEPT)
 target prot opt source destination
 oem_fwd all - anywhere anywhere
 fw_FORWARD all - anywhere anywhere
 bw_FORWARD all - anywhere anywhere
 natctrl_FORWARD all -Chain OUTPUT (policy ACCEPT)
 target prot opt source destination
 wmsctrl_OUTPUT tcp - anywhere anywhere
 DROP udp - anywhere anywhere udp dpt:1900 /* Drop SSDP on WWAN /
 DROP udp - anywhere anywhere udp dpt:1900 / Drop SSDP on WWAN /
 DROP udp - anywhere anywhere udp dpt:1900 / Drop SSDP on WWAN /
 DROP udp - anywhere anywhere udp dpt:1900 / Drop SSDP on WWAN /
 DROP udp - anywhere anywhere udp dpt:1900 / Drop SSDP on WWAN /
 DROP udp - anywhere anywhere udp dpt:1900 / Drop SSDP on WWAN /
 DROP udp - anywhere anywhere udp dpt:1900 / Drop SSDP on WWAN /
 DROP udp - anywhere anywhere udp dpt:1900 / Drop SSDP on WWAN */
 oem_out all - anywhere anywhere
 fw_OUTPUT all -
```

这个过程其实就创建了 iptables 子进程，执行了其 main 函数，并且携带了“-t filter -L”等 args 参数。

Google 及原始设备设计商（ODM）及手机厂商都会配置很多包过滤规则来进行定制化，因此 iptables 的操作会很频繁，每次创建都会占用比较多的时间资源。同时，为了保证并发访问修改内核的 iptables 规则时的安全性，iptables 中配置了文件锁（#define XT_LOCK_NAME "/system/etc/xtables.lock"），这样就又存在排队等待。这个过程比较耗时，甚至可能会触发上层的系统监控机制（watchdog）。

5.3.2 前后台网络策略

前面介绍 NetworkPolicyManagerService 时提到了一个 mUidFirewallStandbyRules

数组名单，里面缓存了后台需要限制上网的UID黑名单。

可以使用“root@virgo:/ # dumpsys network_management”来查看mUidFirewall StandbyRules名单。

```
    root@virgo:/ # dumpsys network_management
    UID firewall standby chain enabled: true
    UID firewall standby rule: [10055:2,10104:2,10108:2,10111:2,
10116:2,10123:2,10125:2,10126:2,10127:2]
```

前后台网络策略最终通过filter表中的fw_standby名单来控制上网权限，该名单与mUidFirewallStandbyRules名单保持一致。

```
    root@virgo:/ # iptables -t filter -L fw_standby
    Chain fw_standby (2 references)
    target      prot opt source                 destination
    DROP        all  --  anywhere               anywhere
owner UID match u0_a55
    DROP        all  --  anywhere               anywhere
owner UID match u0_a104
    DROP        all  --  anywhere               anywhere
owner UID match u0_a108
    DROP        all  --  anywhere               anywhere
owner UID match u0_a111
    DROP        all  --  anywhere               anywhere
owner UID match u0_a116
    DROP        all  --  anywhere               anywhere
owner UID match u0_a123
    DROP        all  --  anywhere               anywhere
owner UID match u0_a125
    DROP        all  --  anywhere               anywhere
owner UID match u0_a126
    DROP        all  --  anywhere               anywhere
owner UID match u0_a127
    RETURN      all  --  anywhere               anywhere
```

fw_stanby这条chain（热点链接）是黑名单，Netfilter会将数据包的信息与该名单规则（UID匹配）一条条匹配，匹配到就会执行DROP操作，也就是丢弃数据包；如果所有的名单规则都未匹配，则匹配最后一条没有限定条件的规则，执行RETURN操作，也就是放行数据包。“2 references”表示被另外两条chain（fw_INPUT和fw_OUTPUT）引用，只有链接到Netfilter直接操作的chain上时该名单才能够生效。

注明：只有在非充电情况下fw_standy这条chain才会生效，也就是被fw_INPUT和fw_OUTPUT这两条chain引用，否则fw_standy就会显示“0

references”。可以通过“adb shell dumpsys battery unplug”来取消 USB 充电，然后使用“adb shell iptables -t filter -L fw_standby”来查看。

5.3.3 Doze 网络策略

Doze 模式是 Android 6.0 上新出的一种模式，是一种全新的、低能耗的状态，该模式下在后台只有部分任务允许运行，其他都被强制停止。当用户一段时间没有使用手机的时候，Doze 模式通过延缓 App 后台的 CPU 和网络活动减少电量的消耗。Doze 模式下的网络策略由 NetworkPolicyManagerService 中的 mUidFirewallDozableRules 控制，对应 filter 表中的 fw_dozable chain，这是一个白名单，符合名单中任何一条 UID 规则的数据包都会被放行，否则匹配到最后一条默认规则被丢弃。这个白名单也是可配置的，将一些关键应用（如微信、QQ 等需要在休眠时也能接收消息的应用）配置在其中，防止 Doze 模式下这些应用无法上网，影响用户使用。

```
    root@virgo:/ # iptables -t filter -L fw_dozable
    Chain fw_dozable (0 references)
    target     prot opt source               destination
    RETURN     all  --  anywhere             anywhere
owner UID match 0-9999
    RETURN     all  --  anywhere             anywhere
owner UID match radio
    RETURN     all  --  anywhere             anywhere
owner UID match finddevice
    RETURN     all  --  anywhere             anywhere
owner UID match u0_a0
    RETURN     all  --  anywhere             anywhere
owner UID match u0_a1
    RETURN     all  --  anywhere             anywhere
owner UID match u0_a2
    RETURN     all  --  anywhere             anywhere
owner UID match u0_a3
    RETURN     all  --  anywhere             anywhere
owner UID match u0_a4
    RETURN     all  --  anywhere             anywhere
owner UID match u0_a5
```

当系统进入 Doze 模式时，fw_dozable 就会被使用并且添加到 fw_INPUT 和 fw_OUTPUT 中（2 references）。

```
    Chain fw_dozable (2 references)
```

```
    target     prot opt source               destination
    RETURN     all  --  anywhere             anywhere
owner UID match 0-9999
    RETURN     all  --  anywhere             anywhere
owner UID match radio
    RETURN     all  --  anywhere             anywhere
owner UID match finddevice
    RETURN     all  --  anywhere             anywhere
owner UID match u0_a0
    RETURN     all  --  anywhere             anywhere
owner UID match u0_a1
    RETURN     all  --  anywhere             anywhere
owner UID match u0_a2
    RETURN     all  --  anywhere             anywhere
owner UID match u0_a3
    ……
    DROP       all  --  anywhere             anywhere
```

Netfilter 将数据包与 fw_dozable 中的名单规则一条条匹配，当 UID 符合规则时，则执行 RETURN，也就是放行；如果数据包的归属者 UID 都不满足 fw_dozable 中的规则，则执行最后一条默认的 DROP 规则，数据包被丢弃。

5.4　电源管理

对于使用 Android 系统的智能手机等设备，电源管理十分重要。先来看看 Android 系统的电源管理的实现基础。Linux 系统的电源管理 Suspend 框架跟 Linux 系统的驱动模型（Linux Driver Model）是相关的，也是基于 Linux 的驱动模型来实现的，图 5-14 描述了 Linux 系统电源管理的 Suspend 系统框架，Linux 的 Suspend 系统分为两部分，一部分是与平台无关的核心层，另一部分是与平台相关的平台层。操作接口都在与平台无关的核心层里，平台层会使用 Suspend API 将自己的操作函数注册进 Suspend 核心层里。

根据 Linux 系统的驱动模型，device 结构描述了一个设备，device_driver 是设备的驱动，而 class、device_type 和 bus_type 分别描述了设备所属的类别、类型和总线。而设备的电源管理也根据此模型分为 class 级、device_type 级、bus_type 级和驱动级。当一个设备的 class 级或者 bus_type 级确切地知道如何管理一个设备的电源的时候，驱动级别的 suspend/resume 就可以为空了。这极大地提高了电源管理的高效性和灵活性。

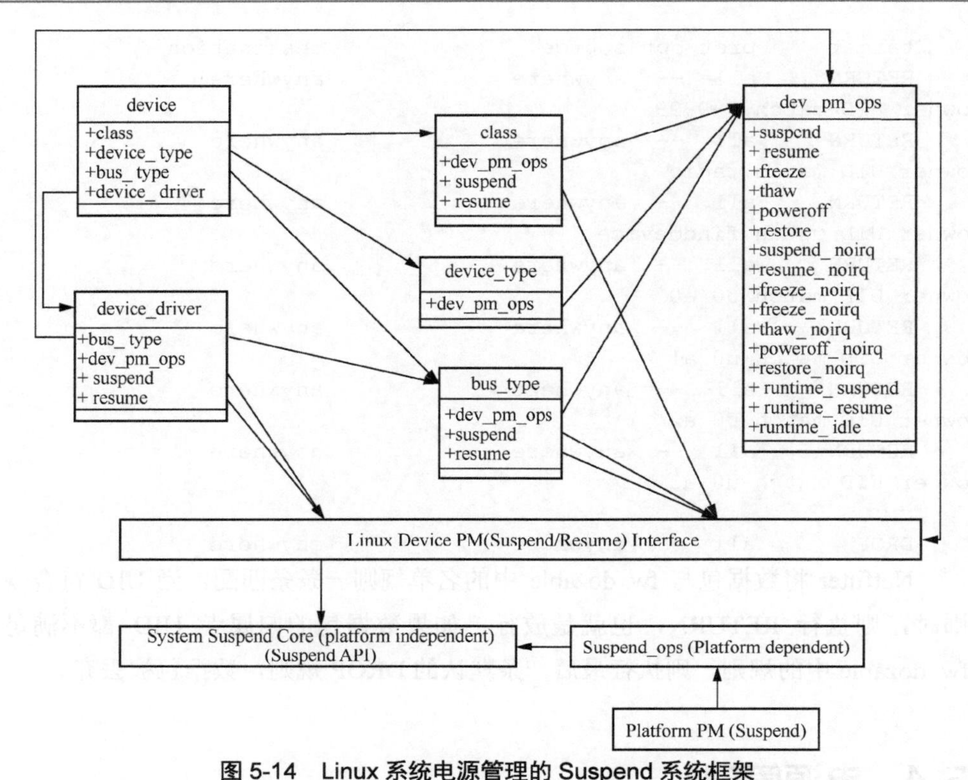

图 5-14 Linux 系统电源管理的 Suspend 系统框架

对于 Android 系统是如何一步一步进入休眠的，这里不做详细介绍，其流程如图 5-15 所示。

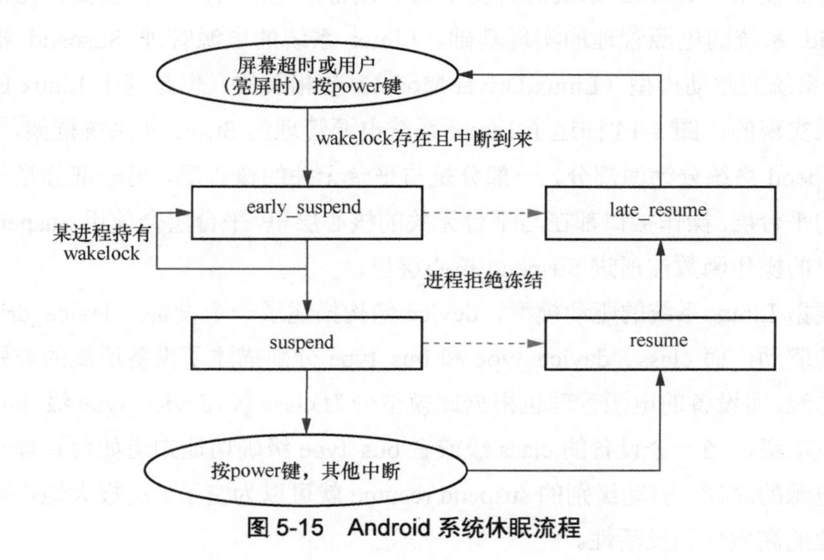

图 5-15 Android 系统休眠流程

图 5-15 显示了 Android 系统休眠的全过程，对于 Wi-Fi 模块，主要关注 early_suspend、suspend 以及相应的唤醒过程。当系统屏幕超时或用户（亮屏时）按下 power 键时，系统进入休眠流程（这里不讨论可能导致中途退出休眠的其他因素），即在没有进程持有 wakelock 的情况下，首先进入 early_suspend 流程。

early_suspend 流程的实现基础是：Android 电源管理系统中定义了 early_suspend 结构链表，里面存放了所有系统中注册了的 early_suspend 实例，即如果一个模块要在系统进入 early_suspend 状态时有所动作，就必须注册一个 early_suspend 实例。在 Wi-Fi 驱动模块中，当驱动流程走到 dhd_attach()函数时，有相应的 early_suspend 注册代码。

```
    Path: dhd/sys/dhd_linux.c
    dhd_pub_t *
    dhd_attach(osl_t *osh, struct dhd_bus *bus, uint bus_hdrlen)
    {
    ……
    #ifdef CONFIG_HAS_EARLYSUSPEND
            dhd->early_suspend.level = EARLY_SUSPEND_LEVEL_BLANK_
SCREEN + 20;
            dhd->early_suspend.suspend = dhd_early_suspend;
            dhd->early_suspend.resume = dhd_late_resume;
            register_early_suspend(&dhd->early_suspend);
            dhd_state |= DHD_ATTACH_STATE_EARLYSUSPEND_DONE;
    #endif
    ……
    }
```

初始化 dhd 结构中的两个 early_suspend 函数，并将其注册到电源管理系统。early_suspend 的休眠函数的代码如下。

```
    static void dhd_early_suspend(struct early_suspend *h)
    {
            struct dhd_info *dhd = container_of(h, struct dhd_info,
 early_suspend);

            DHD_TRACE(("%s: enter\n", __FUNCTION__));

            if (dhd)
                    dhd_suspend_resume_helper(dhd, 1);
    }
```

调用 dhd_suspend_resume_helper()函数，别看函数名中有 resume 单词，其实 early_suspend 和 late_resume 都是通过这个函数实现功能的。

```
    static void dhd_suspend_resume_helper(struct dhd_info *dhd, int
 val)
    {
            dhd_pub_t *dhdp = &dhd->pub;

            DHD_OS_WAKE_LOCK(dhdp);
            /* Set flag when early suspend was called */
            dhdp->in_suspend = val;
            if ((!dhdp->suspend_disable_flag) && (dhd_check_ap_wfd_
mode_set(dhdp) == FALSE))
                    dhd_set_suspend(val, dhdp);
            DHD_OS_WAKE_UNLOCK(dhdp);
    }
    #if defined(CONFIG_HAS_EARLYSUSPEND)        //看这里，如果系统配置
了EARLYSUSPEND,则系统会使用这部分代码,其实early_suspend是Android对Linux
内核的电源管理的优化，所以如果你使用的是Android系统，就一定要配置该选项
    static int dhd_set_suspend(int value, dhd_pub_t *dhd)
    {
    ……
            if (dhd && dhd->up) {
                    if (value && dhd->in_suspend) {         //early
_suspend
                                    /* Kernel suspended */
                                    DHD_ERROR(("%s: force extra Sus
pend setting \n", __FUNCTION__));
                                    dhd_wl_ioctl_cmd(dhd, WLC_SET_
PM, (char *)&power_mode,
                                                    sizeof(power_
mode), TRUE, 0);
                                    /* Enable packet filter, only
allow unicast packet to send up */
                                    dhd_set_packet_filter(1, dhd);
                                    /* If DTIM skip is set up as
default, force it to wake
                                     * each third DTIM for better
power savings.  Note that
                                     * one side effect is a chance
to miss BC/MC packet.
                                     */
                                    bcn_li_dtim = dhd_get_dtim_
skip(dhd);
                                    bcm_mkiovar("bcn_li_dtim",
(char *)&bcn_li_dtim,
                                            4, iovbuf, sizeof(iovbu
f));
                                    dhd_wl_ioctl_cmd(dhd, WLC_SET_
```

```
VAR, iovbuf, sizeof(iovbuf), TRUE, 0);
                                    /* Disable firmware roaming dur
ing suspend */
                                    bcm_mkiovar("roam_off", (char *
)&roamvar, 4,
                                            iovbuf, sizeof(iovbuf));
                                    dhd_wl_ioctl_cmd(dhd, WLC_SET_V
AR, iovbuf, sizeof(iovbuf), TRUE, 0);
                            } else {         //late_resume
                                    /* Kernel resumed  */
                                    DHD_TRACE(("%s: Remove extra su
spend setting \n", __FUNCTION__));
                                    power_mode = PM_FAST;
                                    dhd_wl_ioctl_cmd(dhd, WLC_SET_P
M, (char *)&power_mode,
                                                     sizeof(power_m
ode), TRUE, 0);
                                    /* disable pkt filter */
                                    dhd_set_packet_filter(0, dhd);
                                    /* restore pre-suspend setting
for dtim_skip */
                                    bcm_mkiovar("bcn_li_dtim", (cha
r *)&dhd->dtim_skip,
                                            4, iovbuf, sizeof(iovbu
f));
                                    dhd_wl_ioctl_cmd(dhd, WLC_SET_V
AR, iovbuf, sizeof(iovbuf), TRUE, 0);
                                    roamvar = dhd_roam_disable;
                                    bcm_mkiovar("roam_off", (char *
)&roamvar, 4, iovbuf,
                                            sizeof(iovbuf));
                                    dhd_wl_ioctl_cmd(dhd, WLC_SET_V
AR, iovbuf, sizeof(iovbuf), TRUE, 0);
                            }
            }
        return 0;
    }
    #endif
```

不用过多理会函数的具体功能，一般只会对该模块做最基本的低功耗设置，其实真正的低功耗设置是在 suspend 中完成的。一般的模块也不需要注册 early_suspend 实例，但是背光灯、键盘、发光二极管（LED）显示屏和液晶显示屏（LCD）是一定要注册的。

early_suspend 注册成功后，会被挂接到电源管理系统中的一个链表上，系统进入 early_suspend 流程后，会逐一调用该链表中的每一个实例的 early_suspend 回调函数，使设备进入相应的状态。在完成 early_suspend 流程后，系统检测 wakelock（也是被链表管理，其实不止一个），如果没有进程持有 wakelock（包括 main_wakelock），则系统会进入 suspend 流程。

同样，suspend 流程的实施也是需要系统支持的，需要实现电源管理的模块需要调用 suspend 和 resume 两个函数，并将其注册到系统中。对于 Wi-Fi 设备的电源管理函数，在调用 wifi_add_dev()函数时被注册。

```
Path: wl/sys/wl_android.c
static struct platform_driver wifi_device = {
        .probe          = wifi_probe,
        .remove         = wifi_remove,
        .suspend        = wifi_suspend,
        .resume         = wifi_resume,
        .driver         = {
        .name    = "bcmdhd_wlan",
        }
};
static struct platform_driver wifi_device_legacy = {
        .probe          = wifi_probe,
        .remove         = wifi_remove,
        .suspend        = wifi_suspend,
        .resume         = wifi_resume,
        .driver         = {
        .name    = "bcm4329_wlan",
        }
};
static int wifi_add_dev(void)
{
        DHD_TRACE(("## Calling platform_driver_register\n"));
        platform_driver_register(&wifi_device);
        platform_driver_register(&wifi_device_legacy);
        return 0;
}
```

wifi_suspend 和 wifi_resume 随着 wifi_device 设备的注册而注册，这样当系统进入 suspend 流程后，就可以调用每个设备上的电源管理函数来使设备进入休眠状态了。

Wi-Fi 设备的休眠过程如下。

```
static int wifi_suspend(struct platform_device *pdev, pm_messag
e_t state)
{
        DHD_TRACE(("##> %s\n", __FUNCTION__));
```

```
    #if (LINUX_VERSION_CODE <= KERNEL_VERSION(2, 6, 39)) && defined
(OOB_INTR_ONLY)
            bcmsdh_oob_intr_set(0);
    #endif
            return 0;
    }

    static int wifi_resume(struct platform_device *pdev)
    {
            DHD_TRACE(("##> %s\n", __FUNCTION__));
    #if (LINUX_VERSION_CODE <= KERNEL_VERSION(2, 6, 39)) && defined
(OOB_INTR_ONLY)
            if (dhd_os_check_if_up(bcmsdh_get_drvdata()))
                    bcmsdh_oob_intr_set(1);
    #endif
            return 0;
    }
```

上面的两个电源管理函数都调用 bcmsdh_oob_intr_set()函数，但是传递的参数不同，在 wifi_suspend()函数中传递 0，表示禁止 Wi-Fi 设备对应的带外（OOB）中断，而 wifi_resume()函数的作用恰恰相反。

bcmsdh_oob_intr_set()函数的定义如下。

```
    PATH: bcmsdio/sys/bcmsdh_linux.c
    #if defined(OOB_INTR_ONLY)  //该中断的使用需要配置
    void bcmsdh_oob_intr_set(bool enable)
    {
            static bool curstate = 1;
            unsigned long flags;
            spin_lock_irqsave(&sdhcinfo->irq_lock, flags);
            if (curstate != enable) {
                    if (enable)
                            enable_irq(sdhcinfo->oob_irq);
                    else
                            disable_irq_nosync(sdhcinfo->oob_irq);
                    curstate = enable;
            }
            spin_unlock_irqrestore(&sdhcinfo->irq_lock, flags);
    }
```

上述中断是在打开 Wi-Fi 网络设备的时候被注册的，流程如下。

```
    static int
    dhd_open(struct net_device *net)
    {
    ……
                    if (dhd->pub.busstate != DHD_BUS_DATA) {
```

```
                         /* try to bring up bus */
                         if ((ret = dhd_bus_start(&dhd->pub)) !=
0) {
                               DHD_ERROR(("%s: failed with
code %d\n", __FUNCTION__, ret));
                               ret = -1;
                               goto exit;
                         }

                   }
   ......
   }
   dhd_bus_start(dhd_pub_t *dhdp)
   {
   ......
   #if defined(OOB_INTR_ONLY)
         /* Host registration for OOB interrupt */
         if (bcmsdh_register_oob_intr(dhdp)) {
   ......
   }
```

在系统进入 suspend 状态后，Wi-Fi 设备进入禁止中断状态，不再接收、处理网络发来的数据，系统进入 sleep 状态，当然还有很多 CPU 在 suspend 之后进入 sleep 状态，但此时系统的时钟中断并没有被禁止，而且电源管理单元（PMU）还正常工作，以期对 power 键和充电器连接进行检测。

5.5 Wi-Fi 芯片

在进行 Wi-Fi 芯片开发时，通常遵循以下流程。

① 硬件准备：选择合适的 Wi-Fi 芯片开发板或模块，并连接所需的外围设备。

② 芯片配置：通过编程方式配置芯片的参数，如频率、功率、网络设置等。

③ 驱动开发：开发适配芯片的驱动程序，实现与操作系统和应用层的通信。

④ 应用开发：基于驱动程序开发应用层代码，实现 Wi-Fi 功能和应用逻辑。

⑤ 调试和测试：对开发的代码进行调试和测试，确保 Wi-Fi 功能正常运行。

在进行 Wi-Fi 芯片开发时，可选用以下工具和资源。

- 开发平台和 IDE：如 Arduino、ESP-IDF（Espressif IoT Development Framework）等。

- 开发文档和参考资料：制造商提供的芯片规格书、参考设计和开发指南等。
- 开发社区和论坛：可以登录相关的开发社区和论坛，与其他开发者交流经验和获取支持。

Wi-Fi 驱动主要有两种驱动架构：SoftMAC 和 FullMAC（HardMAC）。这两种架构的主要的区别是管理帧的处理实体——MAC 子层管理实体（MAC subLayer Management Entity，MLME）是在 host kernel 中实现还是在 Wi-Fi 侧实现。

- SoftMAC 驱动：MLME 在 host kernel 的 mac80211 中实现，驱动与 mac80211 通过 ieee80211_ops 连接。
- HardMAC（FullMAC）驱动：MLME 在 Wi-Fi 的处理器中运行，通常以固件的形式提供。这种方式有很快的速度和较低的功耗（因为这个处理器往往是一个低功耗的 DSP），但是对于用户侧特殊报文的支持能力有限。

FullMAC 驱动和 SoftMAC 驱动的区别如下。

- 操作系统（OS）kernel 中，网络设备是接在网络设备子系统的（接口是 ops），可加载内核模块（LKM）mac80211 是一个虚拟网络设备。
- FullMAC 驱动不使用 mac80211，因此其需要与网络设备子系统连接，接口是 net_device_ops。
- SoftMAC 驱动与 mac80211 连接，接口是 ieee80211_ops。

下面列举几种典型驱动的示例。

FullMAC 驱动示例：博通 brcmfmac 驱动的实现代码如下。

```
    drivers/net/wireless/broadcom/brcm80211/brcmfmac/core.c
(linux-6.5)

    static const struct net_device_ops brcmf_netdev_ops_pri = {
    .ndo_open = brcmf_netdev_open,
    .ndo_stop = brcmf_netdev_stop,
    .ndo_start_xmit = brcmf_netdev_start_xmit,
    .ndo_set_mac_address = brcmf_netdev_set_mac_address,
    .ndo_set_rx_mode = brcmf_netdev_set_multicast_list };
```

FullMAC 驱动示例：博通 wl 驱动的实现代码如下。

```
    rtax86u/tree/master/release/src-rt-5.02p1axhnd.675x/bcmdrivers/
broadcom/net/wl/impl63/43684/src/wl/sys/wl_cfgp2p.c

    static const struct net_device_ops wl_cfgp2p_if_ops = {
    .ndo_open = wl_cfgp2p_if_open,
    .ndo_stop = wl_cfgp2p_if_stop,
    .ndo_do_ioctl = wl_cfgp2p_do_ioctl,
```

```
    .ndo_start_xmit = wl_cfgp2p_start_xmit,
    };
```

FullMAC 驱动示例：博通 brcmhd 驱动的实现代码如下。

```
    https://github.com/GrapheneOS/kernel_google-modules_wlan_
bcmdhd_bcm4398.git

    kernel_google-modules_wlan_bcmdhd_bcm4398/dhb_linux.c

    static struct net_device_ops dhd_ops_pri = {
    .ndo_open = dhd_pri_open,
    .ndo_stop = dhd_pri_stop,
    .ndo_get_stats = dhd_get_stats,
    … }
```

SoftMAC 驱动示例：MTK mt7996 驱动的实现代码如下。

```
    drivers/net/wireless/broadcom/mediatek/mt76/mt7996/main.c
(linux-6.5)

    const struct ieee80211_ops mt7996_ops = {
    .tx = mt7996_tx, .start = mt7996_start,
    .stop = mt7996_stop,
    .add_interface = mt7996_add_interface,
    .remove_interface = mt7996_remove_interface,
    … }
```

SoftMAC 驱动示例：博通 brcmsmac 驱动的实现代码如下。

```
    drivers/net/wireless/broadcom/brcm80211/brcmsmac/mac80211_if.c
(linux-6.5)

    static const struct ieee80211_ops brcms_ops = {
    .tx = brcms_ops_tx,
    .wake_tx_queue = ieee80211_handle_wake_tx_queue,
    .start = brcms_ops_start,
    .stop = brcms_ops_stop,
    .add_interface = brcms_ops_add_interface,
    … }
```

SoftMAC 驱动示例：高通 ath11k 驱动的实现代码如下。

```
    drivers/net/wireless/broadcom/ath/ath11k/mac.c (linux-6.5)

    static const struct ieee80211_ops ath11k_ops = {
    .tx = ath11k_mac_op_tx,
    .wake_tx_queue = ieee80211_handle_wake_tx_queue,
    .start = ath11k_mac_op_start,
    .stop = ath11k_mac_op_stop,
    .reconfig_complete = ath11k_mac_op_reconfig_complete,
    … }
```

5.6　鸿蒙 Wi-Fi 开发

本节将 Hi3861V100 开发板作为示例。其作为一款高度集成的 2.4GHz 单片系统（SoC）Wi-Fi 芯片，集成了 IEEE 802.11b/g/n 基带和 RF 电路，RF 电路包括功率放大器（PA）、低噪声放大器（LNA）、RF 均衡器（Balun）、天线开关以及电源管理等模块；支持 20MHz 标准带宽和 5MHz/10MHz 窄带宽，提供最高 72.2Mbit/s 的物理层速率。Hi3861V100 Wi-Fi 基带支持 OFDM 技术，并向下兼容 DSSS 和补码键控（CCK）技术，支持 IEEE 802.11 b/g/n 协议的各种数据速率。Hi3861V100 芯片集成了高性能 32bit 微处理器、硬件安全引擎以及丰富的外设接口，外设接口包括串行外设接口（SPI）、通用异步接收发送设备（UART）、内部集成电路（I2C）、脉宽调制（PWM）、通用输入输出（GPIO）和多路模数转换器（ADC），同时支持高速 SDIO2.0 Slave 接口，最高时钟可达 50MHz；芯片内置静态随机存储器（SRAM）和 Flash，可独立运行，并支持在 Flash 上运行程序。Hi3861V100 支持 HUAWEI LiteOS 和第三方组件，并配套提供开放、易用的开发和调试运行环境。

5.6.1　框架与接口

鸿蒙 Wi-Fi 开发框架如图 5-16 所示。

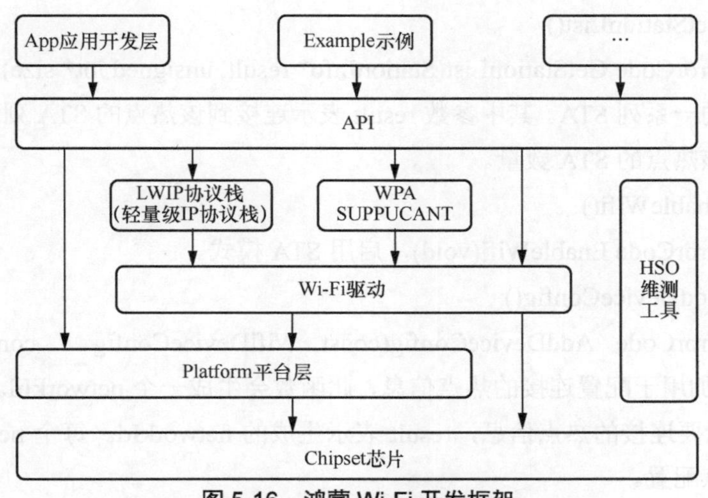

图 5-16　鸿蒙 Wi-Fi 开发框架

- App 应用开发层：用户基于 API 的二次开发。
- Example 示例：软件开发工具包（SDK）提供的功能开发示例。
- API：提供基于 SDK 的通用接口。
- LWIP 协议栈：网络协议栈。
- WPA SUPPLICANT（含 HOSTAPD）：Wi-Fi 管理模块。
- Wi-Fi 驱动：IEEE 802.11 系列标准实现模块。
- Platform 平台层：提供 SoC 板级支持包（包括芯片和外围设备驱动、操作系统以及系统管理）。

下面分别针对鸿蒙 Wi-Fi 开发的主要 API 进行介绍。

（1）RegisterWifiEvent()

WifiErrorCode RegisterWifiEvent (WifiEvent * event)，指定的 Wi-Fi 事件注册回调函数。当 WifiEvent 中定义的 Wi-Fi 事件发生时，将调用已注册的回调函数。主要参数为 event，表示要注册回调的事件。

（2）EnableHotspot()

WifiErrorCode EnableHotspot (void)，启用 Wi-Fi 热点模式。

（3）SetHotspotConfig()

WifiErrorCode SetHotspotConfig(const HotspotConfig* config)，设置指定的热点配置。

（4）IsHotspotActive()

int IsHotspotActive(void)，检查 AP 热点模式是否启用。

（5）GetStationList()

WifiErrorCode GetStationList(StationInfo* result, unsigned int* size)，获取连接到该热点的一系列 STA。其中参数 result 表示连接到该热点的 STA 列表，size 表示连接到该热点的 STA 数量。

（6）EnableWifi()

WifiErrorCode EnableWifi(void)，启用 STA 模式。

（7）AddDeviceConfig()

WifiErrorCode AddDeviceConfig(const WifiDeviceConfig * config, int * result)，添加用于配置连接的热点信息，此函数会生成一个 networkId。其中参数 config 表示要连接的热点信息，result 表示生成的 networkId。每个 networkId 匹配一个热点配置。

（8）ConnectTo()

WifiErrorCode ConnectTo (int networkId)，连接到指定 networkId 的热点。

（9）netifapi_netif_find()

struct netif *netifapi_netif_find(const char *name)，获取 netif 用于 IP 操作。

（10）dhcp_start()

err_t dhcp_start(n)，启动 DHCP，获取 IP 地址。

5.6.2 开发流程

（1）AP 热点开发流程

鸿蒙设备完成 Wi-Fi 热点的扫描包括以下几步。

① 通过 RegisterWifiEvent 接口向系统注册热点状态改变事件、STA 站点加入事件、STA 站点退出事件。

- OnHotspotStateChangedHandler()函数用于绑定热点状态改变事件。该回调函数有一个参数 state，表示是否开启 AP 模式，取值为 0 或 1，0 表示已启用 Wi-Fi AP 模式，1 表示已禁用 Wi-Fi AP 模式。
- OnHotspotStaLeaveHandler()函数用于绑定 STA 站点退出事件。当有 STA 站点退出时，该回调函数会打印出退出站点的 MAC 地址。
- OnHotspotStaJoinHandler()函数用于绑定 STA 站点加入事件。当有新的 STA 站点加入时，该回调函数会创建 HotspotStaJoinTask，在该任务中会调用 GetStationList()函数获取当前接入该 AP 的所有 STA 站点信息，并打印出每个 STA 站点的 MAC 地址。

② 调用 SetHotspotConfig 接口，设置指定的热点配置。

③ 调用 EnableHotspot 接口，使能 Wi-Fi AP 模式。

④ 调用 IsHotspotActive 接口，检查 AP 热点模式是否启用。

⑤ 调用 netifapi_netif_set_addr()函数设置网卡信息。

⑥ 调用 netifapi_dhcps_start()函数启动 dhcp 服务。

（2）STA 站点开发流程

鸿蒙设备完成 Wi-Fi 热点的连接包括以下几步。

① 通过 RegisterWifiEvent 接口向系统注册扫描状态监听函数，用于接收扫描状态通知，如扫描动作是否完成等。OnWifiConnectionChangedHandler()函数用

于绑定连接状态监听函数。该回调函数有两个参数：state 和 info。state 表示扫描状态，取值为 0 或 1，1 表示热点连接成功；info 表示 Wi-Fi 连接信息，包含的参数见表 5-4。

表 5-4 info 包含的参数

参数名	描述
ssid [WIFI_MAX_SSID_LEN]	连接的热点名称
bssid [WIFI_MAC_LEN]	MAC 地址
rssi	RSSI
connState	Wi-Fi 连接状态
disconnectedReason	Wi-Fi 断开的原因

② 调用 EnableWifi 接口，使能 Wi-Fi。

③ 调用 AddDeviceConfig 接口，配置连接的热点信息。

④ 调用 ConnectTo 接口，连接到指定 networkId 的热点。

⑤ 调用 WaitConnectResult 接口等待，该函数中会有 15s 的时间去轮询连接成功标志位 g_ConnectSuccess，当 g_ConnectSuccess 为 1 时退出等待。

⑥ 调用 netifapi_netif_find 接口，获取 netif 用于 IP 操作。

⑦ 调用 dhcp_start 接口，启动 DHCP，获取 IP 地址。

5.6.3 实现案例

1. AP 模式

此模式下并不能联网，只能够将终端连接到设备。如需将终端连接到设备以及将设备联网，应该采用 AP+STA 模式。

（1）主任务函数

将终端连接到设备的主任务函数代码如下。

```
#define AP_SSID "BearPi"
#define AP_PSK  "0987654321"

#define ONE_SECOND 1
#define DEF_TIMEOUT 15

static void OnHotspotStaJoinHandler(StationInfo *info);
static void OnHotspotStateChangedHandler(int state);
static void OnHotspotStaLeaveHandler(StationInfo *info);
```

```
    static struct netif *g_lwip_netif = NULL;
    static int g_apEnableSuccess = 0;
    WifiEvent g_wifiEventHandler = {0};
    WifiErrorCode error;

    static BOOL WifiAPTask(void)
    {
        //延迟 2s 便于查看日志
        osDelay(200);

        //注册 Wi-Fi 事件的回调函数
        g_wifiEventHandler.OnHotspotStaJoin = OnHotspotStaJoinHandler;
        g_wifiEventHandler.OnHotspotStaLeave = OnHotspotStaLeave
Handler;
        g_wifiEventHandler.OnHotspotStateChanged = OnHotspotState
ChangedHandler;
        error = RegisterWifiEvent(&g_wifiEventHandler);
        if (error != WIFI_SUCCESS)
        {
            printf("RegisterWifiEvent failed, error = %d.\r\n",error);
            return -1;
        }
        printf("RegisterWifiEvent succeed!\r\n");
        //设置指定的热点配置
        HotspotConfig config = {0};

        strcpy(config.ssid, AP_SSID);
        strcpy(config.preSharedKey, AP_PSK);
        config.securityType = WIFI_SEC_TYPE_PSK;
        config.band = HOTSPOT_BAND_TYPE_2G;
        config.channelNum = 7;

        error = SetHotspotConfig(&config);
        if (error != WIFI_SUCCESS)
        {
            printf("SetHotspotConfig failed, error = %d.\r\n", error);
            return -1;
        }
        printf("SetHotspotConfig succeed!\r\n");

        //启动 Wi-Fi 热点模式
        error = EnableHotspot();
        if (error != WIFI_SUCCESS)
        {
            printf("EnableHotspot failed, error = %d.\r\n", error);
```

```
            return -1;
        }
        printf("EnableHotspot succeed!\r\n");

        //检查热点模式是否使能
        if (IsHotspotActive() == WIFI_HOTSPOT_NOT_ACTIVE)
        {
            printf("Wifi station is not actived.\r\n");
            return -1;
        }
        printf("Wifi station is actived!\r\n");

        //启动 DHCP
        g_lwip_netif = netifapi_netif_find("ap0");
        if (g_lwip_netif)
        {
            ip4_addr_t bp_gw;
            ip4_addr_t bp_ipaddr;
            ip4_addr_t bp_netmask;
            IP4_ADDR(&bp_gw, 192, 168, 1, 1);           /* input
your gateway for example: 192.168.1.1 */
            IP4_ADDR(&bp_ipaddr, 192, 168, 1, 1);       /* input
your IP for example: 192.168.1.1 */
            IP4_ADDR(&bp_netmask, 255, 255, 255, 0);    /* input
your netmask for example: 255.255.255.0 */

            err_t ret = netifapi_netif_set_addr(g_lwip_netif, &bp_
ipaddr, &bp_netmask, &bp_gw);
            if(ret != ERR_OK)
            {
                printf("netifapi_netif_set_addr failed, error =
%d.\r\n", ret);
                return -1;
            }
            printf("netifapi_netif_set_addr succeed!\r\n");
            ret = netifapi_dhcps_start(g_lwip_netif, 0, 0);
            if(ret != ERR_OK)
            {
                printf("netifapi_dhcp_start failed, error = %d.\r\n",
ret);
                return -1;
            }
            printf("netifapi_dhcps_start succeed!\r\n");
        }
        /****************以下为 UDP 服务器代码***************/
        //在 sock_fd 进行监听
```

```
        int sock_fd;
        //服务端地址信息
        struct sockaddr_in server_sock;
        //创建socket
        if ((sock_fd = socket(AF_INET, SOCK_DGRAM, 0)) == -1)
        {
            perror("socket is error.\r\n");
            return -1;
        }
        bzero(&server_sock, sizeof(server_sock));
        server_sock.sin_family = AF_INET;
        server_sock.sin_addr.s_addr = htonl(INADDR_ANY);
        server_sock.sin_port = htons(8888);
        //调用bind()函数绑定socket和地址
        if (bind(sock_fd, (struct sockaddr *)&server_sock, sizeof
(struct sockaddr)) == -1)
        {
            perror("bind is error.\r\n");
            return -1;
        }
        int ret;
        char recvBuf[512] = {0};
        //客户端地址信息
        struct sockaddr_in client_addr;
        int size_client_addr= sizeof(struct sockaddr_in);
        while (1)
        {
            printf("Waiting to receive data…\r\n");
            memset(recvBuf, 0, sizeof(recvBuf));
            ret = recvfrom(sock_fd, recvBuf, sizeof(recvBuf), 0,
(struct sockaddr*)&client_addr,(socklen_t*)&size_client_addr);
            if(ret < 0)
            {
                printf("UDP server receive failed!\r\n");
                return -1;
            }
            printf("receive %d bytes of data from ipaddr = %s, port
 = %d.\r\n", ret, inet_ntoa(client_addr.sin_addr), ntohs(client_
addr.sin_port));
            printf("data is %s\r\n",recvBuf);
            ret = sendto(sock_fd, recvBuf, strlen(recvBuf), 0,
(struct sockaddr *)&client_addr, sizeof(client_addr));
            if (ret < 0)
            {
                printf("UDP server send failed!\r\n");
                return -1;
```

```
            }
        }
        /*********************END*********************/
    }
```

（2）回调函数

获取站点列表函数在回调函数中调用得不到结果，所以需要有一个任务函数在回调函数中调用。

```
    static void HotspotStaJoinTask(void)
    {
        static char macAddress[32] = {0};
        StationInfo stainfo[WIFI_MAX_STA_NUM] = {0};
        StationInfo *sta_list_node = NULL;
        unsigned int size = WIFI_MAX_STA_NUM;
        error = GetStationList(stainfo, &size);
        if (error != WIFI_SUCCESS) {
            printf("HotspotStaJoin:get list fail, error is %d.\r\n",
error);
            return;
        }
        sta_list_node = stainfo;
        for (uint32_t i = 0; i < size; i++, sta_list_node++) {
        unsigned char* mac = sta_list_node->macAddress;
        snprintf(macAddress, sizeof(macAddress), "%02X:%02X:%02X:
%02X:%02X:%02X", mac[0], mac[1], mac[2], mac[3], mac[4], mac[5]);
        printf("HotspotSta[%d]: macAddress =%s.\r\n",i, macAddress);
        }
        g_apEnableSuccess++;
    }
    static void OnHotspotStaJoinHandler(StationInfo *info)
    {
        if (info == NULL) {
        printf("HotspotStaJoin:info is null.\r\n");
        }
        else {
            printf("New Sta Join\n");
            osThreadAttr_t attr;
            attr.name = "HotspotStaJoinTask";
            attr.attr_bits = 0U;
            attr.cb_mem = NULL;
            attr.cb_size = 0U;
            attr.stack_mem = NULL;
            attr.stack_size = 2048;
            attr.priority = 24;
            if (osThreadNew((osThreadFunc_t)HotspotStaJoinTask, NUL
```

```
L, &attr) == NULL) {
                printf("HotspotStaJoin:create task fail!\r\n");
            }
        }
        return;
    }
    static void OnHotspotStaLeaveHandler(StationInfo *info)
    {
        if (info == NULL) {
            printf("HotspotStaLeave:info is null.\r\n");
        }
        else {
            static char macAddress[32] = {0};
            unsigned char* mac = info->macAddress;
            snprintf(macAddress, sizeof(macAddress), "%02X:%02X:%02
X:%02X:%02X:%02X", mac[0], mac[1], mac[2], mac[3], mac[4], mac[5]);
            printf("HotspotStaLeave: macAddress =%s, reason=%d.\r\
n", macAddress, info->disconnectedReason);
            g_apEnableSuccess--;
        }
        return;
    }
    static void OnHotspotStateChangedHandler(int state)
    {
        printf("HotspotStateChanged:state is %d.\r\n", state);
        if (state == WIFI_HOTSPOT_ACTIVE) {
            printf("wifi hotspot active.\r\n");
        } else {
            printf("wifi hotspot noactive.\r\n");
        }
    }
```

（3）编译调试

① 修改 BUILD.gn 文件。修改 applications\BearPi\BearPi-HM_Nano\sample 路径下的 BUILD.gn 文件，指定 wifi_ap 参与编译。

② 编译。在 Linux 终端或者 MobaXterm 的会话连接内，进入代码目录执行 python build.py BearPi-HM_Nano，从而进行编译。

③ 烧录。使用 HiBurn 工具，波特率设置为 2000000。选择对应的 com 接口和要烧录的文件，勾选 auto burn。点击“connect”，再点击开发板复位按钮，进行烧录。

④ 运行结果。通过 MobaXterm 的串口工具查看。AP 运行结果如图 5-17 所示。

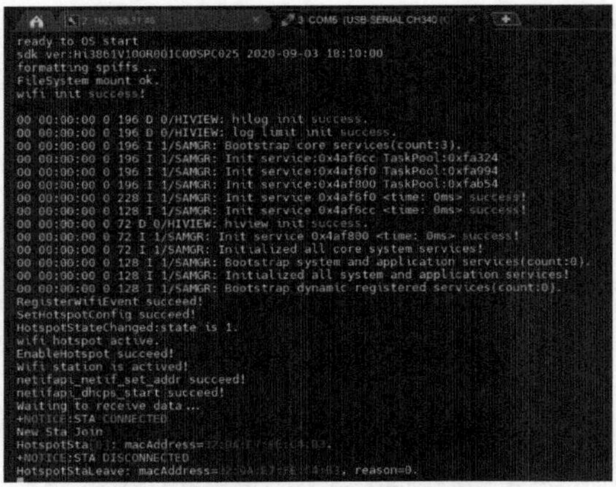

```
ready to OS start
sdk ver:Hi3861V100R001C00SPC025 2020-09-03 18:10:00
formatting spiffs ...
FileSystem mount ok.
wifi init success!

00 00:00:00 0 196 D 0/HIVIEW: hilog init success.
00 00:00:00 0 196 D 0/HIVIEW: log limit init success.
00 00:00:00 0 196 I 1/SAMGR: Bootstrap core services(count:3).
00 00:00:00 0 196 I 1/SAMGR: Init service:0x4af6cc TaskPool:0xfa324
00 00:00:00 0 196 I 1/SAMGR: Init service:0x4af6f0 TaskPool:0xfa994
00 00:00:00 0 196 I 1/SAMGR: Init service:0x4af800 TaskPool:0xfab54
00 00:00:00 0 228 I 1/SAMGR: Init service 0x4af6f0 <time: 0ms> success!
00 00:00:00 0 128 I 1/SAMGR: Init service 0x4af6cc <time: 0ms> success!
00 00:00:00 0 72 D 0/HIVIEW: hiview init success.
00 00:00:00 0 72 I 1/SAMGR: Init service 0x4af800 <time: 0ms> success!
00 00:00:00 0 72 I 1/SAMGR: Initialized all core system services!
00 00:00:00 0 128 I 1/SAMGR: Bootstrap system and application services(count:0).
00 00:00:00 0 128 I 1/SAMGR: Initialized all system and application services!
00 00:00:00 0 128 I 1/SAMGR: Bootstrap dynamic registered services(count:0).
RegisterWifiEvent succeed!
SetHotspotConfig succeed!
HotspotStateChanged:state is 1.
wifi hotspot active.
EnableHotspot succeed!
Wifi station is actived!
netifapi_netif_set_addr succeed!
netifapi_dhcps_start succeed!
Waiting to receive data ...
+NOTICE:STA CONNECTED
New Sta Join
HotspotSta: macAddress=
+NOTICE:STA DISCONNECTED
HotspotStaLeave: macAddress=, reason=0.
```

图 5-17　AP 运行结果

2. STA 模式

此模式下设备能联网，但是不能将终端连接到设备。如需将终端连接到设备以及将设备联网，应该采用 AP+STA 模式。

（1）相关声明

相关声明代码如下。

```
#define DEF_TIMEOUT 15
#define ONE_SECOND 1

static void WiFiInit(void);
static void WaitSacnResult(void);
static int WaitConnectResult(void);
static void OnWifiScanStateChangedHandler(int state, int size);
static void OnWifiConnectionChangedHandler(int state, WifiLinkedInfo *info);
static void OnHotspotStaJoinHandler(StationInfo *info);
static void OnHotspotStateChangedHandler(int state);
static void OnHotspotStaLeaveHandler(StationInfo *info);

static int g_staScanSuccess = 0;
static int g_ConnectSuccess = 0;
static int ssid_count = 0;
WifiEvent g_wifiEventHandler = {0};
WifiErrorCode error;

#define SELECT_WLAN_PORT "wlan0"

#define SELECT_WIFI_SSID "your wifi ssid"//这里改成要连接的热点账号和对应密码
```

```
#define SELECT_WIFI_PASSWORD "your wifi password"
#define SELECT_WIFI_SECURITYTYPE WIFI_SEC_TYPE_PSK
```

（2）主任务函数

主任务函数代码如下。

```
static BOOL WifiSTATask(void)
{
    WifiScanInfo *info = NULL;
    unsigned int size = WIFI_SCAN_HOTSPOT_LIMIT;
    static struct netif *g_lwip_netif = NULL;
    WifiDeviceConfig select_ap_config = {0};

    osDelay(200);
    printf("<--System Init-->\r\n");

    //初始化 Wi-Fi，将回调函数绑定写到这里了
    WiFiInit();

    //使能 Wi-Fi
    if (EnableWifi() != WIFI_SUCCESS)
    {
        printf("EnableWifi failed, error = %d\n", error);
        return -1;
    }

    //判断 Wi-Fi 是否激活
    if (IsWifiActive() == 0)
    {
        printf("Wifi station is not actived.\n");
        return -1;
    }

    //分配空间，保存 Wi-Fi 信息
    info = malloc(sizeof(WifiScanInfo) * WIFI_SCAN_HOTSPOT_LIMIT);
    if (info == NULL)
    {
        return -1;
    }

    //轮询查找 Wi-Fi 列表
    do{
        //重置标志位
        ssid_count = 0;
        g_staScanSuccess = 0;

        //开始扫描
```

```
            Scan();

            //等待扫描结果
            WaitSacnResult();

            //获取扫描列表
            error = GetScanInfoList(info, &size);

        }while(g_staScanSuccess != 1);

        //打印 Wi-Fi 列表
        printf("********************\r\n");
        for(uint8_t i = 0; i < ssid_count; i++)
        {
            printf("no:%03d, ssid:%-30s, rssi:%5d\r\n", i+1, info
[i].ssid, info[i].rssi/100);
        }
        printf("********************\r\n");


        //连接指定的 Wi-Fi 热点
        for(uint8_t i = 0; i < ssid_count; i++)
        {
            if (strcmp(SELECT_WIFI_SSID, info[i].ssid) == 0)
            {
                int result;

                printf("Select:%3d wireless, Waiting…\r\n", i+1);

                //复制要连接的热点信息
                strcpy(select_ap_config.ssid, info[i].ssid);
                strcpy(select_ap_config.preSharedKey, SELECT_WIFI_
PASSWORD);
                select_ap_config.securityType = SELECT_WIFI_SECURIT
YTYPE;

                if (AddDeviceConfig(&select_ap_config, &result) ==
WIFI_SUCCESS)
                {
                    if (ConnectTo(result) == WIFI_SUCCESS && WaitCo
nnectResult() == 1)
                    {
                        printf("WiFi connect succeed!\r\n");
                        g_lwip_netif = netifapi_netif_find(SELECT_
WLAN_PORT);
                        break;
```

```
                    }
                }
            }

            if(i == ssid_count-1)
            {
                printf("ERROR: No wifi as expected\r\n");
                while(1) osDelay(100);
            }
        }

        //启动 DHCP
        if (g_lwip_netif)
        {
            dhcp_start(g_lwip_netif);
            printf("begain to dhcp");
        }


        //等待 DHCP
        for(;;)
        {
            if(dhcp_is_bound(g_lwip_netif) == ERR_OK)
            {
                printf("<-- DHCP state:OK -->\r\n");

                //打印获取到的 IP 地址信息
                netifapi_netif_common(g_lwip_netif, dhcp_clients_
info_show, NULL);
                break;
            }

            printf("<-- DHCP state:Inprogress -->\r\n");
            osDelay(100);
        }

        //执行其他操作
        for(;;)
        {
            osDelay(100);
        }

    }
```

（3）回调函数

将回调函数的注册绑定写到初始化函数里。

```
    static void WiFiInit(void)
    {
        printf("<--Wifi Init-->\r\n");
        g_wifiEventHandler.OnWifiScanStateChanged = OnWifiScanState
ChangedHandler;
        g_wifiEventHandler.OnWifiConnectionChanged = OnWifiConnecti
onChangedHandler;
        g_wifiEventHandler.OnHotspotStaJoin = OnHotspotStaJoinHandler;
        g_wifiEventHandler.OnHotspotStaLeave = OnHotspotStaLeaveHan
dler;
        g_wifiEventHandler.OnHotspotStateChanged = OnHotspotStateCh
angedHandler;
        error = RegisterWifiEvent(&g_wifiEventHandler);
        if (error != WIFI_SUCCESS)
        {
            printf("register wifi event fail!\r\n");
        }
        else
        {
            printf("register wifi event succeed!\r\n");
        }
    }

    static void OnWifiScanStateChangedHandler(int state, int size)
    {
        (void)state;
        if (size> 0)
        {
            ssid_count = size;
            g_staScanSuccess = 1;
        }
        return;
    }

    static void OnWifiConnectionChangedHandler(int state,
WifiLinkedInfo *info)
    {
        (void)info;

        if (state> 0)
        {
            g_ConnectSuccess = 1;
            printf("callback function for wifi connect\r\n");
        }
        else
        {
```

```
            printf("connect error,please check password\r\n");
        }
        return;
    }

    static void OnHotspotStaJoinHandler(StationInfo *info)
    {
        (void)info;
        printf("STA join AP\n");
        return;
    }

    static void OnHotspotStaLeaveHandler(StationInfo *info)
    {
        (void)info;
        printf("HotspotStaLeave:info is null.\n");
        return;
    }

    static void OnHotspotStateChangedHandler(int state)
    {
        printf("HotspotStateChanged:state is %d.\n", state);
        return;
    }

    static void WaitSacnResult(void)
    {
        int scanTimeout = DEF_TIMEOUT;
        while (scanTimeout> 0)
        {
            sleep(ONE_SECOND);
            scanTimeout--;
            if (g_staScanSuccess == 1)
            {
                printf("WaitSacnResult:wait success[%d]s\n",
(DEF_TIMEOUT - scanTimeout));
                break;
            }
        }
        if (scanTimeout <= 0)
        {
            printf("WaitSacnResult:timeout!\n");
        }
    }

    static int WaitConnectResult(void)
```

```
    {
        int ConnectTimeout = DEF_TIMEOUT;
        while (ConnectTimeout> 0)
        {
            sleep(1);
            ConnectTimeout--;
            if (g_ConnectSuccess == 1)
            {
                printf("WaitConnectResult:wait success[%d]s\n",
(DEF_TIMEOUT - ConnectTimeout));
                break;
            }
        }
        if (ConnectTimeout <= 0)
        {
            printf("WaitConnectResult:timeout!\n");
            return 0;
        }

        return 1;
    }
```

（4）编译调试

① 修改 BUILD.gn 文件。修改 applications\BearPi\BearPi-HM_Nano\sample 路径下的 BUILD.gn 文件，指定 wifi_sta_connect 参与编译。

② 编译。在 Linux 终端或者 MobaXterm 的会话连接内，进入代码目录执行 python build.py BearPi-HM_Nano，从而进行编译。

③ 烧录。使用 HiBurn 工具，波特率设置为 2000000。选择对应的 com 接口和要烧录的文件，勾选 auto burn。点击“connect”，再点击开发板复位按钮，进行烧录。

④ 运行结果。通过 MobaXterm 的串口工具查看。

```
    ready to OS start
    sdk ver:Hi3861V100R001C00SPC025 2020-09-03 18:10:00
    formatting spiffs…
    FileSystem mount ok.
    wifi init success!

    00 00:00:00 0 196 D 0/HIVIEW: hilog init success.
    00 00:00:00 0 196 D 0/HIVIEW: log limit init success.
    00 00:00:00 0 196 I 1/SAMGR: Bootstrap core services(count:3).
    00 00:00:00 0 196 I 1/SAMGR: Init service:0x4af9bc TaskPool:
0xfa724
```

```
    00 00:00:00 0 196 I 1/SAMGR: Init service:0x4af9e0 TaskPool:
0xfad94
    00 00:00:00 0 196 I 1/SAMGR: Init service:0x4afaf0 TaskPool:
0xfaf54
    00 00:00:00 0 228 I 1/SAMGR: Init service 0x4af9e0 <time: 0ms>
success!
    00 00:00:00 0 128 I 1/SAMGR: Init service 0x4af9bc <time: 0ms>
success!
    00 00:00:00 0 72 D 0/HIVIEW: hiview init success.
    00 00:00:00 0 72 I 1/SAMGR: Init service 0x4afaf0 <time: 0ms>
success!
    00 00:00:00 0 72 I 1/SAMGR: Initialized all core system services!
    00 00:00:00 0 128 I 1/SAMGR: Bootstrap system and application
services(count:0).
    00 00:00:00 0 128 I 1/SAMGR: Initialized all system and
application services!
    00 00:00:00 0 128 I 1/SAMGR: Bootstrap dynamic registered
services(count:0).
    <--System Init-->
    <--Wifi Init-->
    register wifi event succeed!
    +NOTICE:SCANFINISH
    WaitSacnResult:wait success[1]s
    ********************
    no:001, ssid:HONOR 70 Pro                     , rssi:  -48
    no:002, ssid:FAST_3886                        , rssi:  -51

    ********************
    Select:  1 wireless, Waiting…
    +NOTICE:CONNECTED
    callback function for wifi connect
    WaitConnectResult:wait success[1]s
    WiFi connect succeed!
    begain to dhcp<-- DHCP state:Inprogress -->
    <-- DHCP state:OK -->
    server :
            server_id : 192.168.244.147
            mask : 255.255.255.0, 1
            gw : 192.168.244.147
            T0 : 3599
            T1 : 1799
            T2 : 3149
    clients <1> :
       mac_idx  mac          addr            state  lease  tries  rto
          0   3c11317c4ad7  192.168.244.27  10      0      1      4
```

第6章

Wi-Fi 8 技术展望

2024 年 1 月 Wi-Fi 7 已经开始认证，Wi-Fi 7 商业化的步伐正式开启，同时 Wi-Fi 8 也崭露头角。在新兴应用的高要求下，Wi-Fi 8 将优先考虑超高可靠性（UHR）。

本章首先分析 Wi-Fi 8 的市场前景，然后探究其发展历程，最后阐述 Wi-Fi 8 技术需求，并探索相关关键技术机遇和挑战等，展望 Wi-Fi 8 创新技术。

6.1 市场前景

随着元宇宙产业的发展以及 AI 大模型的应用落地，具备更高吞吐量和更低时延的 Wi-Fi 7 难以满足近乎极致的可靠性要求，需要引入超高可靠性，并将其作为 Wi-Fi 的主要技术特点，以便适应全球产业发展的需求。

首先参考英特尔（Intel）针对 2030 年无线网络应用的主要业务领域的预测，由于不同业务领域的个性化特色及针对无线网络的特殊需求，Wi-Fi 8 需要具有更多复合技术创新，以便满足千差万别的业务场景需求。

如图 6-1 所示，2030 年的无线网络将面对各种复杂的使用场景，主要有如下特点。

- 空天一体：无线网络将从当前的地面延伸到天空，并与星联网（SAT）对接，实现卫星网络的有效接入，同时实现飞机、通信气球、无人机等高空、中低空等设备的 Wi-Fi 联网，满足天地一体的无线接入需求。
- 多种网络技术融合：超宽带（UWB）、星联网、专用无线网络（PWN）、毫米波（mmWave）、低功率广域网（LP-WAN）、蜂窝车联网（C-V2X）、低功耗蓝牙（BLE）等技术，都将是 Wi-Fi 8 融合或者对接的技术，用于满足不同业务的无线网络需求。

图 6-1　2030 年无线网络场景

- 复杂多样的业务需求：涵盖汽车、高铁、飞机等相关的交通领域无线网络；风力发电、太阳能发电、潮汐发电、火力发电以及传输电网等相关的能源领域无线网络；智能制造、无人工厂、设备监控等制造行业的无线网络；提供个性化服务且智能的健康医疗行业的无线网络；千人千面的个性化教育行业的无线网络等。

预计到 2030 年，有关 Wi-Fi 连接的关键用例如下。

- 沉浸式通信：从当前佩戴增强/虚拟现实（AR/VR）眼镜实现一定程度沉浸式体验，转向基于全息远程呈现的具身沉浸式体验。
- 用于制造的数字孪生：在复杂系统或环境的数字表示与其现实世界对应物之间建立虚拟连接。
- 全民电子医疗：在缺乏医生和基础设施的地区提供远程医疗手术，需要具有足够稳定的无线网络连接服务，才能确保远程手术的正常和安全开展。
- 协作移动机器人：需要确定性通信来处理关键运动控制信息，确保基于机器人的安全生产和生活。

针对 2030 年比较典型的 Wi-Fi 8 相关业务，对无线网络连接的可靠性、时延、带宽等做了初步估计。

- 沉浸式通信：网络可靠性需要达到 99.9%；单向或者用户体验时延小于 20ms；下行带宽为 1～10Gbit/s，上行带宽为 0.1Gbit/s；同时还需要满足全流程端到端（下行+上行）时延小于 100ms 及 99.99%的数据包稳定性，以有效避免用户眩晕等不适。
- 用于制造的数字孪生：网络可靠性需要达到 99.9%～99.999999%；时延为 0.1～100ms；平均带宽为 1～10Gbit/s，峰值带宽为 10～100Gbit/s。
- 全民电子医疗：网络可靠性需要达到 99.999%～99.999999%；时延为 0.1～100ms；带宽为 100kbit/s～25Mbit/s。
- 协作移动机器人：网络可靠性需要达到 99.999999%；时延为 0.5～25ms，带宽小于 0.1Mbit/s。

6.2 标准化进程

早在 2019 年，IEEE 802.11 实时应用（RTA）主题兴趣小组（TIG）就提供了一系列建议和指南，以支持未来 Wi-Fi 网络的低时延和可靠性。这些建议已在 Wi-Fi 7 开发中得到考虑，但其也影响着 Wi-Fi 8 的可靠性工作，如集成时间敏感网络（TSN）概念以及关键技术。Wi-Fi 标准演进过程如图 6-2 所示。

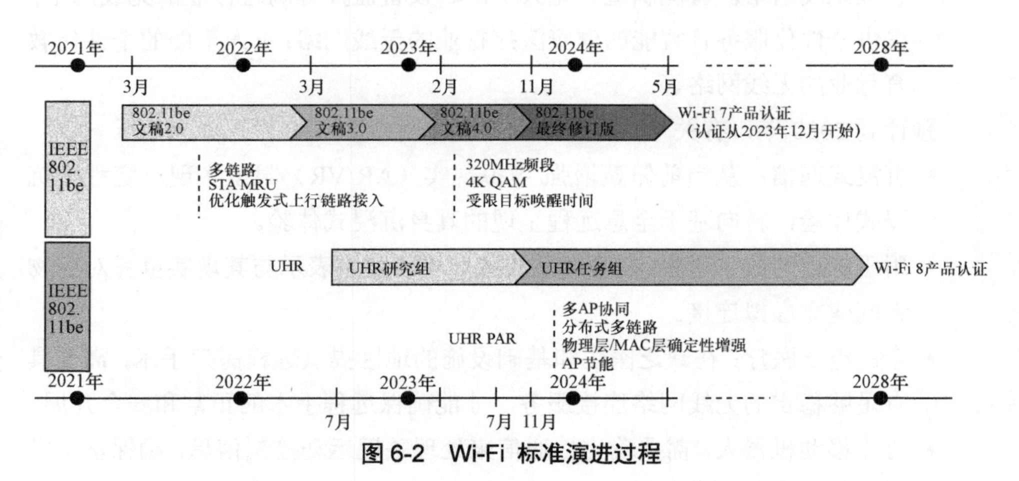

图 6-2 Wi-Fi 标准演进过程

IEEE 802.11 人工智能/机器学习主题兴趣小组（AI/ML-TIG）：成立的目的是探索人工智能和机器学习直接在 Wi-Fi 协议中的应用。其中包括使用神经网络的信道状态信息（CSI）反馈压缩、AI/ML 辅助的增强型漫游、基于深度强化学习的信道访问以及 AI/ML 驱动的增强型多 AP 协调方案。

IEEE 802.11 集成毫米波研究组（IMMW SG）：为了确保 Wi-Fi 的长期发展，下一代高端设备也有可能在 7GHz 以下频段以及毫米波领域运行。事实上，人们越来越有兴趣更好地利用几乎全球范围内的 60GHz 频段中高达 14GHz 的免许可频谱和中国 45GHz 频段中的 5.5GHz 频谱。60GHz 频段目前由多种现有技术使用，如卫星、射电天文学和 IEEE 802.11ad/ay（WiGig）。然而，WiGig 的市场应用仅限于利基应用，监管机构可能会考虑将 60GHz 频段重新用于其他需要带宽的技术，如 5G 和 6G。在此背景下，经过关于扩展 UHR 范围的初步讨论，IEEE 决定创建一个专用的 IMMW SG，为开发新的 IEEE 802.11 修正案奠定基础，利用现有 Wi-Fi 7 和未来的 PHY/MAC 功能适用于 7GHz 以下频段的 Wi-Fi 8 无线电接口（包括信道化（Channelization）和多链路框架（Multi-link Framework））动态操作额外的毫米波链路。

IEEE 802.11bn UHR 研究组（SG）成立于 2022 年 7 月，旨在讨论并制定新的项目授权请求（PAR），定义 IEEE 802.11be 之外需要考虑的一组目标、频段和技术。由此产生的 UHR 任务组（TG）于 2023 年 11 月成立。UHR 任务组负责定义未来 Wi-Fi 8 产品的协议功能，相对于 IEEE 802.11be 主要集中在以下这些方面进行改进。

- 根据 MAC 数据服务 AP 的测量，吞吐量增加 25%。
- 即使在具有移动性和重叠基本服务集（OBSS）的场景中，也可将 95%以上业务场景的相关时延减少 25%，并将 MAC 协议数据单元（MPDU）丢失减少 25%。
- 改进 AP 的省电机制并增强直接的点对点数据交换。
- 研究影响未经许可频谱可靠性的 3 个主要关键方面：无缝连接（Seamless Connectivity）、确定性（determinism）和受控的最坏情况时延（Controlled Worst-Case Delay）。

6.3 关键技术

（1）通过分布式 MLO 实现无缝连接

IEEE 802.11be 中引入的多链路架构提供了高度的灵活性，在上层（多链路层）和下层（链路层）MAC 功能之间呈现出清晰的划分，并且多链路设备（MLD）

被视为控制两个或多个传统 AP（或 STA）的实体，所有 AP 在单条链路上运行并位于同一硬件上。这种多链路框架已经允许多链路站以最小的信令开销和时延来切换链路，隐式地在同一 MLD 实体的控制下实现 AP 之间的无缝转换，从而允许先通后断路径切换。

为了改善移动性支持，IEEE 802.11bn 有可能将多链路架构扩展到分布式框架，其中同一 MLD 实体控制下的 AP 可以位于不同的物理硬件上。这种方法创建了一个分布式虚拟单元，通过从不同的分布式 AP 同时激活多个链路，可以无缝地处理设备的移动性问题，从而确保设备始终连接到至少一条链路上，有效地将本地漫游支持嵌入 IEEE 802.11bn 用户中，并显著提高了连接的可靠性。

但是要在 IEEE 802.11bn 中实现分布式 MLO，需要解决几个关键问题：

- 分布式 MLO 方法需要在同一控制多链路实例下实现不同分布式 AP 之间的协调和通信；
- 考虑到当前的 IEEE 802.11be 协议仅保证同一物理设备内激活的链路具有不同的标识符，不同的链路将需要唯一的寻址。

当然不同分布式 AP 之间的协调可以用不同的方法来实现：一种方法是定义一个移动域，其中 AP（无论是否位于同一位置）可以隶属于扩展的 MLD 实体；另一种方法是考虑一种新颖的总体逻辑实体，该实体将在两个或多个 IEEE 802.11be AP MLD 的链路之间提供无缝漫游。此外，IEEE 802.11bn 分布式 MLD 架构应在协调实体（如 MLD 上层 MAC）和协调 AP（如 MLD 下层 MAC）之间定义新颖、可靠且足够通用的接口，以允许使用有线和无线网络。同时，要确保不同供应商提供的无线通信之间的互操作性。不同分布式 AP 实现方法示例如图 6-3 所示。

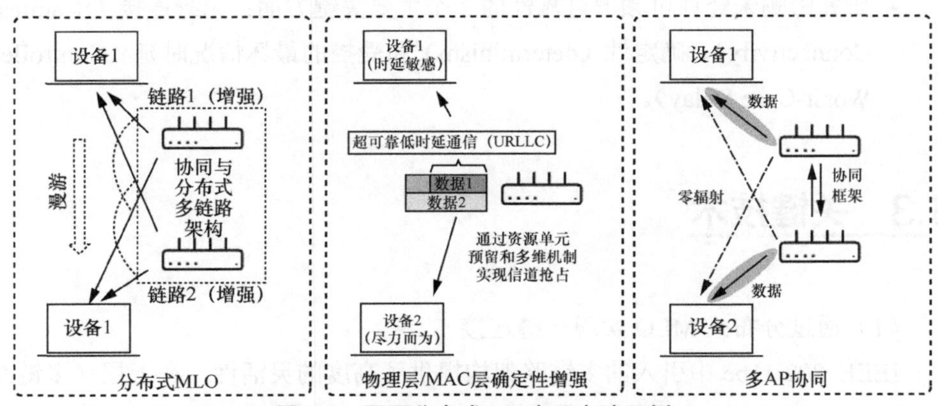

图 6-3 不同分布式 AP 实现方法示例

（2）通过 PHY 和 MAC 增强实现确定性

流量特征（Traffic Characteristics）对于设计低时延机制至关重要。现有解决方案通过可预测的到达模式来处理流量，但在遇到意外的、事件驱动的、时间敏感的流量时，挑战会加大。

当意外的高优先级数据包到达设备时，可能会遇到两个主要的时延来源：其他正在进行的数据传输的剩余时间以及其自身传输的后续信道争用过程。IEEE 802.11bn 可以通过以下方式解决这两个方面的问题。

① 使用附加优先级类别和相关信道接入参数扩展增强型分布式信道接入（EDCA），如 backoff。

② 通过引入资源单元（RU）预留和抢占来实现 OFDMA 物理层/MAC 层的能力增强；

③ 当主信道被其他传输占用时，可切换至辅助信道。

针对后两种解决方法，IEEE 802.11bn 正在考虑引入两项 MAC 增强功能：资源预留（Resource Reservation）和信道抢占（Channel Preemption）。这两项功能可能会为所有传输中的低时延流量预留较小的 RU。

将上述两种功能与预填充（Pre-padding）相结合，将使节点能够通过将传入的低时延数据包分配给保留的 RU 来及时提供服务。然而，为了避免所有传输中的 RU 浪费，只要支持抢占，该 RU 也可以用于实际数据的传输。值得注意的是，这种方法不会强行改变接收器设计，但它确实需要设计多维物理层协议数据单元（PPDU）帧。

然而，如果旨在传输时间敏感帧（Time-sensitive Frame）的设备不是传输机会（TXOP）持有者，则有效的抢占机制（Preemption Mechanism）必须利用传输的 PPDU 之间的短帧间间隔（Short Interframe Space）来抢占信道。

此外，辅助信道接入（SCA）可以通过消除对主信道的依赖并更好地仅利用空闲辅助信道上的传输机会来扩展 IEEE 802.11be 中的前导码打孔功能。SCA 的引入将在中高负载场景中带来性能提升，而不会带来过多的复杂性。

（3）通过多 AP 协调控制最坏情况下的时延

随机接入过程（Random Access Procedure）使得在 Wi-Fi 中提供性能保证变得困难。IEEE 802.11be 中引入了受限目标等待时间（R-TWT），通过调度协调服务周期（Scheduling Coordinated Service Period）来减少 BSS 内的争用。

然而，即使 AP 属于同一管理域，BSS 间的交互仍然受到竞争原则（Contention

Principle）的约束，这使得最坏情况下的时延难以预测。Wi-Fi 8 有望通过引入多AP 协调（MAPC）来解决这个问题，以实现更高的可靠性并防止信道访问争用，特别是在密集和重负载的环境中。

MAPC 机制的实现依赖于信道状态信息获取，即估计非关联相邻设备的信道。某个BSS AP 可以通过指示 OBSS 中 STA 和 AP 的 ID 的触发帧（Trigger Frame）来发起 OBSS 信道探测。OBSS AP 随后传输用于探测的控制帧（Control Frame，如空数据包通知帧（NDPA）和空数据包（NDP））。最后 OBSS STA 通过将测量的信道信息反馈给 BSS AP 和 OBSS AP 来做出响应。该过程可以执行多次以从多个 OBSS 获取信道状态信息。

利用此类信息对于管理频率资源、调整发射功率或设计特定的波束成形方法以避免 OBSS 干扰至关重要。每种不同的 AP 协调方案可能需要不同数量的信道状态信息（如整体信号强度与每根天线的小规模衰落估计），并且周期非常不同。由于产生的管理费用可能会抵消性能增益，因此有效的 CSI 获取将成为 Wi-Fi 8 至关重要的一部分。

为了最大限度地减少 BSS 间的冲突并实现更高效和动态的频谱使用，有必要对协议进行升级，设计新的帧，以发现和管理多 AP 组、在 AP 之间共享信道和缓冲区状态数据以及触发协调的多 AP 传输。Wi-Fi 8 中的 AP 协调方案将利用无线和有线信号。这些方案的复杂性，具体取决于接入点之间必须交换的数据量及其实现复杂性。虽然协调机制的具体实现方案尚待确定，但会具有如下功能。

① 协调 TDMA/OFDMA（C-TDMA/C-OFDMA）

这是分别利用时域和频域的两种基本方法。在 C-TDMA 中，TXOP 被划分为 slot 并且按顺序分配给不同的 AP。在 C-OFDMA 中，频带的不同部分被分配给不同的 AP。

例如，利用 C-OFDMA，获得 TXOP 的 AP 能够与一组相邻 AP 共享频率资源。目前正在评估讨论是否采用的最小资源单元，与较大的单元（80MHz）相比，较小的单元（20MHz）能提供更高的灵活性和调度增益，但可能需要更改 PHY 格式。

一方面，C-OFDMA 可以通过减少信道争用来降低时延；另一方面，共享AP 面临计算负担和开销，因为它必须首先请求相邻 AP 报告其信道和缓冲区状态，然后相应地调度和分配资源。

② 协调的空间再利用

在协调空间复用（C-SR）中，AP 协同控制其发射功率，允许并发传输，从而提高总区域的吞吐量。

这种结合了合作的方法代表了对现在的 IEEE 802.11ax 空间复用的升级，其中一个 AP 以最大功率进行传输，而其他 AP 必须相应地降低功率，有时会降低到不能产生信干噪比（SINR）。相反，协调 AP 之间的发射功率可以保证所有接收 STA 具有足够的 SINR，并创造额外的空间复用机会。此外，与 C-TDMA/OFDMA 不同的是，C-SR 允许在相同的时间/频率资源上并行传输，从而实现更高的吞吐量并减少排队时延。

C-SR 需要测量干扰链路的 RSSI，以便计算适当的发射功率。然而由于 RSSI 相对静态，因此可以通过信标测量来获取此类信息，这只会产生有限的开销。在 RSSI（以及发射功率）的计算中考虑波束成形可能会产生更好的性能，但也会增加复杂性和开销。

在测量阶段，共享 AP 可以请求 BSS 内的 STA 测量并报告来自其他 AP 的 RSSI。共享 AP 一旦获得对 TXOP 的访问权限，就会从其他 AP 收集信息，包括这些 AP 打算向哪些 STA 发送数据以及它们的目标 SINR。基于此知识，共享 AP 可以计算其他 AP 的发射功率。然后该信息与共享 AP 的发射功率一起通过触发帧传送，从而允许其他 AP 设置最佳调制和编码方案。

③ 联合传输

联合传输（JT）是一种先进的方法，也称为分布式 MIMO，它利用了空间域并涉及非共址 AP，这些 AP 联合向/从多个 STA 发送/接收数据。

值得注意的是，JT 将邻近的接入点从潜在的干扰者转变为服务器。这种方法有可能同时实现高吞吐量和低时延，因此可以在不牺牲空间流数量的情况下抑制干扰。

JT 的成功可能取决于设计新的分布式带冲突避免的载波感应多路访问（CSMA/CA）协议并确保协作 AP 之间在时间、频率和相位上的紧密同步。而且，JT 要求所有涉及的 AP 共享要传输的数据。为了限制随之而来的开销并防止排队时延不必要地增加，联合传输可能需要带外回程链路来连接 AP，如 10Gbit/s 以太网电缆。

AP_1 与 AP_2 交换协调请求/响应，以决定是否应该开始协调以及联合发送哪些数据包。然后，AP_1 可通过有线回程向 AP_2 发送协调集以开始数据共享。一旦数据共享完成，AP_1 向 AP_2 发送协调触发以开始协调传输，最后两个 AP 都收到来自接收 STA 的块确认。降低数据共享带来的开销的解决方案有尽可能提前完成数据共享，而不是在传输之前才完成；在有线数据共享期间向其他 STA 进行无线分组传输以提高效率。

④ 协调波束形成

协调波束成形（CBF）也利用空间域，是一种协作 AP 抑制传入 OBSS 干扰的方法。

借助 CBF，下一代多天线 AP 不仅可以利用其空间自由度（Spatial Degree of Freedom）来复用其自己的 STA，还可以将辐射零点（Radiation Null）置于邻近非关联 STA 的位置。这种方法使 AP 及其相邻 STA 相互不可见，从而避免了信道访问争用，允许以全功率进行传输，其对改善最坏情况下的时延可能起到辅助作用。

与 JT 不同，CBF 不需要联合数据处理，因为每个 STA 向/从单个 AP 发送/接收数据，因此不会产生数据共享开销并消除了带外回程需求（Band Backhauling Need）。然而，在定义 CSI 获取框架时应仔细考虑开销的影响。随着天线阵列规模的增长，IEEE 802.11bn 应该对比更准确的显式程序（自然会带来更高的开销）与以牺牲准确性为代价的隐式程序所带来的好处以减少开销。此外，由于空间自由度受到天线阵列大小的限制，因此应在承载数据的空间流、波束成形增益和调零精度之间进行权衡，以及在每个新创建的空间复用期间进行灵活性调度。

CBF 可能需要设计以下关键阶段。

- 两个或多个协作 AP 之间的控制帧交换，用于建立和维护协调集。
- CSI 获取阶段，用于 AP 与 OBSS STA 通信并配置空间域干扰抑制。空间域干扰机制修改了用于空间复用的传统滤波器（如迫零（ZF）或最小均方差（MMSE）预编码器），在特定信道方向上添加了零值（旨在针对某个 STA 实现完全零值）或子空间（旨在对多个 STA 进行部分归零）。
- 基于动态零点引导的空间复用的框架，其中 donor AP 通过传达其所服务的 STA 和对应的干扰抑制条件来向 OBSS AP 提供传输机会，即 OBSS AP 向所服务的 STA 放置零点的义务由 donor AP 提供。

本章探讨了 Wi-Fi 8 可能带来的颠覆性创新，以满足当前在免授权频谱中无法满足超高可靠性的新要求。此外，还探讨了可能的技术创新，展示了 Wi-Fi 8 如何通过多链路操作和空间域多 AP 协调的联合互通实现超高可靠性。

参考文献

[1] 唐宏，林国强，王鹏，等. Wi-Fi 6：入门到应用[M]. 北京：人民邮电出版社, 2021.

[2] 成刚，蒋一名，杨志杰. Wi-Fi 7 开发参考：技术原理、标准和应用[M]. 北京：清华大学出版社, 2023.

[3] LOPEZ-PEREZ D, GARCIA-RODRIGUEZ A, GALATI-GIORDANO L, et al. IEEE 802.11be extremely high throughput: the next generation of Wi-Fi technology beyond 802.11ax[J]. IEEE Communications Magazine, 2019, 57(9): 113-119.

[4] CHEN C, CHEN X G, DAS D, et al. Overview and performance evaluation of Wi-Fi 7[J]. IEEE Communications Standards Magazine, 2022, 6(2): 12-18.

[5] IEEE. RTA TIG summary and recommendations: IEEE 802.11-19-0065r6[S]. 2019.

[6] IEEE. Null beam steering based spatial reuse: IEEE 802.11-23/0855r1[S]. 2023.

[7] IEEE. Performance of C-BF and C-SR: IEEE 802.11-22/0776r1[S]. 2023.

[8] 张路桥. 无线网络技术：原理、安全及实践[M]. 北京：机械工业出版社, 2019.

[9] 周霞. IP 网络系列丛书：Wi-Fi 7[EB]. 2024.

[10] 张智江，胡云，王健全，等. WLAN 关键技术及运营模式[M]. 北京：人民邮电出版社, 2014.

[11] 吴日海，杨讯. 企业 WLAN 架构与技术[M]. 北京：人民邮电出版社, 2019.

[12] 马修·加斯特. Wi-Fi 网络权威指南：802.11ac[M]. 李靖，魏毅，王赛，等，译. 西安：西安电子科技大学出版社, 2018.

[13] 高峰，李盼星，杨文良，等. HCNA-WLAN 学习指南[M]. 北京：人民邮电出版社, 2016.

[14] IEEE 802 LAN/WAN Standards Committee. Status of Project IEEE 802.11[EB]. 2024.

[15] 刘春晓，周津，王秀芹，等. 无线 Mesh 网络中负载均衡路由技术研究[M]. 北京：科学出版社, 2019.

[16] 柴远波，郑晶晶. 无线 Mesh 网络应用技术[M]. 北京：电子工业出版社, 2015.

[17] Wi-Fi Alliance. Wi-Fi CERTIFIED WPA3 技术概述[Z]. 2018.

[18] 蜉蝣采采. 无线路由器及 Wi-Fi 组网指南[EB]. 2024.

[19] Q-Stark. 华为云 14 天鸿蒙设备开发-Day7WIFI 功能开发[EB]. 2022.